Julia Dellnitz, Jan Gentsch, Dina Sierralta, Nina Niemeyer,
Kerstin Wehner, Sana Tornow

Daily Play

Agile Spiele für Coaches und Scrum Master

Rheinwerk
Computing

Liebe Leserin, lieber Leser,

ich freue mich, Sie zu diesem Fachbuch willkommen zu heißen, das zugleich Spielesammlung und Einladung ist, Reflexion und Ermunterung, konkrete Hilfestellung und offene Anregung.

Es braucht nicht strikt von vorn nach hinten gelesen zu werden, denn es lädt es ein, nach dem zu suchen, was Sie gerade besonders interessiert, und anderes für später aufzuheben.

Vor dem Sprung in die Sammlung rate ich Ihnen dennoch sehr, dem ersten Teil Ihre Aufmerksamkeit zu schenken. Denn, ganz gleich ob neu dabei oder erfahren – es lohnt sich, gemeinsam mit dem Team, das dieses Buch geschrieben hat, das Spielen im Arbeitsleben zu reflektieren:

Wie Spiele ihre Funktionen am besten erfüllen können, welche das sind, welche Rollen die Beteiligten dabei einnehmen und wie Sie als Spielleitung den Raum für die Interaktion so gestalten, dass es für die Gruppe, die da spielt, gut ist.

Für den Einstieg bieten sich manche Spiele mehr an als andere. Sie können mit Spielen beginnen, die »leicht« sind, z. B. ARCHITEKTURTRUMPF für Softwareentwicklungsteams oder DAS DING MIT DER ZEIT, das sich für alle Branchen eignet. Der Schwierigkeitsgrad ist in den Steckbriefen angegeben, die Sie ganz vorn in jedem Spielekapitel finden, und zwar sowohl für die Spielleitung als auch für das Team.

Falls Sie nach Spielen suchen, die eine bestimmte Funktion erfüllen – z. B. Aufwärmen, Backlog verfeinern oder Ideen entwickeln –, nutzen Sie die Übersicht in Kapitel 11.

Und wenn es Schwierigkeiten gibt? Besonders dann hilft Ihnen der Erfahrungsschatz des Teams hinter dem Buch: Sie dürfen aus vergangenen Fehlern mit-lernen. Außerdem bekommen Sie konkrete Vorschläge für ganz bestimmte Situationen, von allgemeinen Widerständen bis hin zum Zeitablauf oder möglichen Missverständnissen in einzelnen Spielen.

Nun wünsche ich Ihnen eine spannende Lektüre. Wenn Sie Fragen und Anmerkungen zu diesem Buch haben, Lob oder Kritik äußern möchten, wenden Sie sich an mich.

Ihre Almut Poll
Lektorat Rheinwerk Computing

almut.poll@rheinwerk-verlag.de
www.rheinwerk-verlag.de
Rheinwerk Verlag · Rheinwerkallee 4 · 53227 Bonn

Auf einen Blick

Wir hoffen, dass Sie Freude an diesem Buch haben und sich Ihre Erwartungen erfüllen. Ihre Anregungen und Kommentare sind uns jederzeit willkommen. Bitte bewerten Sie doch das Buch auf unserer Website unter **www.rheinwerk-verlag.de/feedback**.

An diesem Buch haben viele mitgewirkt, insbesondere:

Lektorat Almut Poll
Korrektorat Angelika Glock, Ennepetal
Herstellung Denis Schaal
Typografie und Layout Vera Brauner
Einbandgestaltung Julia Schuster
Coverbild iStock: 979575500 © FollowTheFlow, 1183945654 © SeventyFour, 1219001047 © danchooalex
Satz III-satz, Husby
Druck Beltz Grafische Betriebe, Bad Langensalza

Dieses Buch wurde gesetzt aus der TheAntiquaB (9,35/13,7 pt) in FrameMaker.
Gedruckt wurde es auf chlorfrei gebleichtem Offsetpapier (90 g/m²).
Hergestellt in Deutschland.

Bibliografische Information der Deutschen Nationalbibliothek:
Die Deutsche Nationalbibliothek verzeichnet diese Publikation in der Deutschen Nationalbibliografie; detaillierte bibliografische Daten sind im Internet über *http://dnb.dnb.de* abrufbar.

ISBN 978-3-8362-7887-4

1. Auflage 2021

Informationen zu unserem Verlag und Kontaktmöglichkeiten finden Sie auf unserer Verlagswebsite **www.rheinwerk-verlag.de**. Dort können Sie sich auch umfassend über unser aktuelles Programm informieren und unsere Bücher und E-Books bestellen.

Inhalt

Materialien zum Buch

Auf der Webseite zu diesem Buch stehen folgende Materialien für dich zum Download bereit:

- **Vorlagen für Spielmaterial**

Gehe auf *www.rheinwerk-verlag.de/5186*. Klicke auf den Reiter MATERIALIEN ZUM BUCH. Du siehst die herunterladbaren Dateien samt einer Kurzbeschreibung des Dateiinhalts. Klicke auf den Button HERUNTERLADEN, um den Download zu starten. Je nach Größe der Datei (und Ihrer Internetverbindung) kann es einige Zeit dauern, bis der Download abgeschlossen ist.

Vorwort

Freitagnachmittag, 15:30 Uhr an einem kalten Novembertag in Hamburg in der altehrwürdigen Handwerkskammer. Dunkel getäfelte Wände, schierer Parkettboden, strahlendes Deckenlicht. Rund 30 Menschen haben sich für einen der letzten Workshops auf den XP Days, einer Konferenz für agile Softwareentwicklung, versammelt. Sie stehen in Dreiergruppen im Kleinen Saal verteilt. Es wuselt und murmelt aus allen Ecken. Hier ein Lachen, da ein Juchzer. Fröhlichkeit gepaart mit nachdenklichen Momenten, die du vereinzelt an den Gesichtern ablesen kannst. Dina ist als Dr.-Ing. Regina Rad auf der Fläche unterwegs und sorgt für Überraschungen. Julia zieht von Gruppe zu Gruppe und beantwortet Fragen zum Spiel. Agile Coaches, Scrum Master und Softwareentwicklerinnen aus ganz Deutschland spielen heute zusammen FANG DEN PEOH!.

Die Magie des Spiels hat sie alle längst erfasst: Sie vergessen die Zeit. Sie probieren Varianten aus. Sie improvisieren, wenn sie nicht weiterwissen. Sie entdecken ganz neue Gesichtspunkte ihrer Arbeit. Sie haben Spaß.

Nach dem Spiel stellen sich allen Teilnehmenden wie so oft die großen Fragen:

- Wieso spielen wir so selten, wenn es um die Arbeit geht?
- Weshalb wägen wir Spiel und Arbeit so oft gegeneinander ab?
- Warum nutzen wir Spiele nicht, um mehr Spaß bei der Arbeit zu haben und bessere Ergebnisse zu erzielen?

Und damit sind wir bereits mitten im Buch. Es geht um das Spielen bei der Arbeit, das Daily Play, in agilen Teams und Unternehmen, aber nicht nur.

Wir wollen dich vom Spielen überzeugen. Damit du in passenden Momenten eben diese Magie entfalten kannst und Dinge in Bewegung bringst, die lange stillgestanden haben. Wer spielt, lernt. Und wer agil arbeitet, lernt ständig dazu. Deswegen bauen wir dir im ersten Teil ein paar Brücken zu unserem Thema Agile Spiele. Du kannst dort Erkenntnisse aus der Spiel- und Lernforschung gewinnen und die Schlüsselkonzepte agilen Arbeitens nachlesen. Ein kleiner Service, falls du mal irgendwo Überzeugungsarbeit leisten musst. Wenn du dich damit schon auskennst, kannst du Teil I auch einfach überspringen oder zum Nachschlagen nutzen.

In Teil II steht alles, was du brauchst, um erfolgreich mit Spielen zu arbeiten. Wir räumen mit ein paar Vorurteilen auf und beschreiben, welche wichtige Rolle du als Spielleitung einnimmst. Du bekommst praktische Tipps, wie du dir einen Materialfundus für Spiele aufbauen kannst, welche Tools dir beim Remote-Spielen helfen und wie du ein

Spiel gut in einen Workshop einbettest – von der Einladung über den Einstieg bis hin zu Auswertung und Praxistransfer.

In Teil III haben wir unsere Lieblingsspiele für dich zusammengestellt. Darunter finden sich ein paar Klassiker der agilen Szene, andere haben wir selbst erfunden oder variiert. Bei der Auswahl war uns wichtig, dass du die Spiele gut in typischen agilen Coaching-Situationen einsetzen kannst – Rollen klären, Zusammenarbeit verbessern, Umfeld und Kundschaft einbeziehen, um nur ein paar Beispiele zu nennen. Du findest vom kurzen Einstiegsspiel bis zur längeren Simulation alles, was du in Retrospektiven, Reviews, Workshops oder Schulungen brauchst.

Das Besondere an den Spielen ist die Anleitung: Wir haben sie so detailliert formuliert, dass du sie im Prinzip sofort spielen und die Anleitung als Sprechzettel nutzen kannst. Viele der Spielmaterialien kannst du dir übrigens von der Webseite zu diesem Buch herunterladen.

In Teil IV erfährst du, wie du in neun Schritten ein eigenes agiles Spiel entwickeln kannst. Das Vorgehen haben wir mit über 100 Menschen getestet – es ist ganz einfach, macht Spaß und ist gespickt mit agilen Methoden, die du auch anderweitig nutzen kannst. Deinem eigenen Spiel steht also nichts mehr im Wege.

Agiles Arbeiten war für alle von uns im Autorinnen-Team ein wahrer Augenöffner: Dinge mit Disziplin und Leichtigkeit zu tun, Sachen auf die Straße zu bringen, früh Feedback einzuholen, durch Experimente herauszufinden, was funktioniert (und was nicht), in einem vielseitigen Team zu arbeiten. Das macht für uns den ganz besonderen Charme agilen Arbeitens aus. Deswegen haben wir auch dieses Buch agil geschrieben. Im Team eine Medieninformatikerin und Edutainerin, eine Wirtschaftsingenieurin und Bankerin, eine Pädagogin und HR-Fachfrau, eine Apothekerin und Coworking-Expertin, ein Ozeanograph und eine Ozeanographin, die seit über 20 Jahren Großprojekte beraten. Ein Kapitel-Backlog, eine große Kanban-Tafel in Meistertask, tägliche Abstimmung über Threema und viele gemeinsame Schreibtreffen in den letzten acht Monaten. Kein Kapitel ist nur von einer einzigen Person geschrieben – alle haben gleichermaßen an allen Kapiteln mitgedacht, mitgeschrieben, mitverbessert. Ein echter Schreib-Schwarm also, wenn du so willst. Herausgekommen ist ein Buch voller Ideen, Perspektiven und, ja, auch unterschiedlicher Sichtweisen zu einem Thema. Wir sind gespannt, wie du damit arbeiten wirst und freuen uns auf dein Feedback dazu!

Viel Freude beim Lesen und Spielen wünscht dir

Dein Autorinnen-Team

Julia, Jan, Dina, Nina, Kerstin und Sana

TEIL I

Spielen, lernen, agil arbeiten

Kapitel 1
Spielen ist Lernen

Wer spielt, lernt. Wer agil arbeitet, lernt ständig dazu. Kein Wunder, dass Agilität und Spielen so gut zusammenpassen, sich gut ergänzen und so viel Freude bereiten.

Spielen gilt in vielen Unternehmen immer noch als Tabu. »Spielen Sie hier nicht rum!«, heißt es da. Oder: »Wir sind doch hier nicht im Kindergarten!« Gleichzeitig entdecken viele Teams – insbesondere in der agilen Szene –, dass spielerisches Handeln sie voranbringt. Es wird ausprobiert, experimentiert und mit Ideen gespielt. Spiele und Spielen werden dort fast schon selbstverständlich genutzt: in Retrospektiven, in Schulungen oder bei der Entwicklung von innovativen Produkten.

Damit du das Potenzial des Spielens auch für dein Team heben kannst, geben wir dir in diesem Kapitel Argumente fürs Spielen bei der Arbeit an die Hand. Du tauchst mit uns kurz in die Spiel- und Lernforschung ein und entdeckst den Zusammenhang zwischen iterativem Lernen und agilem Vorgehen.

1.1 Gute Gründe fürs Spielen in agilen Teams

Rolf Schrömgens, der Gründer der Online-Hotelsuche trivago, hat einmal in einem Interview gesagt: »Im digitalen Zeitalter gibt es nur noch einen Wettbewerbsvorteil: schnell dazuzulernen.« Und genau darum geht es auch in diesem Buch: Agil zu arbeiten bedeutet im Wesentlichen, einen nie endenden und intensiven Lernprozess in Schwung zu halten – und zwar für Einzelne, für Teams wie auch für ganze Organisationen. Damit das gelingt, ist Spielen ein gutes Mittel. Es ist bei der Einführung agiler Vorgehensweise genauso hilfreich wie bei der Entwicklung von Produkten oder, an typischen Knackpunkten, auf dem Weg zu einer agilen Organisation.

»Der große Nutzen des Spielens ist, dass wir dadurch schlauer werden, mehr über die Welt lernen, als jemals in unseren Genen stehen kann, und immer anpassungsfähiger werden«, sagt Stuart Brown, ein bekannter amerikanischer Spielforscher. Ein Spiel kann der Ort sein, an dem wir uns anders als sonst begegnen und neue Verhaltensweisen ausprobieren können, bevor wir sie ernsthaft einsetzen müssen. Es kann uns helfen, uns auf einen neuen Ablauf zu konzentrieren, ohne in die Inhalte abtauchen zu müssen. In Veränderungsprozessen kann es für eine kontinuierliche Beteiligung über einen langen Zeitraum sorgen. Spielen macht die Arbeit dabei nicht »lustiger«, sondern kann dazu beitragen, die Art und Weise, wie Menschen ihre neuen Aufgaben wahrnehmen, positiv und dauerhaft zu verändern. Wir entdecken neue Verbindungen, spielen Situationen durch und testen Ideen, bevor wir sie in die Welt hineintragen.

Spielen kann auch einfach nur Freude bereiten. Es hilft uns, aufmerksam und im Moment zu sein, Stress abzubauen und uns gut zu fühlen.

1.2 Fünf Faustregeln aus der Forschung

Spielen ist der biologische Prozess, der uns zu dem hoch entwickelten, hochintelligenten und hochsozialen »Säugetier Mensch« macht, das wir sind. Spielen scheint eine wichtige evolutionäre Bedeutung zu haben: In relativer Sicherheit können wir entdecken, wie die Welt funktioniert, bevor wir etwas ohne Netz und doppelten Boden tun. Und wir lernen, uns immer wieder in dem äußerst komplexen sozialen Geflecht der menschlichen Gesellschaft zurechtzufinden. (Brown & Vaughan, 2010)

Das Team um Linda Davachi hat 2010 in einer Metastudie aktuelle Ergebnisse der neurowissenschaftlichen und psychologischen Forschung untersucht und wichtige Erkenntnisse für den Lernprozess bei Erwachsenen, insbesondere bei Wissensarbeitenden, herausgearbeitet. Ihr *AGES-Modell* beschreibt eindrücklich, wie eng Spielen und Lernen zusammenhängen, und bricht mit vielen Lerntraditionen, die wir uns in Schule, Studium und Ausbildung angeeignet haben. Es fasst zusammen, welche Rolle *Aufmerksamkeit* (Attention), *Anknüpfungspunkte* (Generation), *Gefühle* (Emotion) und *Spacing* (zeitlicher Abstand) beim Lernen im Erwachsenenalter spielen.

Auch die Gebrüder Dreyfus haben bereits in den 1980er-Jahren dazu geforscht, wie Menschen sich berufliche Fähigkeiten aneignen. Ihre Erkenntnis: Wir nehmen unsere Umwelt anders wahr, je nachdem, wie viel wir über etwas Bescheid wissen oder wie viel Erfahrung wir auf einem speziellen Gebiet haben. Deshalb brauchen wir Lernstrategien, die zu unserer jeweiligen *Kompetenzstufe* passen. Wir haben die Arbeiten von Davachi und Dreyfus für deine Arbeit mit agilen Teams zu fünf Faustregeln verdichtet.

1. Aufmerksamkeit: Schalte ab, was ablenkt

Unser Gehirn muss ziemlich tief in die biochemische Kiste greifen, damit wir uns etwas wirklich merken und es künftig abrufen können. So brauchen wir in Lernmomenten absolute Aufmerksamkeit. Sie ist ein entscheidender Faktor, damit wir uns Dinge merken können. Und nichts bringt uns mehr vom Lernpfad ab als Ablenkungen und Störungen aller Art. Dabei ist es unerheblich, ob du dich in der echten Welt, wie z. B. in einem Meeting oder Telefonat, befindest oder virtuell von Links, Werbung oder Push Notifications abgelenkt wirst. Finde mit deinem Team heraus, was euch in einer Lern- oder Arbeitssituation besonders leicht ablenkt, und schaltet es ab. Multitasking war gestern.

Aufmerksamkeit entsteht auch durch Abwechslung. Gestalte Lernen aktiv, damit dein Team und du selbst dranbleiben: Eine gesunde Balance zwischen Langeweile und Überstimulation sowie eine abwechslungsreiche Gestaltung der Lerninhalte und deren Aufbereitung halten die Lernmotivation hoch.

Gamification

Optimales und somit nachhaltiges Lernen im Beruf wird durch spielerische Ansätze erheblich erleichtert. Ein in diesem Zusammenhang gern verwendetes Prinzip ist *Gamification* (englisch für »Spielifizierung«, *etwas in ein Spiel verwandeln*). Gamifizierte Lernanwendungen, wie Serious Games oder auch Meaningful Games, nutzen diesen Effekt positiv. Durch Looten und Leveln, das Sammeln von Erfahrungspunkten, den XP Points, springst du von Level zu Level, bis der Endboss kommt, und eignest dir während deiner Reise durch eine fiktive Welt und fesselnde Handlung den zu lernenden Inhalt an. Gamification nutzt Feedback-Mechanismen, die dir zeigen, wo du gerade im Spiel stehst, was du schon kannst, gesammelt und erfahren hast, wo noch Potenzial und Unentdecktes ist. Mehr zum Thema Feedback-Systeme und ihre Bedeutung im Spiel findest du übrigens in diesem Buch in Abschnitt 42.5, »Feedback-System entwickeln«.

2. Anknüpfungspunkte: Praxis, Praxis, Praxis

Dein Gehirn hat eine wunderbare Eigenschaft: Es liebt Assoziationen. In jedem Moment stellt es dir bis zu elf Millionen Bits zur Verfügung, eine unvorstellbar große Menge an Informationen – zu jedem einzelnen Augenblick verdichtet für deine ganz eigene Wahrnehmung. Das Dumme dabei: Wenn du beim Lernen keine bewussten Verbindungen zu dem herstellst, was du bereits weißt, lernst du nichts. Suche daher systematisch nach Anknüpfungspunkten, wann immer du Lernerfahrungen gestaltest: In welchen Punkten genau ist das Gelernte relevant für dich? Wo kannst du es einsetzen? Wann hast du eventuell schon einmal etwas Ähnliches gelernt?

Wenn du es schaffst, einen relevanten mentalen Kontext zu erzeugen, wird das neu erworbene Wissen vom Kurzzeitgedächtnis ins Langzeitgedächtnis übergehen. Diesen

Übergang kannst du noch weiter unterstützen, indem du während des Lernens mehrere Sinne aktivierst und möglichst nah an der täglichen Praxis deines Teams bleibst.

3. Gefühle: Sorge für eine gute Lernatmosphäre

Das mit der Biochemie geht noch weiter: Wenn unser Verstand im Alarmmodus ist, lernt er zwar schnell Zusammenhänge wie: Achtung Tiger – weglaufen! (Heutzutage: Achtung Führungskraft – wegducken!). Das hilft beim Überleben, aber nicht beim Lösen von komplexen Problemen.

Wenn du also Fähigkeiten für die moderne Welt lernen oder vermitteln willst, musst du einen anderen Zustand erzeugen. Sorge für eine angenehme, angstfreie Lernatmosphäre und suche nach Aufgaben, die dein Team aktuell minimal überfordern, sodass ein Ansporn zum Lernen entsteht. So bleibt es spannend und das Gehirn bei bester Lernlaune!

Lernen und Gefühle

Unser Gehirn merkt sich Zusammenhänge oder Situationen umso besser, je emotionaler sie geprägt sind. Allerdings haben nicht nur positive, sondern auch negative Gefühle diesen Effekt: Lerngegenstand und das beim Lernen empfundene Gefühl werden parallel gespeichert und später auch gemeinsam abgerufen. Damit wissen wir zukünftig, was sich gut anfühlt und was nicht. Das mag einer der Gründe sein, warum Kinder in der Regel nur ein einziges Mal ihre Hand auf eine heiße Herdplatte legen. Zudem bedeutet es, dass wir uns den Druck, die Langeweile, die Prüfungsangst aus einer suboptimalen Lernsituation mit einprägen und das Gelernte schließlich nicht mehr freudig und kreativ anwenden können. Es sind unsere angeborenen menschlichen Emotionen wie Angst, Freude oder Überraschung, die uns beim Lernen unterstützen, aber auch hemmen können. Deshalb ist es in vielen Situationen wichtig, die Lernatmosphäre freundlich und entspannt zu gestalten, um das Gelernte zukünftig freudig und souverän abrufen und somit kreativ nutzen zu können.

4. Spacing: Verteile Lerneinheiten über einen längeren Zeitraum

Lernen braucht zeitlichen Abstand. Das bedeutet, dass das langfristige Behalten kleinerer Informationseinheiten besser funktioniert, wenn wir in größeren Abständen lernen, als wenn wir große Mengen an Informationen en bloc aufnehmen. Zwar sind wir aus Schule und Studium – für die meisten die wohl prägendsten Lernsituationen – stundenlanges und emotionsloses Pauken vor der Prüfung gewohnt, aber eben auch das Vergessen am Tag danach. Unser Gehirn bevorzugt ein Wissensmahl aus kleinen Lernhappen, gern über mehrere Tage verteilt. Dies ist ein Grund dafür, dass *Microlearning*, also das Lernen in vielen kleinen, zeitlich verteilten Lerneinheiten, so effektiv ist.

Je länger wir uns Informationen merken müssen, desto weiter sollten die Lerneinheiten auseinanderliegen. Denn genau das ist der Trick: Unser Gehirn muss sich aktiv wieder daran erinnern, was es vor einiger Zeit gelernt hat, und somit verfestigt sich das Gelernte. Sorge dafür, dass dein Team sich wichtige Themen immer wieder vornimmt und aus einer neuen Perspektive oder durch ein neues Medium betrachtet. Und achte dabei darauf, dass ihr regelmäßig Pausen einlegt, wenn ihr euch ein (neues) Themenfeld erarbeitet.

Spielen und Schlafen

Wir brauchen das Spielen, wie wir den Schlaf benötigen. Unser Gehirn nutzt diese eher selbstvergessenen Phasen, um neue neuronale Verknüpfungen herzustellen und damit die Basis für neue Problemlösungen zu schaffen oder Neugelerntes langfristig speichern zu können. So kommt es, dass du gelegentlich eine Nacht über ein Problem schläfst und morgens mit einem Lösungsansatz erwachst. Der gleiche Effekt lässt sich auch durch Spielen erzielen. Studien haben gezeigt, dass wir schon nach einer kurzen Phase selbstvergessenen Spiels zu signifikant besseren faktenbasierten Entscheidungen kommen. (Creswell, 2012)

5. Kompetenzstufe: Setze bei der Vorerfahrung an

Die Gebrüder Dreyfus haben herausgefunden, dass beim Aneignen von beruflichen Fähigkeiten und Abläufen die Lernstrategie zu der Vorerfahrung (oder Kompetenzstufe) der lernenden Person passen muss. Wenn du das beim Gestalten von Lernprozessen berücksichtigst, holst du dein Team gut ab und ermöglichst wirksame Lernerfahrungen. Diese drei Fragen helfen dir bei der Einordnung:

- Stehen die Lernenden noch ganz am Anfang? Suche nach Checklisten und einfachen Regeln. Ignoriere den Kontext erst einmal und biete konkrete Aufgaben an.
- Hat das Team schon erste Erfahrungen gemacht? Ermutige alle, ihr Wissen mit den anderen zu teilen. Das können Zusammenfassungen fürs Wiki sein oder Fachartikel, Trainings für andere Teams oder auch Vorträge bei Konferenzen.
- Sind die Lernenden schon sehr versiert? Entwickle mit dem Team Leitsätze und Prinzipien. Lade alle ein, über ihre Haltung nachzudenken, und drehe regelmäßige Reflexionsschleifen mit allen, um die tägliche Arbeit laufend zu verbessern.

Die Faustregeln in unseren Spielen

Du findest in diesem Buch viele Anregungen, um die zuvor genannten Faustregeln praktisch umzusetzen: Wir zeigen dir, wie du ein Umfeld herstellst, in dem *aufmerksam* gespielt werden kann. Dazu gehören eine gute Einladung, ein sicherer Raum, eine entspannte Spielleitung und eine Aufwärmungsphase vor dem Spiel.

Du erfährst, wie du sinnvolle Verbindungen zum *Kontext* und zu den *Kompetenzen* bzw. *Vorerfahrungen* der Beteiligten findest.

Du wirst Spiele einsetzen, um gute *Gefühle* auszulösen und damit für eine optimale Verankerung des Gelernten oder Erarbeiteten zu sorgen.

Und du wirst den richtigen Moment für Auswertung und Praxistransfer kennenlernen, um die positive Wirkung des *zeitlichen Abstands* auszuschöpfen.

1.3 Iterativer Kompetenzerwerb

Die fünf Faustregeln aus dem vorangegangenen Abschnitt deuten es bereits an: Wenn wir über ein Thema oder eine Aufgabe *iterieren*, lernen wir effektiver. Das heißt, wir machen eine Erfahrung, werten sie aus, bilden im Kopf ein neues Konzept und wiederholen die Erfahrung leicht abgewandelt auf einem höheren Niveau, mit mehr Details oder auch in einem anderen Zusammenhang.

Nehmen wir einmal an, du wärest neu in der Scrum-Master-Rolle. Als Neuling hast du ein klares Ziel vor Augen: Du willst eine Retrospektive moderieren (siehe Abschnitt 2.5, »Rollen und Meetings«). Du organisierst eine Checkliste zur Vorbereitung und einen Standardablauf. Den Standardablauf arbeitest du Schritt für Schritt ab. So gehst du ein paar Mal vor, und dann bist du bereit für Abwechslung. Also suchst du Rat bei anderen, die auch in dieser Rolle arbeiten. Du probierst Sachen aus. Manches wird dir gleich gelingen, bei anderem gerätst du vermutlich ins Schleudern, weil dir der Blick fürs große Ganze noch fehlt. Irgendwann hast du es raus und fängst an, dir selbst Retros auszudenken. Es wird durchaus passieren, dass du dich dabei auch mal im Detail verfranst, aber im Grunde weißt du, was du tun kannst und kannst auch anderen gut erklären, weshalb eine Retro am besten in fünf Schritten abläuft und welche Möglichkeiten sich mit dem Retromaten, einer Online-Slotmaschine für Retro-Abläufe (*https://retromat.org*), für dich eröffnen. Damit naht langsam der optimale Moment, selbst ein Training zu Retrospektiven anzubieten. Nach einer Weile wird dir dann klar, dass du dich gar nicht so streng an den Standardablauf halten musst, und du folgst beim Design deiner Retros ganz souverän den 12 Agilen Prinzipien (siehe Abschnitt 2.3). Du hast längst nicht nur die einzelne Retro im Blick, sondern gestaltest auch die großen Zusammenhänge aktiv mit.

1.4 Das Prinzip »Überprüfung und Anpassung«

Diese Art iterativ zu lernen liegt auch dem 1984 von David Kolb entwickelten *erfahrungsbasierten Lernzyklus* zugrunde (siehe Abbildung 1.1). Er beschreibt, wie erfahrungsbasiertes Lernen funktioniert und wie sich Wissen dabei durch Beobachtung der Erfahrung und Anpassung des Verhaltens aufbaut. Ein ähnliches Prinzip kennst du vielleicht als *PDCA-Zyklus* aus dem Qualitätsmanagement. Im PDCA-Zyklus findet ein kontinuierlicher Abgleich zwischen dem statt, was geplant war (*plan*), was bei der Umsetzung geschehen ist (*do*), dem, was beobachtet werden kann (*check*), und dem, was an Verbesserungen daraus abgeleitet wird (*act*).

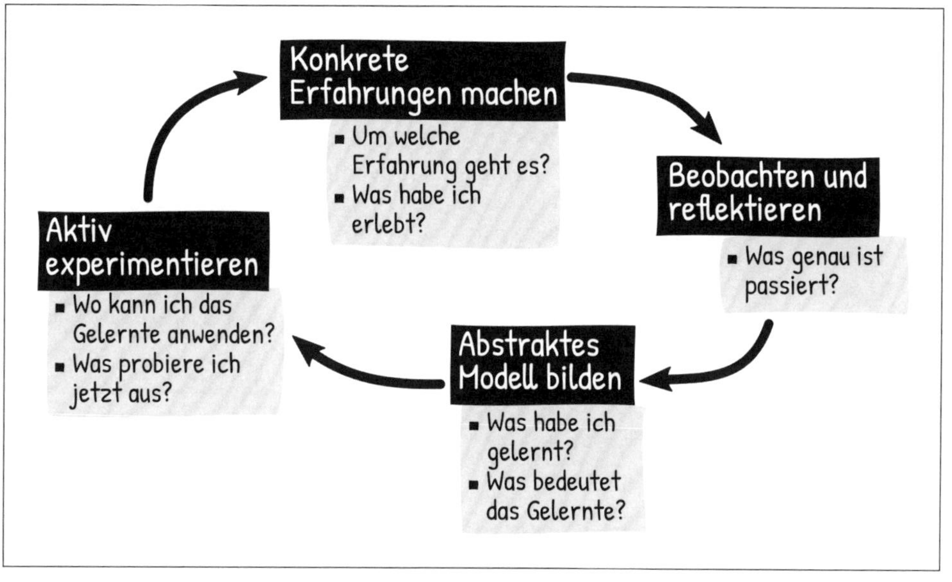

Abbildung 1.1 Der erfahrungsbasierte Lernzyklus nach Kolb (1984)

Wenn dein Team sein Produkt in Ausbaustufen ausliefert oder seinen Arbeitsprozess inkrementell verbessert, sich dazu laufend Rückmeldungen von außen einholt, diese einbezieht und darauf aufbauend die nächste Ausbaustufe/Verbesserung ausliefert, dann folgt es genau diesem Prinzip des *lernenden Arbeitens*. Und dieses Prinzip ist aus der modernen Arbeitswelt nicht mehr wegzudenken. In unserer Wissensgesellschaft, in der immer neue Technologien ins Spiel kommen, in der die Digitalisierung ganze Industrien grundlegend verändert und in der immer mehr Menschen hochvernetzt und zunehmend selbstorganisiert zusammenarbeiten, hat es für die Unternehmen längst strategische Bedeutung bekommen. So schreibt Birgit Gebhardt in ihrer Studie »Kreative Lernwelten«:

> *In der Ideenwirtschaft wird sich das menschliche Arbeitsumfeld nicht mehr an der Prozesseffizienz, sondern an der Lösungskompetenz ausrichten. […] Humane Arbeit wird Lernen sein: kommunikativ, kollaborativ, interaktiv, experimentell und kreativ.*

Die Erfinder von *Scrum*, Jeff Sutherland und Ken Schwaber, haben lernendem Arbeiten mit Scrum (siehe Abschnitt 2.4) eine praktikable Form gegeben. So steht auch im *Scrum Guide*, also den offiziellen Scrum-Spielregeln, ziemlich am Anfang:

> *Scrum basiert auf Empirie und Lean Thinking. Empirie bedeutet, dass Wissen aus Erfahrung gewonnen wird und Entscheidungen auf der Grundlage von Beobachtungen getroffen werden.*

Diese Grundidee hinter Scrum wird häufig mit *Inspect & Adapt* (»Überprüfe und passe an«) bezeichnet.

Und damit sind wir mitten im agilen Arbeiten angekommen: Wie genau sind die agilen Methoden beschaffen? Was bewirken sie im Unternehmen? Und wie kann ich sie spielerisch vermitteln? Davon handeln die nächsten Kapitel dieses Buches.

Kapitel 2
Agil arbeiten

Agiles Arbeiten ermöglicht deinem Team und dir, sich auch komplexen Aufgaben mit spielerischer Leichtigkeit zu stellen.

Wenn du dich umhörst, wirst du vermutlich sehr unterschiedliche Meinungen darüber erfahren, was agiles Arbeiten genau ist. In diesem Kapitel geben wir dir daher einen Überblick über die Agilität, die dahinterliegende Haltung und die entsprechenden Methoden. Je nach Aufgabe und Umfeld können Werkzeuge und Strategien wechseln. Gleich bleibt, dass sich ein Team selbstorganisiert der Lösung einer komplexen Aufgabe widmet. Gleich bleibt, dass sich ein Team selbstorganisiert der Lösung einer komplexen Aufgabe widmet. Agile Spiele eignen sich besonders gut, um Methoden und Haltung gleichermaßen zu vermitteln. Sie erleichtern den Einstieg in die agile Arbeitsweise und können sogar für die Arbeit selbst genutzt werden.

2.1 Das Cynefin-Modell

Wenn du dir die Frage stellst, ob für dein Vorhaben agiles Arbeiten ein guter Weg wäre, lohnt sich die Beschäftigung mit dem Cynefin-Modell (walisisch für *Lebensraum, Heimat, mehrere Wurzeln haben*). Das *Cynefin-Modell* (siehe Abbildung 2.1) wurde von dem walisischen Soziologen Dave Snowden entwickelt. Er beschreibt darin verschiedene Problemdomänen mit dazu passenden Vorgehensstrategien: Bist du verantwortlich für die neue Strategie deines Unternehmens oder die Weiterentwicklung eines bestehenden Produkts? Organisierst du ein Abendessen mit Freunden bei dir zu Hause oder eine Großveranstaltung in einer anderen Stadt?

Das Modell gibt dir Begriffe an die Hand, um die unterschiedlichen Aspekte deines Vorhabens zu charakterisieren, sodass du dich gezielt mit anderen darüber auszutauschen kannst, welches Vorgehen angemessen sein könnte. Dabei geht es nicht allein darum, wie einfach oder facettenreich ein Vorhaben ist, sondern auch darum, welche Vorerfahrungen und welches Wissen bereits vorhanden sind, inwieweit dieses Vorwissen als gesichert – und nicht nur als vermutet – angesehen werden kann und welche Wechselwirkungen mit neuartigen Aspekten deines Vorhabens es gibt.

Spiel-Tipp

Wenn du gern spielst (warum auch sonst solltest du dieses Buch lesen?), findest du im gleichnamigen Kapitel 17 das Spiel CYNEFIN-TANGRAM, ein Simulationsspiel, um die nun folgende Beschreibung spielerisch noch besser zu verstehen.

Das Cynefin-Modell besteht aus vier sogenannten *Domänen*, die du nutzen kannst, um dein Vorhaben zu charakterisieren:

Abbildung 2.1 Mit dem Cynefin-Modell kannst du eine angemessene Vorgehensweise für ein Vorhaben ermitteln.

- **Einfach/Offensichtlich** – du hast es mit einem Problem zu tun, das einfach zu verstehen ist. Zur Lösung existieren bewährte Arbeitsabläufe, Best Practices, bei denen unmittelbar einleuchtet, dass diese funktionieren werden. Erfolg in dieser Domäne entsteht durch eine solide Arbeitsplanung und das Anwenden von Best Practices. In der Welt der Spiele wäre das analog zu MALEN NACH ZAHLEN oder einem einfachen PUZZLE.
- **Kompliziert** – du hast es mit einem klar umrissenen Problem zu tun. Menschen mit Erfahrung und Expertise hinsichtlich dieser Art Aufgaben können das Problem analysieren, um einen geeigneten Lösungsweg auszuarbeiten und vorzuschlagen. Die sorgfältige Analyse ist hier der Schlüssel, um effektiv voranzukommen. Als Spiel ist das vergleichbar mit einem LOGIKRÄTSEL oder dem ZAUBERWÜRFEL.
- **Komplex** – wenn du ein neuartiges Problem zu lösen hast, fehlt dir zu Beginn die Erfahrung, um zu analysieren und einzuschätzen, welche Facetten des Problems von

Bedeutung sind und welche nicht. Außerdem ist unklar, wie eine effektive Lösung aussehen und entstehen kann. Um hier herauszufinden, ob du auf dem richtigen Weg bist, stehen die Strategien Experimentieren und Lernen im Vordergrund. Spiele wie ESCAPE ROOMS oder OPEN-WORLD-COMPUTERSPIELE bieten sich hier als Vergleich an. Überraschungen und Rückschläge gehören zum Spiel untrennbar dazu und machen seinen Reiz aus.

- **Chaotisch** – manchmal verstehst du einfach nicht mehr, was passiert. Du bist nicht sicher, ob du überhaupt am richtigen Problem arbeitest, und klare Aussagen gibt es auch nicht. Willkommen in der chaotischen Domäne! Die gute Nachricht: Du kannst hier kaum etwas falsch machen, Hauptsache, du tust etwas. Sobald du anfängst, etwas zu tun, bewegst du dich meist bald schon wieder in einer der anderen Domänen. Beim Spielen kennst du bestimmt die Situation, dass du ein bekanntes Spiel zusammen mit anderen spielen willst. Das Spiel fängt an, und auf einmal stellen alle fest, dass sie nach unterschiedlichen Regeln spielen. Alles läuft durcheinander, du hast Spielzüge vorbereitet, die jetzt nicht mehr funktionieren. Was wirst du tun?

Betrachte die Domänen des Cynefin-Modells einmal in Ruhe und versuche, deine Arbeit dort einzuordnen. Vermutlich stellst du dabei fest, dass nicht alle Teile deiner Arbeit in ein und dieselbe Domäne passen. So einiges wird wie bei MALEN NACH ZAHLEN verlaufen oder vielleicht einer guten Knobelaufgabe entsprechen. Dies sind die Aufgaben, mit denen ihr euch als Team gut auskennt und die ihr alle tagtäglich erledigt. Das Team weiß, wie es die Sachen angeht, die Arbeit verläuft gut strukturiert, und alle haben bewährte Lösungsstrategien an der Hand, falls es doch einmal zu Problemen kommen sollte. Das alles fällt in den rechten Bereich des Cynefin-Modells mit seinen Domänen »Einfach/Offensichtlich« und »Kompliziert« (siehe Abbildung 2.1) und wird auch als *geordnet* bezeichnet. Traditionelle Managementmethoden sind für diesen Bereich wie geschaffen. Sie versuchen vor allem Planbarkeit und Effizienz zu maximieren.

Daneben gibt es vermutlich auch Aspekte eurer Arbeit, die eher der komplexen oder gar chaotischen Domäne zugeordnet sind. Dies sind z. B. Probleme, die für euch neu sind und bei denen das Team erst lernen muss, wie es am besten damit umgeht. Wenn dein Team an Projekten arbeitet, in denen es neue Produkte und Dienstleistungen entwickelt, ist es sehr offensichtlich, dass seine Themen in der *ungeordneten* Domäne liegen. Auch wenn dein Team vermeintlich nur geordnetes Tagesgeschäft erledigt, kann es sein, dass es in den ungeordneten, also in den linken Bereich des Modells gerät – beispielsweise, wenn eine Pandemie alles radikal verändert, du von heute auf morgen im Homeoffice sitzt und die Zusammenarbeit mit anderen komplett neu organisieren musst. Traditionelle Managementmethoden kommen hier schnell an ihre Grenzen. Deswegen sind agile Methoden als Ergänzung hilfreich. Sie kombinieren einen strukturierten Prozessrahmen mit Offenheit und Flexibilität. So kannst du angemessen auf neue Erkenntnisse und unvorhergesehene Ereignisse reagieren.

In den folgenden Abschnitten schauen wir uns genauer an, wie das funktioniert.

2.2 Das Agile Manifest und seine Werte

Mit dem Einzug der Digitalisierung sind viele Funktionen im Unternehmen nicht mehr ohne IT vorstellbar oder sie sind selbst zu IT-Einheiten geworden. Auf diesem Weg hat das in der Softwareentwicklung seit über 20 Jahren geformte und praktizierte agile Vorgehen in diese und viele andere Unternehmensbereiche Einzug gehalten. Die agilen Konzepte werden übernommen und an die verschiedenen Produkte, Dienstleistungen und sogar Verwaltungsaufgaben angepasst. Im Folgenden kannst du also getrost das Wort Software durch das Thema ersetzen, an dem du aktuell arbeitest, und die Konzepte auch entsprechend an deinen Kontext anpassen.

Im Jahr 2001 traf sich eine Gruppe von 17 anerkannten IT-Experten in dem US-amerikanischen Bundesstaat Utah, um Erfahrungen auszutauschen und herauszufinden, wie sich Projektarbeit – insbesondere in IT-Projekten – besser gestalten lässt. Das Ergebnis war das *Agile Manifest* (siehe Abbildung 2.2), das die Gruppe anschließend im Internet veröffentlichte (*http://agilemanifesto.org/*). Die Gestaltung der Webseite ist ein Relikt aus der Internet-Urzeit, ihr Inhalt ist aktueller denn je. Seither wir das Agile Manifest gern beschworen, aber anscheinend nur von wenigen tatsächlich gelesen. Dabei lohnt es sich, das Original in Ruhe anzuschauen und sich auch mit dessen Entstehungsgeschichte (»About the Manifesto«) zu beschäftigen.

Das Agile Manifest beginnt mit dem Satz: »Wir entdecken bessere Wege, um Software zu entwickeln, indem wir es selbst tun und anderen dabei helfen.« Der agile Weg ist also einer, den du selbst und mit anderen gemeinsam gehst – ein Weg des Ausprobierens und der Entdeckungen, keine abgeschlossene, statische Vorgehensweise. Oder in der Sprache des Cynefin-Modells ausgedrückt: Softwareentwicklung ist ein komplexes Unterfangen, in dem du nur besser wirst, indem du immer wieder mit neuen Herangehensweisen experimentierst.

Gleichzeitig erfordert Projektarbeit an vielen Stellen eine systematische und strukturierte Vorgehensweise. Das Agile Manifest beschreibt dazu vier Spannungsfelder (auch *Agile Werte* genannt), in denen agiles Herangehen verortet wird. In der offiziellen deutschen Übersetzung heißt es:

»Das heißt, obwohl wir die Werte auf der rechten Seite wichtig finden, schätzen wir die Werte auf der linken Seite höher ein:

Individuen und Interaktionen	mehr als	Prozesse und Werkzeuge
Funktionierende Software	mehr als	umfassende Dokumentation
Zusammenarbeit mit dem Kunden	mehr als	Vertragsverhandlung
Reagieren auf Veränderung	mehr als	das Befolgen eines Plans«

Abbildung 2.2 Es hat fast schon historischen Wert: das Agile Manifest von 2001 im Original.

Die Werte auf der rechten Seite unterstützen eher die geordneten Aspekte im Cynefin-Modell, während die Werte auf der linken Seite es ermöglichen, flexibler zu lernen und sich weiterzuentwickeln. Die rechte Seite im Griff zu haben, schafft die Grundlage, um auf der linken Seite agieren zu können. Dabei dient die rechte Seite immer als Werkzeug für die linke Seite und darf nicht zum Bremsklotz werden.

Wenn die rechte Seite überbetont wird, entsteht schnell eine zermürbende Effizienzmaschine, die Kreativität, Engagement und jedwede Innovationskraft im Keim zu ersticken droht. Wird die linke Seite überbetont und kein ordnender Rahmen zur Seite gestellt, laufen die Teams Gefahr, sich zu verzetteln, und nichts wird mehr fertig. Wenn sie dann doch liefern, mangelt es häufig an Qualität. Zur agilen Arbeit im Sinne des Manifests gehört es daher, die vier Spannungsfelder immer wieder auszuloten und sich fortwährend diese beiden Fragen vor Augen zu halten:

- Welche Strukturen und Arbeitsweisen sind hilfreich und fördern gute Ergebnisse?
- Welche Strukturen und Arbeitsweisen hemmen die produktive Vorgehensweise?

Das Agile Manifest wurde von seinen Urhebern um *12 Agile Prinzipien* (siehe Abbildung 2.3, *http://agilemanifesto.org/principles.html*) ergänzt. Sie unterstützen das Ausloten und helfen dabei, das Agile Manifest in die Praxis umzusetzen.

2.3 Agile Prinzipien

Für die Agilen Prinzipien gilt, wie für alle Prinzipien, dass sie Orientierung geben, ohne unnötig einzuengen. Sie wollen interpretiert und an den jeweiligen Kontext angepasst werden. So entwickeln sich mit der Zeit geeignete Strukturen und Arbeitsweisen im Team und im ganzen Unternehmen. Die Agilen Prinzipien sind aus der Praxis für die Praxis abgeleitet. Sie beschreiben Arbeitsweisen, die sich bei der Arbeit an komplexen Problemen bewährt haben. In ihrem Zusammenspiel ermöglichen sie es, frühzeitig und effektiv zu reagieren, wenn neue Erkenntnisse gewonnen werden.

Spiel-Tipp

Ein Spiel, um die Agilen Prinzipien besser kennenzulernen, ist PRINZIPIEN-MAU-MAU (Kapitel 26). Auch ANSICHTSSACHE (Kapitel 13) lässt sich, leicht abgewandelt, gut mit den Agilen Prinzipien spielen, z. B. im Rahmen einer agilen Retrospektive.

Die Agilen Prinzipien entfalten im Zusammenspiel ihre Wirkung und bedingen sich gegenseitig. Dabei ist der Dreh- und Angelpunkt das 12. Prinzip: die regelmäßige Reflexion und Anpassung des eigenen Vorgehens. Es erlaubt deinem Team, die restlichen Prinzipien passend für sich, sein Umfeld und seine Aufgaben umzusetzen.

Die Agilen Prinzipien

1. Unsere höchste Priorität ist es, den Kunden durch frühe und kontinuierliche Auslieferung wertvoller Software zufriedenzustellen.
2. Anforderungsänderungen sind selbst spät in der Entwicklung willkommen. Agile Prozesse nutzen Veränderungen zum Wettbewerbsvorteil des Kunden.
3. Funktionierende Software wird regelmäßig innerhalb weniger Wochen oder Monate geliefert, bevorzugt in kürzeren Zeitspannen.
4. Fachexperten und Entwickler arbeiten während des Projekts täglich zusammen.
5. Projekte sind rund um motivierte Individuen organisiert. Ihnen wird das Umfeld und die Unterstützung gegeben, die sie benötigen und darauf vertraut, dass sie die Aufgabe erledigen.
6. Die effizienteste und effektivste Methode, Informationen an das Entwicklungsteam und innerhalb des Teams zu übermitteln, ist im Gespräch von Angesicht zu Angesicht.
7. Funktionierende Software ist das wichtigste Fortschrittsmaß.
8. Agile Prozesse fördern nachhaltige Entwicklung. Die Auftraggeber, Entwickler und Benutzer sollten ein gleichmäßiges Tempo auf unbegrenzte Zeit halten können.
9. Ständiges Augenmerk auf technische Exzellenz und gutes Design fördert Agilität.
10. Die besten Architekturen, Anforderungen und Entwürfe entstehen durch selbstorganisierte Teams.
11. Einfachheit – die Kunst, die Menge nicht getaner Arbeit zu maximieren – ist entscheidend.
12. In regelmäßigen Abständen reflektiert das Team, wie es effektiver werden kann, und passt sein Verhalten entsprechend an.

Abbildung 2.3 Die deutsche Übersetzung der 12 Agilen Prinzipien (Quelle: https://agilemanifesto.org/principles.html)

2.4 Methoden und Rahmenwerke

Die populärsten agilen Rahmenwerke der letzten Jahrzehnte sind *Scrum* und *Kanban*. Sie geben dir einen guten Satz an Methoden an die Hand, um damit anzufangen, den Arbeitsprozess deines Teams agil auszugestalten. Während Scrum eher für Projekte geeignet ist, kann Kanban universell in allen möglichen Unternehmensbereichen eingesetzt werden.

Scrum – das Produkt optimieren

Bei Scrum wird in *Etappen*, den sogenannten *Sprints*, gearbeitet. Dabei wird die Arbeit in *Ausbaustufen* zerlegt und dann schrittweise ausgeliefert. Dieser Planungsansatz kann deinem Team helfen, sich zu fokussieren und effektiver voranzukommen. Scrum hat seine Wurzeln in der Produktentwicklung im Maschinenbau. Wenn dein Team ein langfristiges Ziel strategisch verfolgt und auf seinem Weg noch viel darüber lernen muss, wie das Produkt am Ende tatsächlich bestmöglich aussieht, ist Scrum ein idealer Startpunkt für dich.

Kanban – den Prozess optimieren

Ist dein Team hingegen stark von Ereignissen außerhalb des eigenen Einflusses getrieben, kann Kanban das Mittel der Wahl sein. Kanban kommt ursprünglich aus der Produktionssteuerung. Dabei besteht die Herausforderung nicht in der Entwicklung der Lösung (diese steht dort schon fest), sondern in der flexiblen Koordination und Optimierung aller Aktivitäten und Arbeitsschritte, um diese zu erstellen. Dafür werden bei Kanban die Abschnitte des Arbeitsprozesses auf einer *Kanban-Tafel* (siehe Abbildung 2.4) visuell dargestellt. So können alle – Team und Stakeholder – schnell nachvollziehen, ob es irgendwo hakt und welche Auswirkungen es hat, wenn neue Aufgaben hinzukommen. Kanban hilft dabei, schnell situationsgerecht zu reagieren, ohne die Gesamtlage dabei aus dem Auge zu verlieren.

Scrum und Kanban für Scrum-Teams

Auf Scrum.org findest du kompakte Darstellungen beider Arbeitsweisen. Der Scrum Guide (*https://scrumguides.org*) und der Kanban Guide (*https://www.scrum.org/resources/kanban-guide-scrum-teams*) bilden auch die Grundlage für eine Scrum- bzw. Kanban-Zertifizierung.

Der wichtigste Unterschied zwischen den beiden Methoden ist, dass bei Scrum in gleichbleibenden Etappen von zwei bis vier Wochen geplant und gearbeitet wird. Kanban kennt keine Etappen, hier wird immer, sobald das Team wieder freie Kapazität hat, geschaut, was als Nächstes bearbeitet werden kann. In der Praxis arbeiten viele Teams mit einer Mischung aus Scrum und Kanban, die *Scrumban* genannt wird. Rollen, Meetings und *Artefakte*, wie z. B. das Backlog, sind Bei allen dreien – Scrum, Kanban, Scrumban – ähnlich. Wir stellen sie dir in den folgenden Abschnitten kurz vor.

Artefakte, Inkremente und andere seltsame Worte

Mit den agilen Methoden wird vermutlich eine ganze Reihe von ungewohnten Anglizismen in dein Team einziehen. Wir haben uns in diesem Buch bemüht, wo immer möglich eine leicht verständliche Entsprechung in Form einer deutschen Bezeichnung anzubieten, nutzen aber auch die gebräuchlichen Begriffe, weil sie mittlerweile zur Fachsprache gezählt werden. Das Spiel MERK'S DIR FIX (siehe Kapitel 24) ist übrigens der perfekte agile Vokabeltrainer.

Das Backlog

Sowohl bei Scrum wie auch bei Kanban arbeitet dein Team mit einem *Backlog*. Dies ist ein priorisierter Stapel mit Themen, Anforderungen bzw. Aufgaben, die durch das Team bearbeitet werden sollen. Zum Umgang mit diesem Backlog gibt es ein paar grundlegende Spielregeln:

- Der Stapel wird von oben nach unten bearbeitet.
- Das Team entscheidet gemeinsam, wie viel aktuell vom Stapel genommen und bearbeitet werden kann. Niemand außerhalb des Teams redet dabei mit.
- Das Team fokussiert seine Arbeit auf die Bearbeitung und Erledigung der vom Stapel genommenen Themen. Wenn neue Anforderungen oder Aufgaben auftauchen, werden diese immer erst in den Backlog-Stapel geschickt.
- Es werden erst wieder neue Dinge vom Stapel genommen, wenn die vorherigen fertig bearbeitet wurden, auch wenn es aufgrund von Problemen mal länger dauern sollte als erwartet.
- Es gibt eine Person, die dafür verantwortlich ist, im Austausch mit anderen dafür zu sorgen, dass der Stapel »strategisch geschickt« sortiert ist.

Das Backlog ist sozusagen der Ort, an dem die nächsten Spielzüge des Projekts vorbereitet werden. Wie bei jedem interessanten Strategiespiel besteht die Kunst darin, gute

Taktiken zu finden und diese an die jeweilige Situation anzupassen. Dabei helfen clevere Zwischenziele, um das Erreichte abzusichern und zu erkennen, ob die gewählte Vorgehensweise (noch) funktioniert. Diese Fragen helfen bei der Einschätzung:

- Sind wir da angekommen, wo wir ankommen wollten?
- Entsprach der Aufwand dem, was wir vermutet hatten?
- Finden wir immer noch sinnvoll, woran wir arbeiten, oder zeichnen sich bessere Lösungen oder Lösungswege ab?
- Können wir das bisher Entstandene bereits (zumindest provisorisch) nutzen und damit Erfahrungen in der Praxis sammeln?

Durch die geschickte Sortierung des Backlogs und die Zerlegung seiner Inhalte in möglichst kompakte Entwicklungsschritte sorgst du dafür, dass dein Team frühzeitig seine Zwischenziele erreicht. Gleichzeitig ist es für alle Beteiligten sehr motivierend, immer wieder zu sehen, wie Anforderungen umgesetzt oder Aufgaben effizient erledigt werden, und den eigenen Fortschritt realistisch einschätzen zu können.

Limitierung der angefangenen Arbeit

Entsprechend den Agilen Prinzipien sorgen agile Methoden dafür, dass funktionierende Zwischenergebnisse und Ausbaustufen regelmäßig ausgeliefert werden. Das Ziel ist dabei, herauszufinden, ob dein Team sich mit seinem Vorhaben noch auf dem richtigen Weg befindet und ob die erarbeiteten Lösungen auch in der Praxis von Bestand sind. Um das zu unterstützen, limitiert das Team die Menge an Themen und Aufgaben, an denen gearbeitet wird. Scrum und Kanban setzen diese Limitierung mit leicht unterschiedlichen Mechanismen um. Am Ende läuft es bei beiden darauf hinaus, die Menge an Dingen, die das Team gleichzeitig »in Arbeit nimmt«, zu beschränken.

Die Kanban-Spielregeln besagen daher, dass nie mehr als eine vorher definierte Zahl N von Dingen gleichzeitig durch das Team bearbeitet werden darf. Erst wenn eine Aufgabe erfolgreich beendet wurde, darf eine neue Aufgabe aus dem Backlog nachgezogen und angefangen werden (siehe Abbildung 2.4).

Bei Scrum wird in *Sprints* gearbeitet. Zum Start jeder Etappe wird eine Menge an Dingen ausgewählt. Dieser Menge wird während der Etappe nichts mehr hinzugefügt. Die Limitierung folgt aus der Länge der Etappen. Ein eingespieltes *Scrum-Team* lernt mit der Zeit, die Menge, die es in einer Etappe bearbeiten kann, gut abzuschätzen und sich auf die ausgewählten Themen zu fokussieren.

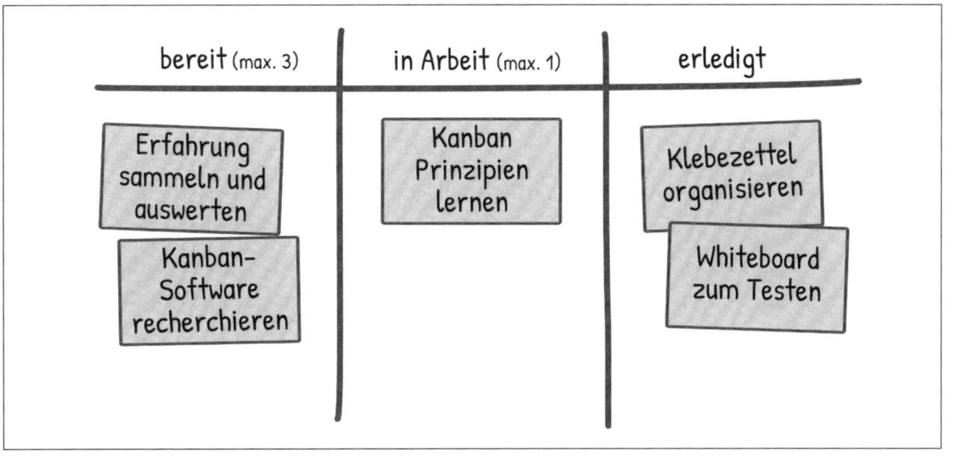

Abbildung 2.4 Eine Kanban-Tafel in Aktion

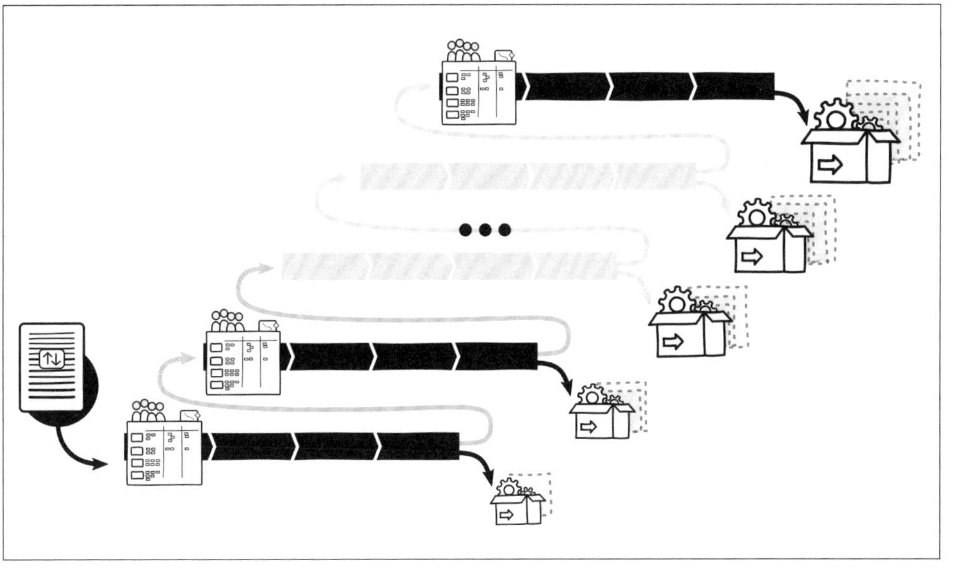

Abbildung 2.5 Scrum-Teams gehen etappenweise vor und liefern in Ausbaustufen aus.

2.5 Rollen und Meetings

Eine clevere agile Strategie zu entwickeln und umzusetzen ist anspruchsvoll. Scrum beschreibt deshalb eine Reihe von Arbeitsmeetings und Rollen zur Unterstützung. Kanban-Teams adaptieren diese Konzepte meist in ähnlicher Form. Die folgenden Begrifflichkeiten haben sich mittlerweile auch außerhalb von Scrum etabliert.

Die Product-Owner-Rolle

Wenn du in der *Product-Owner-Rolle* arbeitest, bist du dafür verantwortlich, zu entscheiden, mit welchen Themen sich das Team als Nächstes beschäftigen soll. Dazu arbeitest du sowohl mit deinem Team, mit Personen, die euer Produkt kaufen oder nutzen, als auch mit anderen Stakeholdern aus deinem Umfeld zusammen, um herauszufinden:

- welche Wünsche, Anforderungen und technischen Herausforderungen existieren,
- was davon schon klar und leicht verständlich ist und wo es erst noch Forschung braucht,
- und was davon den größten Nutzen entfaltet und was vielleicht erst langfristig betrachtet von Bedeutung ist.

Mit diesen Informationen pflegst und sortierst du den Backlog-Stapel und hilfst vor allem deinem Team, zu verstehen, was gerade wichtig ist und aus welchem Grund. Zu deiner Aufgabe gehört es, transparent zu machen, was dein Team realistisch betrachtet leisten kann und, wenn die Wünsche seiner Stakeholder größer sind, »nein« zu sagen. In diesem Fall gilt es auszuhandeln, wie ihr gemeinsam mit dem Nein umgehen wollt.

Spiel-Tipp

Das Spiel FANG DEN PEOH! (siehe Kapitel 19) hilft dir dabei, ein Gespür für das Spannungsfeld zu bekommen, indem du dich in dieser Rolle bewegst, und gleichzeitig Ideen zu sammeln, wie du andere auf möglichst agile Weise in deine Arbeit einbindest.

Das Entwicklungsteam

Bist du Teil des *Entwicklungsteams*, dann suchst du nach Lösungen für die Bedürfnisse, Ideen und Wünsche eurer Kundschaft. Dabei ist das Team gemeinsam dafür verantwortlich, effiziente Lösungen und Lösungswege zu finden, sie zu realisieren und ihre Qualität zu sichern.

Als Team verantwortlich zu sein heißt unter anderem, gemeinsam für die Kundschaft Lösungen zu liefern, die in Gänze funktionieren. Jede individuelle Leistung ist bedeutungslos, wenn das Team dies nicht schafft.

Spiel-Tipp

Die Agile Stunde (siehe Kapitel 12) ist ein Spiel, in dem du den Arbeitsprozess eines agilen Teams erleben kannst und auch, wie viel Freude es machen kann, Dinge gemeinsam zu gestalten und fertigzustellen.

Agile-Coach-/Scrum-Master-Rolle

In der *Agile-Coach-/Scrum-Master-Rolle* unterstützt du dein Entwicklungsteam, die Product-Owner-Rolle und euer Umfeld dabei, gut agil zusammenzuarbeiten und die eigenen Arbeitspraktiken weiterzuentwickeln. Du hilfst in schwierigen Situationen, vermittelst agiles Know-how und sorgst für eine vernünftige Vorgehensweise im Team.

Bei deiner Hilfestellung solltest du darauf achten, dass du Probleme nicht selbst kompensierst. Dein Ziel ist stets, dass die Beteiligten sich eigenständig um ihre Probleme kümmern können. Die Spiele in diesem Buch ermöglichen es dir, mit den Beteiligten auf unterschiedliche Aspekte von Agilität zu schauen, Kompetenzen aufzubauen und Zusammenhänge leichter begreifbar zu machen, sodass insgesamt die Fähigkeit zur Selbstorganisation und Konfliktlösung in deinem Team steigt.

Daily Scrum

Das *Daily*, wie das *Daily Scrum* häufig auch kurz genannt wird, ist ein tägliches Treffen des Entwicklungsteams. Es ist die kleinste Planungsschleife in der agilen Arbeit. Dadurch, dass es täglich stattfindet, kann dein Team schnell auf aktuelle Ereignisse und Probleme reagieren. Gleichzeitig ist wichtig, dass sich das Team beim Daily nicht verzettelt. Der Fokus liegt darauf, die in den nächsten Stunden anstehende Arbeit als Team zu organisieren. Nicht mehr, aber auch nicht weniger.

Dazu gehört, folgende Fragen zu klären:

- Welche Arbeit steht gerade an?
- Was ist heute wichtig im Hinblick auf das Etappenziel?
- Was kann noch warten?
- Was hindert uns heute?
- Wie können wir uns gegenseitig helfen?

Dann wird gemeinsam geprüft, wer sich um was am besten kümmern sollte.

Das Team sollte dabei im Blick haben, welche Aufgaben und Themen gerade wichtig und dringend sind. Im Zweifel hilft ein Gespräch mit der Person in der Product-Owner-

Rolle. Genauso achtet das Team darauf, dass Know-how und Arbeitslast im Team sinnvoll verteilt werden und tatsächlich alle als Team agieren. Was die Dauer des Dailys angeht, hat sich ein Zeitfenster von maximal 15 Minuten bewährt.

Review und Retrospektive

Regelmäßiges Innehalten, Reflektieren und Adaptieren sind zentrale Mechanismen agilen Arbeitens. Deswegen stehen *Review* und *Retrospektive* (auch *Retro* abgekürzt) als Treffen am Ende einer jeden Etappe in Scrum.

Beim Review geht es um die inhaltliche Bewertung des Entwicklungsstands. Nicht im Sinne von »gut« oder »schlecht«, sondern im Sinne von: *»Wir sind jetzt bis hierhin gekommen, und wenn wir uns umschauen, stellt sich uns die Frage, wie wir weitermachen sollten. Wohin setzen wir als Nächstes unseren Kurs?«* Dazu lädt das Team Stakeholder als Gäste ein, die mit Rat und Tat helfen sollen oder benötigt werden, um Richtungsentscheidungen zu treffen.

In der Retrospektive reflektiert das Team seine Arbeitsweise und die Zusammenarbeit. Sich dafür Zeit zu nehmen ist zentral für ein agiles Vorgehen, sonst sammeln sich im Laufe der Zeit schnell viele kleine Dinge an, die für das Team frustrierend sind und zu Konflikten führen können. Das Team nutzt die Retrospektive, um zu schauen, wo genau es in der letzten Zeit gehakt hat, mögliche Ursachen dafür zu finden und kleine Experimente aufzusetzten, um einzelne Ursachen gezielt zu beheben.

Im Rahmen des agilen Arbeitens reden wir viel über *Experimente*. Damit ist gemeint, dass auch Veränderungen oder Verbesserungen in kleinen Schritten eingeführt werden. Ein Experiment ist ein solcher kleiner Schritt. Es wird systematisch aufgesetzt (*»Was wollen wir erreichen?, Woran erkennen wir, dass wir es erreicht haben?«*) und im Anschluss überprüft (*»Haben wir das Gewünschte erreicht? Wenn nein, wo müssen wir nachbessern?«*). Zu einem Experiment gehört auch, dass du im Fall des Scheiterns jederzeit wieder zum ursprünglichen Zustand zurückkehren können solltest.

Hinter dem Experimentieren steckt die Haltung, dass die Lösungen, die wir uns überlegen, sich anders auswirken könnten, als wir uns das gedacht haben. Das ist nicht schlimm, denn ein gutes Experiment zeichnet sich dadurch aus, dass sich trotzdem etwas daraus lernen lässt und man leicht etwas Neues ausprobieren kann.

Definition of Done

Damit dein Team mit den Erkenntnissen aus dem Review ggf. seinen Kurs neu setzen kann, ist es wichtig, zum Ende jeder Etappe einen aufgeräumten Zustand von »fertig« zu erreichen. Das bedeutet, dass sich alles das, was bearbeitet wurde, in einem Zustand befindet, in dem es sich unmittelbar nutzen lässt oder auch erst einmal problemlos zur Seite gelegt werden kann. Das heißt, es muss nicht erst noch ein Stand fertig dokumentiert werden und es müssen keine Fehler gesucht oder gar aufgeräumt werden.

Dabei hilft euch die *Definition of Done*: eine Checkliste, die das Entwicklungsteam für sich entwirft, um an all die Dinge zu denken, die es jedes Mal, für jede Aufgabe, in jeder Etappe erledigen will, um Themen auch wirklich abzuschließen und offene Enden von vornherein zu vermeiden.

Refinement und (Sprint-)Planung

Neben der täglichen operativen Planung im Daily durch das Entwicklungsteam braucht es auch strategische längerfristige Vorbereitung und Planung. Die Verantwortung dafür liegt vor allem bei der Product-Owner-Rolle, aber ohne die Unterstützung aller Beteiligten wird die Planungsarbeit – und auch alles andere – nicht gut funktionieren.

Zum *Refinement* gehören die Umsetzung der Erkenntnisse aus dem Review in eine längerfristige Planung genauso wie die Überarbeitung des Backlogs mit Blick auf die nächsten anstehenden Schritte. Das Ziel ist, gut vorbereitet und mit einer strategischen Vision sowie klar abgegrenzten Themen mit dem Entwicklungsteam in die Planung für die nächste Etappe zu gehen.

Im Planungstreffen für die nächste Etappe bespricht das Entwicklungsteam mit der Person in der Product-Owner-Rolle die Ziele und Anforderungen für die nächsten Wochen. Auf dieser Basis sammelt das Team dann all die Punkte, die dafür zu tun sind, und prüft, ob und inwieweit ein solcher Plan in der Realität umsetzbar ist. Das Planungstreffen ist auch der Ort, um schwierige Fragen in der Umsetzung zu identifizieren und anzudiskutieren, wie mit diesen Fragen umgegangen werden soll. Am Ende sollten alle Teilnehmenden aus der Planung mit einem guten Gefühl dafür herausgehen, was in den nächsten Wochen ansteht.

Die Planungszwiebel

Wenn du dir die Meetings und die Rollen noch einmal anschaust, erkennst du vielleicht bereits die ineinander geschachtelten Planungs- und Auswertungsebenen. Aufgemalt sieht das dann so ähnlich aus wie eine Zwiebel (siehe Abbildung 2.6). Je weiter Du ins Innere gehst, desto kleiner ist der *Planungshorizont*, dafür gibt es mehr und mehr Details. Je weiter Du nach außen gehst, desto weiter reicht der Planungshorizont, dafür geht es weniger um Details als um die grobe Logik, mit der das Team vorgeht.

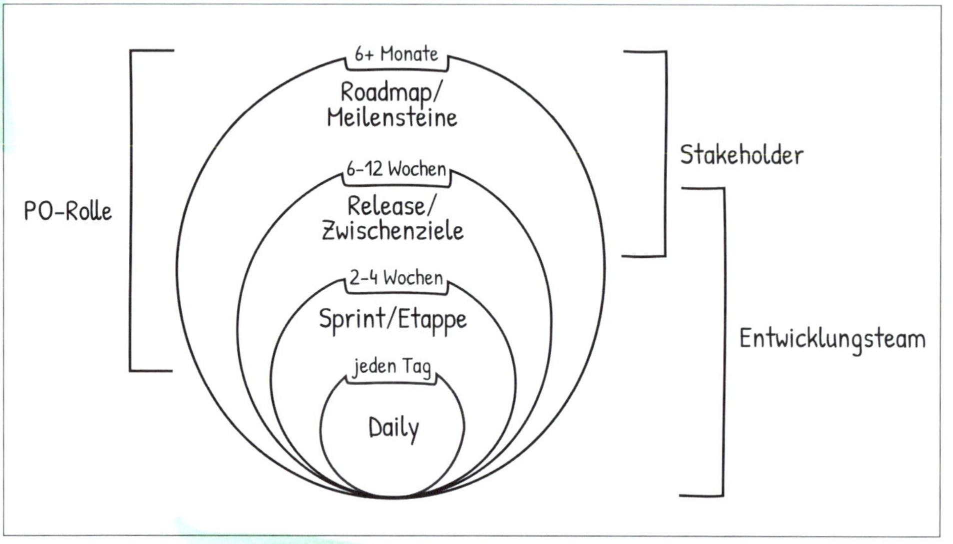

Abbildung 2.6 Die Planungszwiebel zeigt, wie Meetings, Rollen, Ziele und Arbeitsphasen im Scrum verschachtelt sind.

OKR-Management-System

Dass dein Team agil arbeitet, ist ein wunderbarer Anfang, aber wie toll wäre es, wenn dein gesamtes Unternehmen gleichermaßen agil schwänge? Wenn sich euer Teamfokus und die Arbeit möglichst nachvollziehbar auf die Unternehmensvision und -strategie beziehen würden? Und umgekehrt alles, was ihr unterwegs lernt und entdeckt, auch unmittelbar auf der Ebene des Gesamtunternehmens Berücksichtigung fände?

Das *OKR-Management-System* (englische Abkürzung für *Objectives and Key Results*) ist ein Ansatz, um die Unternehmensvision und -strategie auf agile Weise mit den Zielen und der täglichen Arbeit der Teams zu verknüpfen. Alle sollen mit im Auge behalten können, wie und weshalb ihre Arbeit zu den Unternehmenszielen beiträgt, und die Unternehmensführung erfährt im Gegenzug regelmäßig, ob ihre Vorstellungen realistisch sind.

Das OKR-Management-System ist eine Art Scrum für Unternehmen. Zu Beginn eines OKR-Sprints von in der Regel drei Monaten definiert ein interdisziplinäres Team Ziele (*Objectives*) und überlegt, welche messbaren Ergebnisse die einzelnen Bereiche und Teams dazu beisteuern können (*Key Results*). Es sorgt dafür, dass diese Ziel- und Ergebnisvorstellungen in sich schlüssig, logisch nachvollziehbar und vor allem realistisch umsetzbar sind. Wie bei Scrum gibt es regelmäßige Koordinierungstreffen, die *OKR Weeklys*, sowie zum Ende eines Sprints ein *OKR Review* und eine *OKR-Retrospektive*, um Transparenz über das Erreichte herzustellen, neue Erkenntnisse auszutauschen und die Zusammenarbeit weiter zu verbessern.

TEIL II

Spielen ermöglichen

Kapitel 3
Das Spielfeld sondieren

Was im Workshop so spielerisch leicht daherkommt, ist oft mit intensiver Vorbereitung verbunden. Deine Gäste merken davon hoffentlich nichts, aber für dich beginnt die Arbeit bereits weit vor dem Spiel.

Willst du Spiele professionell nutzen, erfordert dies eine gute und gründliche Vorbereitung. Da will das richtige Spiel zum passenden Zeitpunkt ausgewählt werden. Da muss ein guter Rahmen geschaffen werden, in dem sich alle sicher fühlen und die fürs Spielen aufgewendete Zeit als sinnvoll definieren. Da müssen Spielmaterialien hergestellt oder Remote-Tools eingerichtet werden. Da will eine Gruppe inhaltlich und emotional abgeholt werden und die Ergebnisse aus dem Spiel später für die Arbeit verwenden können. Und schließlich bist da auch noch du als Spielleitung: Was brauchst du selbst, um sicher spielerisch moderieren zu können? In diesem Kapitel geben wir dir ein paar Anregungen, damit du deinen eigenen Stil finden kannst.

3.1 Was bringt uns das?

In Unternehmen wird selten nur um des Spielens willen gespielt. Selbst bei Spielen auf Firmenfesten oder bei Team-Events stehen Absichten dahinter, wie etwa die Motivation zu erhöhen, den Zusammenhalt zu stärken oder auch einfach, sich besser kennenzulernen, um Dinge auf dem kurzen Dienstweg regeln zu können. Bei den agilen Spielen ist das nicht anders. Meist gibt es eine klare Idee der *Funktion*, die ein Spiel oder eine spielerische Intervention erfüllen soll (siehe Kapitel 11). So spielen agile Teams in Trainings, um sich Wissen anzueignen, in UX/UI-Workshops, um die Perspektive der Kundschaft einzunehmen, oder auch während Retrospektiven, um den Arbeitsprozess zu optimieren.

Wenn du also Spiele einsetzen willst, kläre zuvor auf jeden Fall die Erwartungen, die an das Spiel gestellt werden – deine eigenen, die der Gruppe, mit der du spielen willst, und ggf. auch die der Person, die dir den Auftrag dazu erteilt hat. Um dies zu ermitteln, kannst du Fragen wie diese stellen:

- Welchen Nutzen soll das Spiel haben?
- Was soll damit bewirkt werden?

- Was soll es ermöglichen?
- Wann befinden die Gruppe oder die Auftraggebenden, dass ihre Zeit sinnvoll für das Spiel eingesetzt gewesen ist?

Die Spiele in Teil III dieses Buches sind übrigens nach Funktionen geordnet, die häufig nachgefragt werden. Auch wenn du selbst ein Spiel entwickelst (siehe Teil IV), wird dir die Frage nach dem »Wieso? Weshalb? Warum?« immer wieder begegnen, z. B. in Form von *User Stories*.

3.2 Dürfen wir das überhaupt?

Spielen macht etwas mit den Menschen. Wer im agilen Spiel erlebt, wie leicht Arbeit von der Hand gehen kann oder auch wieviel Freude Zusammenarbeit machen kann, möchte diese Erkenntnis häufig auch auf den Joballtag übertragen und daraufhin dort Dinge grundlegend anders gestalten. Insbesondere in Unternehmen, in denen Agilität noch neu ist, ist es deshalb wichtig, vorab zu klären, innerhalb welcher Grenzen du dich mit dem Spielen bewegst. Stelle sicher, dass mit den Erfahrungen und Erkenntnissen aus dem Spiel weitergearbeitet werden kann und darf. Und sei es zunächst nur mit ersten kurzen Experimenten, die du nach dem Spiel mit dem Team aufsetzt.

Frustrationspotenzial erkennen

Wenn du während der Vorbereitung mit dem Team oder den Auftraggebenden den Eindruck bekommst, dass die Erfahrungen aus dem Spiel nicht weiter genutzt werden sollen oder gar dürfen, wäge gut ab, wozu du einlädst. Denn sonst könnte nämlich das Frustpotenzial bei den Teilnehmenden am Ende größer sein als der Nutzen. Im ungünstigsten Fall bleibt dann der Eindruck bei den Teilnehmenden zurück, dass Spielen generell sinnlos ist.

3.3 Kennen wir schon ... finden wir doof!

Es lohnt sich durchaus, den Blick darauf zu werfen, welche Vorerfahrungen mit Spielen die Gruppe, mit der Du spielen willst, bereits hat:

- Wieviel spielen die Menschen aktuell schon in ihrem Alltag?
- Welche guten und welche schlechten Erfahrungen haben sie mit Spielen im Beruf gemacht?
- Kannst du darauf aufbauen, oder musst Du erstmal den Weg bereiten?

Dina wurde beispielsweise am zweiten Tag eines Projekts von zwei Leuten auf die Seite genommen und dahingehend informiert, dass sie sich diese Spiele und den ganzen Kram getrost an den Hut stecken könne. Das kenne das Team aus der Vergangenheit, und da wäre nie was Gutes bei herausgekommen, darauf hätte hier niemand Lust. Hier war klar, dass es nicht sinnvoll gewesen wäre, gleich mit Spielen loszulegen, ohne erst einmal behutsam das Vertrauen in spielerisches Arbeiten zu stärken.

Ablehnung gegen Spiele genau hinterfragen

Nimm es ernst, wenn Menschen nicht spielen wollen. Finde heraus, woher das Unbehagen kommt. Viele haben keine Lust auf Wollknäuelwerfen, weil sie damit schlecht moderierte Workshops in Verbindung bringen. Oft werden auch Rollenspiele aus Assessment-Center angeführt. Nutze dieses Wissen, um den Rahmen für dein Spielangebot sorgfältig zu setzen.

3.4 Klingt irgendwie unmoralisch!

Spielen kann auch unmoralisch sein. Denn manchmal passieren Dinge, die einfach nicht zu einem spielerischen Vorgehen passen. Vielleicht befindet sich das Unternehmen gerade in einem bedrohlichen Umbruch oder steht kurz vor einer (feindlichen) Übernahme. Eine komplette Unternehmenssanierung steht an, etlichen Menschen soll gekündigt werden, Einsparungen stehen auf dem Programm. Hier spielerisch vorzugehen, erfordert einen immensen Balanceakt. Die Betroffenen werden ihre Köpfe möglicherweise nicht frei genug haben, um sich auf das Spielen einzulassen – selbst wenn es ein guter Weg sein könnte, mit der Verunsicherung umzugehen. Zum Spiel gehören Leichtigkeit und Sicherheit. Sind beide Faktoren nicht gegeben, lass besser die Finger davon.

3.5 Das ist ja super für Konflikte!

Auch in Konfliktsituationen raten wir zur Wachsamkeit. Natürlich kann ein Spiel auch dazu dienen, überhaupt erst einmal alle Beteiligten wieder an einen Tisch zu bekommen, sich gegenseitig unbelastet und mit frischem Blick zu begegnen oder auch gemeinsam unterschiedliche Lösungsansätze zu betrachten, ohne sich dem Konflikt direkt aussetzen zu müssen.

Gleichwohl lohnt es sich, genau hinzusehen, worum es in dem Konflikt wirklich geht und wie hoch die emotionale Betroffenheit der beteiligten Personen ist. Die Ursachen für Konflikte können vielschichtig sein. Geht es um:

- eine Sache?
- verschiedene Interessen?
- die Beziehung?
- gemeinsame oder sehr unterschiedliche Werte?
- Strukturen und Abläufe außerhalb des eigenen Einflussbereichs?
- rein berufliche Themen oder Privates, das mit hineinspielt – wie so häufig bei der Urlaubsplanung oder im Falle von Überstunden?

Spielen funktioniert aus unserer Erfahrung bei Konflikten immer dann, wenn die Konflikte so beschaffen sind, dass das Durchspielen und Entwickeln verschiedener Optionen weiterhilft, und wenn diese auch wirklich frei gewählt werden können.

Schwierig wird es, wenn ein Konflikt bereits verhärtet ist oder persönliche Verletzungen Wirkung zeigen. Dann kannst du auch spielerisch vorgehen, aber du solltest ausreichend psychologisches Know-how besitzen und vor allem selbst nicht an dem Konflikt beteiligt sein. Im Zweifel ist das der Moment, in dem du dir Hilfe von Menschen suchst, die in Konfliktmoderation oder Mediation ausgebildet sind.

Kapitel 4
Einladung

Du willst mit einem Team spielen? Oder eine spielerische Intervention einsetzen? Wunderbar. Jetzt geht es darum, die Menschen gut abzuholen und eine ansprechende Einladung auszusprechen.

Das Spiel öffnet einen Raum, der anders gestaltet ist als der normale Alltag. In diesem Raum gelten vorübergehend andere Regeln, nämlich die des Spiels, und du setzt als Spielleitung so manche Regel, die vielleicht im Alltag der Teams Geltung hat, außer Kraft (z. B. darf in manchen Spielen nicht gesprochen werden). Somit erschaffst du im Spiel vorübergehend ein Modell einer anderen Welt. Diese Welt wird von allen freiwillig betreten. Außerdem gibt es die Vereinbarung, dass alle sich an die neuen Regeln halten werden. So entsteht ein sicherer Raum, in dem andere, neue Verhaltensweisen durchgespielt werden können, ohne Konsequenzen fürchten zu müssen.

Damit all das passieren kann, will die Vorbereitung zum Spiel wohlbedacht sein.

4.1 Weshalb du zum Spielen einlädst

Weshalb solltest du Menschen eigentlich überhaupt persönlich zum Spielen einladen? Reicht es nicht, einen Raum zu buchen und einen Termin über Outlook einzustellen? Einige wichtige Informationen würde so eine Einladung zwar schon enthalten, aber wahrscheinlich wäre sie nicht ausreichend. Für den Erfolg einer spielerischen Intervention ist es wichtig, dass du die Spielenden da abholst, wo sie gerade stehen, und ihnen zu verschiedenen Aspekten Sicherheit gibst. Eine zielgerecht formulierte Einladung beinhaltet informative Antworten auf diese Fragen:

- Wo werden wir uns zum Spielen treffen?
- Wer spielt mit?
- Wie lange werden wir voraussichtlich spielen?
- Was muss ich können, um mitzuspielen?
- Wie erlerne ich das Spiel?

- Was bringt mir das Spiel?
- Wie profitiere ich für meine aktuelle Aufgabe von dem Spiel?

Viele Menschen haben sich das Spielen im Laufe ihres Lebens abgewöhnt bzw. ordnen Spielen nicht unbedingt ihrer Arbeit zu. In vielen beruflichen Kontexten ist es eher ungewöhnlich, Arbeitszeit spielend zu verbringen. Deswegen kann es sein, dass du mit deinem Anliegen, gemeinsam zu spielen, zunächst auf Skepsis stößt. Diese Skepsis kann viele Ursachen haben. Im Folgenden haben wir ein paar skeptische Gedankengänge aufgelistet:

- Ich will mir keine Blöße geben.
- Ich will nichts Privates von mir preisgeben.
- Ich will keine Zeit mit Spielen verplempern.
- Da kommt doch sowieso nichts bei rum.
- Ich mag nicht spielen.
- Ich kann nicht spielen.

In einer gut durchdachten Einladung kannst du diese Aspekte aufnehmen und somit weiter zur Sicherheit und Motivation deiner Gäste beitragen. Neben der guten Formulierung eines Einladungstextes geht es auch darum, das Umfeld einladend zu gestalten und die beteiligten Personen willkommen zu heißen.

4.2 Die schriftliche Einladung

Egal, in welcher Form: Es sollte vorab immer eine schriftliche Einladung an die Teilnehmenden erfolgen. Hier klärst du alle wichtigen Fragen, die eine Person im Kopf haben könnte, die an deinem Spiel teilnehmen soll. Da allen Teilnehmenden die Einladung in schriftlicher Form vorliegt, kann dort entsprechend in aller Ruhe nachgelesen werden, zur Not auch noch kurz vorher. Folgende Fragen sollten dabei beantwortet werden:

- Warum spielen wir? Beschreibe, was das Spiel bringt und inwieweit die Eingeladenen von dem Spiel für ihre Arbeit profitieren.
- Wann spielen wir? Sowohl Wochentag und Datum als auch Start- und Endzeit sind hier wichtig.
- Wo spielen wir? Das ist wichtig, um eventuelle Anreisen zu planen, die Auswirkungen auf die Zeitplanung haben.

- Wer spielt mit? Hier ist es neben der Angabe des Kreises der Teilnehmenden vor allem wichtig, weitere Personen zu erwähnen, mit denen deine Teilnehmenden sonst eventuell nicht rechnen würden.
- Was muss ich können oder beachten, um mitzuspielen? Manche Spiele verlangen besondere Fertigkeiten oder besondere Kleidung, um mitspielen zu können. Lass dies die Teilnehmenden immer möglichst genau wissen. Ein Hinweis auf bequeme Kleidung und Schuhwerk lässt die meisten Menschen so auftauchen, dass sie sich gut bewegen können und nicht durch zu elegante Kleidung daran gehindert werden, im Spiel mit anzupacken.
- Wie erlerne ich das Spiel? Hier reicht oft ein Hinweis, dass alle weiteren Details vor Ort erklärt werden.

Die Einladung recyceln

Es lohnt sich, Zeit in die schriftliche Einladung zu investieren. Du wirst ihren Wortlaut in mindestens zwei Varianten einsetzen bzw. wiederverwenden:

1. Um die Teilnehmenden vorab einzuladen, aller Wahrscheinlichkeit per E-Mail, Post in einem sozialen Netzwerk oder Einladung via Brief oder Postkarte.
2. Um die Teilnehmenden während des Workshops einzuladen, mitzumachen (also als Teil deiner Anmoderation zum Spiel).

Deiner Kreativität beim Versenden einer Einladung sind nahezu keine Grenzen gesetzt. Da besonders viel Kommunikation über E-Mail läuft, könntest du auch eine analoge Einladung versenden. Nichts und niemand hindert dich daran, deine Einladung kreativ zu gestalten. Du könntest z. B.:

- einen Klemmbaustein versenden
- ein Puzzle mit Einstiegsfragen beilegen
- eine Schnitzeljagd anzetteln
- den Log-in hinter einem Rätsel verstecken (siehe Abbildung 4.1)

Dabei behalte immer den Tipp eines geschätzten Kollegen im Kopf: »Die Stärke der Intervention darf die Stärke der Beziehung nicht überlasten.« Will sagen, es ist wichtig, dass du dir überlegst, wie deine kreative Einladung im jeweiligen Kontext wirkt. Menschen, die noch nie im Jobkontext gespielt haben und die schon häufig an ineffektiven Workshops teilnehmen mussten, mögen von einer Konfetti-Bombe wahrscheinlich eher abgeschreckt werden. Ein eingespieltes agiles Team findet es dagegen vermutlich passend und wird dadurch erst richtig neugierig.

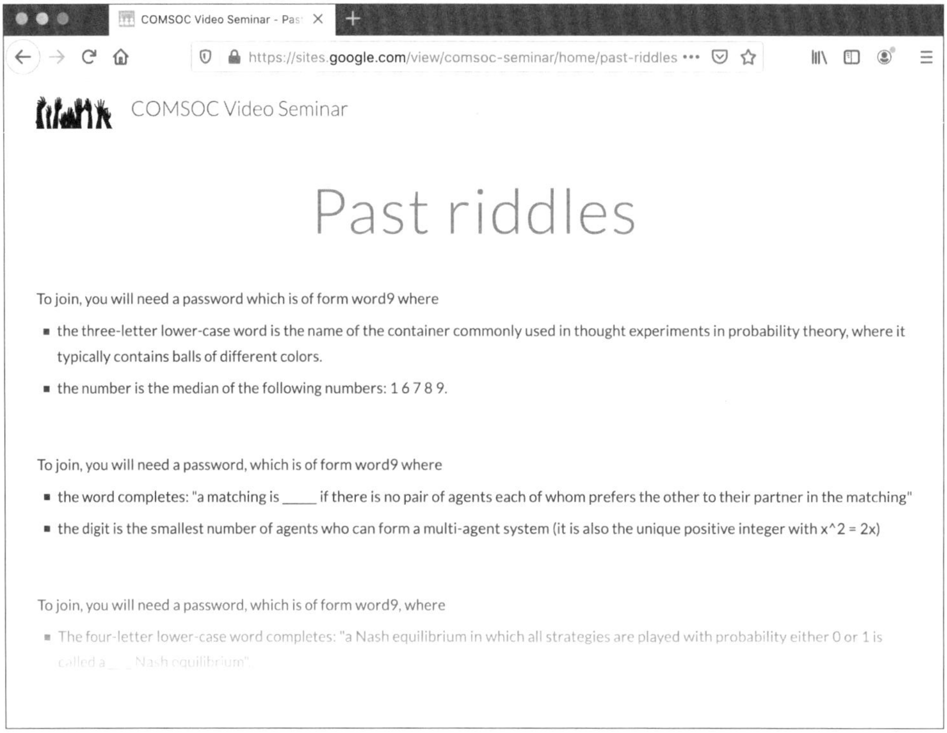

Abbildung 4.1 Dominik Peters verschlüsselt den Zugang zu dem Online-Meeting des International Seminar of Computational Social Choice (https://sites.google.com/view/comsoc-seminar) mit kurzen Rätseln zum Fachgebiet.

Auf Vorarbeit freuen, sie aber nicht erwarten

Achtung bei Vorbereitungen, die du mit der Einladung versendest: Für manche Spiele wie etwa das AGILE DOMINO (Variante beim KOMINO in Kapitel 21) erwartest du von den Beteiligten eine gewisse Vorarbeit. Sei darauf gefasst, dass nicht alle komplett diese Vorarbeit leisten werden oder auch mal gar keine unternommen wird. Hab daher stets einen Plan B parat!

4.3 Der Weg zum Spiel

Wenn du an einem anderen Ort als dem üblichen Arbeitsort zum Spielen einlädst (z. B. in einem Hotel oder Schulungszentrum), schildere den Weg vom Eingang bis zum Spielort gut aus. So werden alle entspannt und pünktlich eintreffen. Und wenn du die Leute schon ein bisschen neugierig machen willst, nur zu. Auch der Weg zum Spielort darf die Spielenden bereits mit Energie aufladen und neugierig machen. Wie wäre es z. B. mit einem kleinen Rätsel oder einer Schnitzeljagd auf dem Weg dorthin?

4.4 Der Raum

Auch der Raum, in dem gespielt wird, sollte einladend gestaltet sein. Das fängt schon bei deinen Vorbereitungen an. Mach dir Gedanken, was der Raum und die Umgebung leisten können sollen, und erstelle eine möglichst detaillierte Liste mit allen Dingen, die du brauchst, um einen geeigneten Rahmen für deine Spielenden zu schaffen. Wenn du kannst, schau dir die Räume vorher genau an oder lass dir zumindest Fotos von den Räumlichkeiten schicken, sodass du eine möglichst genaue Vorstellung davon hast, was dort möglich ist.

Kläre vor allem diese drei Fragen im Voraus:

1. Ist der Raum von außen einsehbar? Schütze die Gruppe vor Blicken von außen, um Irritationen durch fremde Personen oder neugierige Blicke zu verhindern.
2. Ist der Raum geeignet? Sorge dafür, dass alle genug Platz haben. Beim Spielen kann es mitunter hoch hergehen oder bisweilen auch lauter werden. Gruppen sollten sich gegenseitig nicht stören.
3. Ist der Raum inspirierend? Dekoriere den Raum mit Bildern, Gegenständen oder Blumen. Denk auch über eine Klangkulisse nach.

Café-Atmosphäre schaffen

Forschungen an der Universität von Chicago haben ergeben, dass es vielen Menschen leichter fällt, kreativ zu werden, wenn sie Umgebungsgeräusche – etwa aus einem Café oder einer Bibliothek hören. Mit Apps wie Coffitivity (*https://www.coffitivity.com*) lässt sich so ein Klangraum einfach und unkompliziert erzeugen.

Die GEMA nicht vergessen

Wenn du Musik während einer öffentlichen Veranstaltung nutzt, fallen unter Umständen GEMA-Gebühren an. Du kannst deine Veranstaltung hier online einschätzen lassen und die Gebühren berechnen: *https://www.gema.de/musiknutzer*.

Alternativ kannst du natürlich auch GEMA-freie Musik nutzen. Eine gute Übersicht dazu findest du z. B. hier: *https://kreativfilm.tv/quellen-gemafreie-musik-kostenlos*. GEMA-frei heißt nicht zwingend kostenlos. Schau dir dazu die jeweilige Lizenzvereinbarung an.

Nimm dir vor dem Spiel selbst ausreichend Zeit, um im Raum anzukommen und in Ruhe alles vorzubereiten. So kannst du z. B. Material nachordern oder die Möblierung ändern, wenn sie dir nicht passend erscheint (was leider immer mal wieder vorkommt). Besprechungsräume im eigenen Unternehmen sind auch häufig nicht so aufgeräumt wie solche in Hotels. Richte dich darauf ein, hier Ordnung zu schaffen. Es ist wenig einladend, in einen Raum zu kommen, in dem alles Mögliche an den Seiten aufgestapelt ist und der zu sagen scheint: »Du hältst dich ohnehin hier nur kurz auf, also lohnt es sich nicht, hier für dich für optimale Bedingungen zu sorgen.« (Brown und Isaacs, 2007)

Lüfte den Raum gut durch, bevor du aufbaust, sodass eine angenehme Raumtemperatur herrscht, wenn deine Spielenden eintreffen. Hierzu musst du dich unter Umständen in unterschiedlichen Jahreszeiten auch mit der Steuerung von Ventilatoren und Klimageräten befassen, bevor es schließlich losgehen kann.

Anforderungen statt Vorgaben

Wenn du hier in bester agiler Weise mit Anforderungen arbeitest, kannst du die Menschen, die für den Raum verantwortlich sind, mit in die Lösungsfindung einbinden. Sie kennen ihre Räume meist so gut, dass sie dir Lösungen anbieten, auf die du selbst nicht gekommen wärst.

4.5 Deine Gäste

Es ist gut, möglichst viel über die geladenen Gäste zu wissen, um alle Elemente des Spiels einladend zu gestalten. Erkundige dich im Vorfeld nach den konkreten Bedürfnissen deiner Gäste hinsichtlich des Spiels. Menschen stellen sehr unterschiedliche Anforderungen an Räume und Materialien. An drei Stellen wird das besonders häufig deutlich:

1. **Sitz- und Stehgelegenheiten:** Sorge für einen guten Mix aus Sitz- und Stehgelegenheiten, lasse Platz zwischen Tischen und schaffe Hindernisse und Stolperfallen aus dem Weg, bevor es losgeht. Schau dir auch die Zugänge zum Raum unter diesem Gesichtspunkt an.
2. **Spielmaterial:** Denke bei der Herstellung deiner Materialien daran, Unterscheidungsmöglichkeiten auch durch Muster und Symbole und nicht nur durch Farben zu schaffen und stets gut lesbare Schriftarten und Schriftgrößen zu verwenden.
3. **Körperkontakt:** Auch persönliche oder kulturelle Eigenheiten sollten unbedingt berücksichtigt werden. So wollen manche Menschen andere nicht berühren oder empfinden es als unangemessen, dass Menschen unterschiedlichen Geschlechts sich gegenseitig bei der Arbeit berühren.

4.6 Du selbst

Auch du bist Teil der Einladung zum Spiel. Denn wahrscheinlich bist du die erste Person, die die Menschen treffen, die mit dem Spiel zu tun hat. Stell sicher, dass du rechtzeitig mit allen Vorbereitungen fertig bist und in aller Ruhe die ersten Personen erwarten kannst. Es ist eine gute Richtschnur, 15 Minuten vor der offiziellen Startzeit die Gäste entspannt mit einem Getränk in der Hand im Raum zu empfangen. So kannst du alle freundlich begrüßen und schon einmal Kontakt aufnehmen. Du sendest damit die Botschaft, dass du die Menschen, die ankommen, erwartet hast und dich auf sie und das Spiel freust. Das schafft Zutrauen in das, was gleich stattfinden wird. Ganz grundsätzlich ist es ratsam, dass du in guter Verfassung bist, wenn du andere zum Spielen einladen willst, denn du leistet etwas, das wir als *Hosting* bezeichnen und das Kraft und Aufmerksamkeit erfordert. Dazu erfährst du mehr in Kapitel 5, »Spielleitung«.

4.7 Und was ist, wenn jemand die Einladung nicht annehmen möchte?

Und wenn das alles nicht hilft und jemand einfach nicht mitspielen möchte? Dann kannst du die Person natürlich nicht dazu zwingen. Du kannst dein ehrliches Bedauern ausdrücken und ihr anbieten, dass sie dich stattdessen unterstützen kann, z. B. um die Zeit zu nehmen, das Spielgeschehen mitzubeobachten oder für das Einhalten der Spielregeln zu sorgen.

Die Teilnahme an einem Spiel sollte immer freiwillig sein. Deswegen ist es auch in Ordnung, wenn jemand gar nicht mitmachen möchte. Auch nicht am Rande.

Kapitel 5
Spielleitung

Als Spielleitung fällt dir eine besondere Rolle und auch eine gewisse Macht zu. Du kennst und hütest nicht nur die Spielregeln, sondern du bist auch dafür verantwortlich, dass das Spiel unter fairen Bedingungen stattfindet und alle gleichermaßen gut mitmachen können.

Spiele anzuleiten will gelernt sein, und auf dem Weg kann so einiges schiefgehen, wie die folgende Anekdote aus unserer eigenen Lernzeit zeigt. Eines der ersten Spiele, das Julia als junge Trainerin ausprobiert hat, war DAS FLIEGENDE EI. Eine erfahrene Kollegin hatte es ihr empfohlen, Julia war nicht überzeugt davon, hatte damals aber auch keine bessere Idee und – vor allem – noch keine Intuition als Trainerin.

5.1 Das fliegende Ei – Lehrgeld einer Junior-Trainerin

Beim fliegenden Ei geht es darum, ein rohes Ei so zu verpacken, dass es einen möglichst weiten Wurf übersteht, ohne dabei kaputtzugehen. Dazu werden ein paar Materialien zur Verfügung gestellt, die die Gruppe verwenden darf, um ein Flugobjekt für das Ei zu bauen – u. a. zwei Luftballons. (Wallenwein, 2003)

Julia hat mit diesem Spiel als Anfängerin damals eine Menge gelernt. Hier sind ihre Top 3:

1. Habe immer genug Spielmaterial in Reserve: Natürlich ist gleich zu Beginn ein Luftballon geplatzt, und Julia hatte keinen in Reserve dabei. Der Workshop fand damals in einem 5-Sterne-Hotel mit ausgezeichnetem Service statt. Also fragte sie schnell an der Rezeption nach, um fünf Minuten später von der Empfangsdame mit hochrotem Kopf einen Gummihandschuh und ein Kondom angeboten zu bekommen.
2. Überleg dir vorher genau, wer beim Spiel zugucken darf und wer nicht: Spielerische Workshops ziehen generell die Aufmerksamkeit des Umfelds an. Je nachdem, wo du spielst (und wie groß die Fenster sind), interessieren sich auch Teilnehmende aus anderen Abteilungen oder Firmen schnell für das Spiel und schauen dann neugierig zu. Kommt dann eine Führungskraft um die Ecke, die das Ganze noch nicht versteht

(oder schlimmer: einfach überflüssig findet), kann es passieren, dass du deine Gruppe ruckzuck beschämst. Für den Moment hast du sie dann erst einmal verloren.

3. Stehe hinter deinem Spiel: Wenn du das Spiel persönlich albern findest (so wie Julia damals) und/oder du den Nutzen des Spiels nicht jederzeit klar benennen kannst, dann lass es lieber bleiben. Gruppen merken schnell, wenn du nicht überzeugt bist von dem, was du da tust, und dein Spiel fährt flugs gegen die Wand. Danach wieder Vertrauen zu gewinnen – in die Gruppe, das Spiel, die Moderation, die gemeinsame Aufgabe – kann sehr aufwendig werden (bisweilen sogar unmöglich).

Hätte Julia damals gewusst, was wir dir jetzt gleich in dein Spielebuch schreiben, hätte sie sich vermutlich während dieses Workshops so einiges leichter gemacht.

5.2 Aufgaben und Haltung

Als Spielleitung hast du vier wesentliche Aufgaben:

- Du schaffst die Rahmenbedingungen für ein faires Spiel.
- Du kennst und vermittelst die Spielregeln.
- Du hilfst den Spielenden, und ggf. schiedsrichterst auch du selbst beim Spiel.
- Du stellst den Bezug zum Nutzen des Spiels her.

Ein Spiel wirklich kennenlernen

Grundsätzlich ist es immer gut, wenn du ein Spiel auch mindestens einmal selbst gespielt und angeleitet hast. Agile Communities und Meet-ups in deiner Stadt bieten dir hier gute Übungsgelegenheiten.

Genauso wichtig wie deine Aufgaben als Spielleitung ist deine innere Haltung. Sie gibt den Rahmen vor, in dem die Spielenden sich bewegen:

- Du bist Vorbild für die Gruppe.
- Du stehst für spielerisches Handeln.
- Du vermittelst in deiner Rolle die agilen Werte.

Aufgaben und Haltung verhalten sich zueinander wie Bild und Rahmen. Der Rahmen bestimmt, wie das Bild wirkt. Genauso bestimmst du mit deiner Haltung, wie Aufgaben wahrgenommen und umgesetzt werden. Wenn du Rahmen und Bild stimmig auswählst, kannst du eine erhebliche Wirkung erzeugen. Nehmen wir das Agile Manifest (siehe Abschnitt 2.2) als Beispiel: Beharrst du in einer schwierigen Situationen darauf, den Prozess (also die Spielregeln) genau einzuhalten? Oder hältst du inne und schaust, was die Menschen gerade brauchen oder wo es aktuell im Miteinander hakt? Deine Haltung beeinflusst in beiden Fällen, wie das Spiel und du als Spielleitung wahrgenommen werden. Abbildung 5.1 illustriert dies anschaulich: Je nachdem, wie der Rahmen gestaltet ist, wirkt das Quadrat in der Mitte hell oder dunkel.

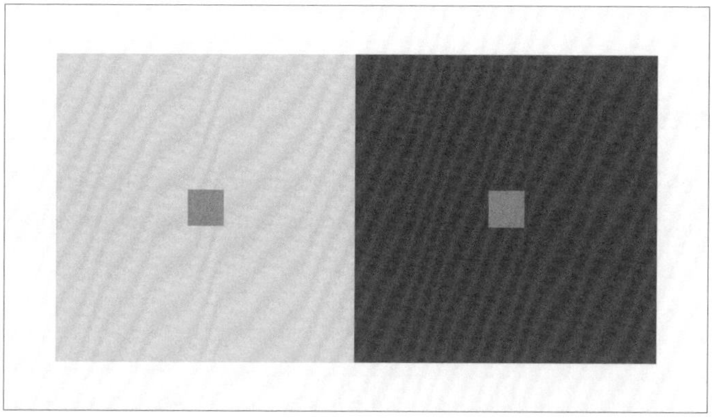

Abbildung 5.1 Der Rahmen beeinflusst, wie das Quadrat in der Mitte wahrgenommen wird. Objektiv hat es auf beiden Bildern denselben Grauwert.

5.3 Vorbild für die Gruppe sein

Also eigentlich ist das ja ganz einfach mit dem Vorbildsein. Du musst lediglich selbst genau das tun, was du anderen erzählst. Die Spielenden sollen sich kurzfassen? Dann gibst du kurze und knackige Anweisungen. Du möchtest, dass Leute bei der Reflexion ruhig werden und etwas notieren? Dann nimm Zettel und Stift, setze dich selbst dazu und mach die Übung mit. Du findest es wichtig, dass Menschen aller Geschlechter sich angesprochen fühlen? Dann nutze eine Sprache, die alle einbezieht. Wenn du das, was dir wichtig ist, einfach selbst tust, also als Vorbild so handelst, wie du es dir auch von den anderen wünschst, ist das ein starkes Signal für die Menschen, die mit dir spielen.

5.4 Für spielerisches Handeln stehen

Synonyme für »spielerisch« sagen eine Menge darüber, was als spielerisch wahrgenommen wird. Es tauchen Wörter auf wie *unbefangen, beschwingt, einfach, unkompliziert, mühelos, leicht*. Du kannst sie nutzen, um dir zu überlegen, was du brauchst, um so handeln zu können. Das kann für unterschiedliche Menschen ganz verschieden sein. Dina hatte mal einen Kollegen, der sehr analytisch war. Bevor er eine Gruppe angeleitet hat, die er in zwei Kleingruppen teilen wollte, hat er in der Pause alle Stühle gezählt und eine winzige Markierung an die Stelle auf dem Boden gemacht, an der die Gruppe geteilt werden sollte. Wenn er das Teilen der Gruppe dann anmoderiert hat, kam das immer mit einer Lässigkeit rüber, die total entspannt wirkte. Für ihn war es diese Art der Vorbereitung, die ihn dazu gebracht hat, leichter mit der Gruppe in Kontakt treten zu können. Was hilft dir dabei?

5.5 Agile Werte vermitteln

Agile Werte vermittelst du eindrucksvoll, indem du in der Rolle der Spielleitung nach diesen Werten handelst, sodass andere dabei erleben können, wie diese Werte im Alltag praktisch umgesetzt werden.

Begleiten

In der Agile-Coach- oder Scrum-Master-Rolle begleitest du Menschen auf einer Reise zu einer anderen Art zu arbeiten. Agile Spiele sind auf dieser Reise wie kleine Ausflüge. Sie brauchen die gleiche Aufmerksamkeit von dir als Spielleitung wie die gesamte Reise. Mach dir bewusst, dass du auch beim Spielen Menschen begleitest. Du kannst nur manchmal nicht genau sehen, wie sie diesen Ausflug antreten. Manche starten einfach unbefangen mit der Gruppe und schauen neugierig auf das, was vor ihnen liegt. Andere haben Zweifel, ob spielerisches Herangehen der Aufgabe wirklich gerecht wird. Wieder andere haben vielleicht schlechte Erfahrungen gemacht, die sie mit Spielen während der Arbeit in Verbindung bringen.

Deine Rolle als Spielleitung besteht darin, alle diese Menschen gleichermaßen ins Spiel zu begleiten, egal, von wo sie starten. Dazu hilft es, wenn du selbst möglichst ausgeruht und entspannt bist, sodass du offen für kreative Lösungen bleibst, die solche Situationen bisweilen erfordern. Kümmere dich also vor allem auch immer gut um dich selbst, denn es braucht deinen Respekt und deinen Fokus, um andere beim Spielen zu begleiten. (Owen, 2011)

Beschützen

Es ist auch deine Aufgabe, Menschen zu beschützen, wenn du mit ihnen spielst. Ganz wichtig dabei ist, dass in deinen Spielen ein sicherer Ort entsteht. Das bedeutet, dass das Spiel einen Ort schafft, der frei ist von Gewalt, Belästigung, Hassrede und Diskriminierung. Dazu gehört auch, dass du den physischen Raum vor neugierigen Blicken von außen schützt.

Hier braucht es dein Fingerspitzengefühl als Spielleitung, damit alle Menschen sich eingeladen fühlen, mitzuspielen und sich frei zu äußern, z. B. in den Reflexionsrunden. Das ist etwas, das dir in der Arbeit mit agilen Teams auch außerhalb des Spiels häufig begegnen wird. Agile Teams sind bewusst vielfältig zusammengesetzt, und diese Vielfalt bringt eben auch die Unterschiede mit, die es so wertvoll, aber nicht immer leicht machen, miteinander zu arbeiten.

In Kapitel 7, »Erwärmung«, gehen wir detaillierter darauf ein und geben dir handfeste Praxistipps mit auf den Weg.

Häufig neigen Menschen dazu, sich selbst zu vergessen, während sie spielen. Das macht sie verletzlich. Du achtest als Spielleitung darauf, dass der Mut, diese Verletzlichkeit zu zeigen, von Mitspielenden nicht ausgenutzt oder lächerlich gemacht wird. Denn wenn Menschen im Spiel mehr von sich zeigen als sonst im Job, dann können auch Verhaltensweisen sichtbar werden, die nicht unbedingt hilfreich sind. Das kann für die Person und das Miteinander eines Teams durchaus schmerzliche Erkenntnisse bereithalten. Du als Spielleitung solltest in der Lage sein, solchen Situationen mit Offenheit zu begegnen und sie adäquat aufzulösen.

Verständnis haben

Nicht alle Menschen spielen gleich, und Dinge, die für die eine Spielgruppe okay sind, können für die andere komplett inakzeptabel sein. Passe deine Spiele daher immer deiner Zielgruppe an. Dina hat beispielsweise bei internationalen Führungs-Workshops die Erfahrung gemacht, dass es nicht in allen Kulturen in Ordnung ist, sich auf den Boden zu legen. Die Idee eines Spiels war es, dass eine Person sich hinlegt und die andere Person ihr exakt sagt, was sie tun muss, um aufzustehen. Da es in diesem Kontext nicht möglich war, dass die Teilnehmenden sich auf den Boden legen, hat sie als Spielleitung das Spiel so abgewandelt, dass es darum ging, die andere Person einen Stift vom Boden aufheben zu lassen und dafür die Anweisungen zu erteilen. Das war nach Rücksprache mit den Trainierenden vor Ort gut möglich, und die Aha-Momente haben sich auch auf diese abgewandelte Weise eingestellt. In solchen Situationen kannst du gut deine agile Haltung demonstrieren, indem dir klar ist, was das Spiel für die Menschen leistet, und du es entsprechend an veränderte Rahmenbedingungen und Zielgruppen anpasst. Du spielst also quasi mit den Regeln und dem Rahmen, den du vorfindest.

Zeit geben

Eine Neuerung, die vielen Menschen beim agilen Arbeiten auffällt, ist, dass sich mehr Zeit zum Innehalten und Nachdenken (z. B. im Review und in der Retrospektive) genommen wird. Das passiert nicht zufällig, sondern ist bewusst eingeplant als fester Teil der Arbeit. Das gilt auch beim Spielen. Denn das Spiel ist erst zu Ende, wenn alle genug Zeit gehabt haben, gemeinsam mit dir als Spielleitung zu überlegen, was das im Spiel Erlebte für ihre Arbeit bedeutet.

Vielleicht fragst du dich nun an dieser Stelle, wo denn eigentlich dein Spaß als Spielleitung bleibt. Keine Sorge, der ist mit dabei! Denn wenn du die Punkte aus diesem Kapitel beherzigst, läuft vieles sehr rund ab, sodass du deine Rolle mit Leichtigkeit und Freude ausfüllen wirst.

Kapitel 6
Einen Materialfundus aufbauen

Du hast ein Spiel entwickelt und möchtest einen Prototyp bauen? Oder du suchst nach Inspiration, um einem Spiel den richtigen Pfiff zu geben? In diesem Kapitel bekommst du Tipps, wie du einen guten Materialfundus planst und aufbaust.

Gut zu wissen: Vermutlich hast du bereits alles, was du für deinen Materialfundus brauchst. Schau dich zuerst zuhause um. Oft gibt es irgendwo eine Schublade mit Spielen, die nicht so häufig gespielt werden. Ein paar Würfel, ein altes Kartenspiel, ein paar Spielfiguren aus der großen Spielesammlung sind schnell zusammengetragen. Dazu noch ein paar Blatt DIN-A3-Papier, eine Handvoll Klemmbausteine, Filzstifte und Klebeband, und schon kann der erste Prototyp entstehen (siehe Abbildung 6.1).

Im ersten Schritt kommt es noch nicht auf die Optik an, viel wichtiger ist, möglichst rasch verwendbares Spielmaterial herzustellen. Wenn du häufiger Spiele entwickelst und vor allem größeren Gruppen zur Verfügung stellen willst, dann solltest du ruhig ungefähr 50 Euro investieren, um dir eine kleine Spielewerkstatt einzurichten.

Abbildung 6.1 In deinem Materialfundus sollten viele verschiedene Materialien zu finden sein.

6.1 Papier, Schere und ein guter Drucker

Die meisten Spiele lassen sich mit wenig Aufwand aus Papier herstellen. Spielkarten sind schnell aus kleinen Karteikarten gebastelt, ein Hütchen als Spielfigur ist leicht zusammengedreht. Halte dazu ausreichend Papier in verschiedenen Farben und Stärken vor, auch Reste von Kartei- oder Moderationskarten eignen sich gut.

Wenn du Spaß am Basteln hast, kannst du natürlich auch kleine Boote, Kraniche oder Frösche zu Spielfiguren falten. Ein Stapel gelesener Magazine eignet sich wunderbar, um den Prototyp eines Spielfelds in Form einer Collage aufzupeppen oder unkompliziert Prototypen von Merkspielen herzustellen. So macht das Testen gleich noch mehr Spaß!

Vorlagen für Spielkarten selbst basteln

Erstelle in deiner Office-Software Vorlagen für gängige Spielkarten, z. B.:

- 5 cm × 5 cm für Merkspiele
- 10 cm × 5 cm für Domino-Varianten
- 5 cm × 8 cm für Kartenspiele

So kannst du diese Art Spiele schnell anpassen und selbst ausdrucken. Wer es ein wenig verspielt mag, denkt sich für die Rückseite ein Muster aus, z. B. aus dem jeweiligen Firmenlogo. Dann sieht das Resultat wie eine echte Spielkarte aus. Einfache unbeschriftete Spielkarten kannst du in verschiedenen Größen auch fertig kaufen.

6.2 Die Spielesammlung plündern

Spielprototypen lassen sich auch sehr gut aus vorhandenen Spielen basteln. Alles, was du dazu brauchst, hast du vermutlich irgendwo im Schrank: Alte Spiele oder eine Spielesammlung bieten dir einen kleinen Vorrat an 6er-Würfeln, Spielsteinen in verschiedenen Farben und Formen, Jetons und 52er-Kartenspielen mit Jokern.

Auch Holz- oder Klemmbausteine sind gut geeignet, weil du sie sehr vielseitig verwenden kannst. So lassen sich einzelne Steine als Spielfiguren oder zum Auslosen nutzen. Du kannst aber auch ganze Spielfelder daraus bauen oder das (Auf-)Bauen selbst zum Gegenstand eines Spiels machen.

Wenn deine eigenen Schränke nichts hergeben, sind die Dachböden oder Keller von Verwandten oder Bekannten gute Quellen. Auch auf Flohmärkten und in Secondhandläden findest du leicht Spieleklassiker wie Monopoly oder auch Karten- und Quartettspiele. Nachbarschaftsnetzwerke wie *www.nebenan.de* haben sich hier mitunter schon als wahre Goldgruben erwiesen.

Klemmbausteine

Bei Klemmbausteinen handelt es sich um kleine Kunststoffsteine, die sich mithilfe von Noppen zusammenstecken lassen. Den allermeisten ist der Hersteller Lego ein Begriff. Seit 2008 dürfen alle, die wollen, Klemmbausteine herstellen, die mit denen der dänischen Firma kompatibel sind. Folgende Unternehmen haben ebenfalls eine große Auswahl unterschiedlicher Steine im Sortiment:

- Q-Bricks
- Kre-O
- Katara
- BlueBrixx

6.3 Die Wühlschublade

Ein Geheimtipp für alle, die Spiele entwickeln möchten, ist die Wühlschublade, die es in fast jedem Haushalt gibt. Hier findest du alles, was du (nicht) brauchst – häufig in erklecklicher Menge und erfreulicher Vielfalt: Knöpfe, Münzen aus aller Welt, Schrauben, Büroklammern, kleine Schlüssel, Reste von Klebebandrollen, Kieselsteine, Modeschmuckperlen u.v.m.

Mit etwas Glück gibt es in deiner Nähe auch eine Art *Remida*. Das ist ein Ort, der Restmaterial aus Produktionsbetrieben sammelt und für kreative oder künstlerische Projekte zur Verfügung stellt. Auch hier finden sich viele tolle kleine Materialien, wie Hütchen, Holzstäbe, Kugeln aller Größen, Trichter oder Röhrchen. Die Liste ist nahezu unendlich, und das Material ist meistens kostenlos oder gegen eine Spende zu bekommen.

6.4 Ordnung ist die halbe Miete

Mach dir Gedanken, wie du deinen Materialfundus aufbewahren willst. Wenn du viel unterwegs bist, leg dir eine Transportbox mit verschieden großen Fächern oder Boxen zu, die du auch gefüllt gut ineinanderstellen kannst. So kannst du deinen Materialfundus kompakt und sortiert zusammenpacken und mit in Workshops nehmen. Es ist zielführend, wenn du dir einen Arbeitsplatz einrichtest, an dem du gut basteln und auf alles, was du brauchst, leicht zugreifen kannst. Du kannst deinen Materialfundus z. B. in transparenten Kisten verpacken, die sich leicht ineinanderstellen lassen. Auch ein Basteltisch hat sich bewährt. Das ist ein Extra-Schreibtisch in Stehhöhe, auf dem eine Schneidematte, Papiermesser, lange Lineale und Klebestifte bereitstehen.

Zu deinem Materialfundus sollten nicht nur Transport- und Aufbewahrungsboxen für dich selbst gehören. Du brauchst auch Boxen und Verpackungsmaterialien für deine selbst gemachten Spiele. Hier wirst du meistens in Geschenkläden fündig werden, die eine große Auswahl von Kisten in vielen Farben und Größen anbieten. Für Kartenspiele eignen sich auch Banderolen als unkomplizierte und dekorative Verpackung.

Kapitel 7
Erwärmung

Dein Spiel ist ausgewählt, der Raum vorbereitet, das Spielmaterial mit Bedacht zusammengestellt. Jetzt kommt es darauf an, dass du die Menschen, mit denen du spielen möchtest, gut auf das Spielen vorbereitest.

7

In vielen Köpfen ist tief verankert, dass Spielen und Arbeiten nicht oder nur sehr bedingt zusammenpassen. Dabei haben Spiele schon an vielen Stellen Einzug in die Unternehmenswelt gefunden. Da gibt es Rollenspiele in Trainings, Wach-werde-Spielchen nach der Mittagspause, Planspiele und Quizspiele für Auszubildende, Demonstrationen von Arbeitsprozessen wie Scrum oder Kanban mit Klemmbausteinen und sogar Spiele, die dabei helfen, die Arbeit zu erledigen, wie z. B. das weitverbreitete PLANNING POKER. (Grenning, 2002)

Die *Erwärmung* ist Voraussetzung für ein erfolgreiches Spiel. Insbesondere im beruflichen Umfeld sorgt sie dafür, dass ein sicherer Raum entsteht, in dem sich alle mit einem guten Gefühl auf das Spiel einlassen können. Dazu gehören auch der Einstieg in das Spiel, also das verständliche Vermitteln der Spielregeln, und die ersten Spielzüge.

Erwärmung als Begriff aus dem Psychodrama

Erwärmung ist ein Begriff aus dem *Psychodrama*. Damit sind alle Aktivitäten gemeint, die auf ein Spiel hinführen und die Bereitschaft und Offenheit wecken, sich an einem Spiel zu beteiligen. Das Psychodrama ist eine spielerische Methode für Gruppenleitung, Beratung und Therapie, die vor gut 100 Jahren von dem Arzt Jacob Levy Moreno entwickelt wurde. Die Spiele FANG DEN PEOH! (siehe Kapitel 19), MAGISCHER MARKTSTAND (siehe Kapitel 23) und SCHUH-TAUSCH (siehe Kapitel 31) haben wir nach psychodramatischen Vorbildern entwickelt.

Die Erwärmung ist die erste Phase des Spielverlaufs. Sie beginnt genau genommen schon vor dem eigentlichen Spiel und erstreckt sich bis zu dem Zeitpunkt, zu dem alle, die mitspielen, das Spiel verstanden und angenommen haben. Sie kann einen Redebeitrag von dir als Spielleitung, ein Gespräch mit der Gruppe oder auch eine vorbereitende Übung enthalten.

In diesem Kapitel setzt du dich mit dem Konzept der psychologischen und emotionalen Sicherheit auseinander und entwirfst eine Strategie, wie du sichere Räume für das Spielen schaffen und halten kannst.

7.1 Psychologische und emotionale Sicherheit

Vielen Menschen fällt es schwer, auf Knopfdruck in einen spielerischen oder kreativen Modus umzuschalten, vor allem dann, wenn die zuvor oder üblicherweise ausgeführte Tätigkeit sehr kopflastig ist.

Während der Erwärmung geht es also darum, eine offene, spielerische und sichere Arbeitsatmosphäre zu schaffen. Du willst ja, dass alle sich gut auf das Spiel einlassen können, bereit sind, Risiken einzugehen, und ggf. im Spiel auch Konflikte miteinander austragen können.

Per Kristiansen und Robert Rasmussen, Miterfinder von *Lego® Serious Play®*, haben dazu einmal treffend formuliert, dass ihren Teilnehmenden zu Beginn eines Lego-Workshops meist einer von diesen drei Sätzen durch den Kopf geht:

- »Das ist albern, ich kann meine Zeit besser nutzen.«
- »Ich habe Bedenken, weil ich das lange nicht gemacht habe.«
- »Das ist super, auf geht's!«

Für eine vertrauensvolle Atmosphäre ist es demnach Voraussetzung, dass du die Wirkung eines Spiels nicht unterschätzt. Du wirst erleben, dass viele Menschen im Spiel wie ausgewechselt sind, weil sie offener und unverstellter handeln und ein Stück weit Verhaltensweisen zeigen, die sie im Job sonst bewusst oder unbewusst zurückhalten. (Grey, Brown und Macanufo, 2011)

Daher kommt dir als Spielleitung eine besondere Verantwortung zu. Du musst dafür sorgen, dass alle angstfrei ins Spiel einsteigen können und du auch jederzeit eine sichere »Zurück auf Start«-Position anbieten kannst. Auch wenn sich im Spiel Einzelne stark exponieren, ist es deine Aufgabe, am Ende des Spiels dafür zu sorgen, dass sie sich wieder in die Gruppe integrieren können.

Modern Agile

Modern Agile ist eine Community von Menschen, die ein modernes und einfach anzuwendendes Verständnis von Agilität vermitteln wollen. Auf der Webseite *https://modernagile.org* steht u. a. ein Spickzettel zum Herunterladen bereit. Er trägt die Überschrift »Höchstleistung durch psychologische (emotionale) Sicherheit« und enthält viele praktische Tipps, wie du als Spielleitung einen sicheren Raum herstellst.

7.2 Für psychologische Sicherheit sorgen

Als Spielleitung hast du verschiedene Möglichkeiten, für diese Art der psychologischen und emotionalen Sicherheit zu sorgen und sanft den »Spiele-Gang« einzulegen.

Deine Agenda offenlegen

Wenn du Menschen zum Spielen einladen willst, ist es nur fair, wenn du dich auch selbst an ein paar Spielregeln hältst. Die wichtigste ist: Lege deine Agenda offen. Dazu gehört, dass du Folgendes tust:

- alle persönlich willkommen heißen
- den Sinn und Zweck des Spiels und die Verbindung zum Thema erläutern
- die Dauer des Spiels mitteilen
- das Spiel zunächst kurz erläutern
- allen die Möglichkeit offenhalten, *nicht* mitzuspielen

Einstieg vorbereiten

Um eine spielerische Sequenz vorzubereiten – ganz gleich, ob für eine ganze Veranstaltung oder nur ein Element in einem ansonsten nicht spielerischen Workshop oder Training – steht dir eine Reihe von Methoden zur Verfügung.

Es ist dabei besonders wichtig, dass du Methoden auswählst, die selbst einen spielerischen Charakter haben, bei denen also Spaß, Interaktion und Kreativität im Vordergrund stehen. Nichts verhindert Spielen mehr als eine Diskussion darüber.

Starter für den Einstieg

Hier sind unsere drei Lieblingsstarter:

Funktion: Aufwärmen, d. h. mit dem Thema und der Gruppe in Kontakt kommen

1. **»Bilder sprechen lassen«**

   Zeitbedarf: 10 Minuten

   Vorbereitung: Du wählst Postkarten oder Collagenmaterial aus und verteilst dieses im Raum oder legst es in die Mitte des Raumes, sodass alle es gut sehen und erreichen können.

   So geht es: Du stellst eine Frage, die zum Thema, das bearbeitet werden soll, gut passt, und bittest darum, dass jede Person ein Bild auswählt und sich mit ein oder zwei anderen Personen dazu austauscht.

Warum wir es gern nutzen: Bilder laden anders ein, über ein Thema zu sprechen, da ganz andere Assoziationen geweckt werden als ausschließlich mit Worten.

Hinweis für die Spielleitung: Je nachdem, wie lange du zu spielen planst, kannst du auch mehrere Runden hintereinander spielen und die Gruppe mit jeder Frage tiefer ins Thema leiten.

2. **»Fragen mit dem Raum beantworten«**

   Zeitbedarf: 15 Minuten

   Vorbereitung: Du überlegst dir Fragen, die die Verbindungen der Menschen im Raum sichtbar werden lassen können. Diese kannst du variieren, je nachdem, wie gut die teilnehmenden Personen sich schon kennen.

   So geht es: Du stellst eine Frage und bittest alle, entsprechend ihrer Antwort eine Position im Raum einzunehmen, z. B.: »Wie lange bist du schon im Unternehmen tätig?« oder »Welche Berufsausbildung hast du absolviert?«

   Warum wir es gern nutzen: Es bringt Bewegung in die Gruppe und macht deren Verbindung untereinander sichtbar.

   Hinweis für die Spielleitung: Oft hilft es, mit Fragen zu beginnen, bei denen du eine Struktur wie Himmelsrichtung oder Zeitachsen vorgibst. So erhalten alle die Chance zu verstehen, was es bedeutet, Fragen mit dem Raum zu beantworten. Später kannst du dann auch Fragen stellen, bei denen die Personen selbst miteinander klären, nach welcher Logik sie sich aufstellen. Achte darauf, dass du niemanden ausgrenzt.

3. **»Zaubergegenstand«**

   Zeitbedarf: 15 Minuten

   Vorbereitung: Du überlegst dir, mit welchem (unsichtbaren) Gegenstand du das Spiel beginnen willst und welchen Ton du für das Spiel wählen möchtest.

   So geht es: Die Gruppe stellt sich im Kreis mit ausreichend Bewegungsfreiheit auf. Du fängst an, mit deinem magischen Gegenstand zu spielen, und erzählst etwas über diesen Gegenstand. Dann wirfst du ihn einer anderen Person zu. Dort verwandelt er sich in etwas anderes, mit der sich diese Person einen Moment lang beschäftigt.

   Warum wir es gern nutzen: Es regt das Denken außerhalb der eigenen Grenzen an, da mit Magie vieles möglich wird.

   Hinweis für die Spielleitung: Da du selbst als Spielleitung bei diesem Einstieg startest, gibst du auch den Ton vor, mit dem die anderen in diesen Teil einsteigen. Dadurch besteht die Möglichkeit, die teilnehmenden Personen langsam ins Spiel hineinzuführen, insbesondere wenn dir ein Gutteil an Skepsis entgegengebracht wird. Sätze wie »Es war einmal …« oder »Heute morgen habe ich …« lassen sich gut weiterspinnen.

Vereinbarungen treffen

Vereinbarungen, wie miteinander umgegangen werden soll, helfen ebenfalls, emotionale und psychologische Sicherheit herzustellen. Klassiker in diesem Bereich sind:

- Was hier passiert, bleibt in diesem Raum.
- Wir hören einander zu.
- Wir lassen einander ausreden.

Bei kurzen Sequenzen kannst du diese einfach kurz verkünden und dir ein schnelles Okay aus der Gruppe holen. Noch besser ist es, diese Vereinbarungen mit der Gruppe gemeinsam zu treffen. Das stärkt die Selbstverantwortung jeder einzelnen Person und sorgt dafür, dass die Vereinbarungen auch zu den Bedürfnissen der Anwesenden passen.

Dazu bietet sich eine Abwandlung der *Working Agreements* an, die aus Retrospektiven bekannt sind (Derby und Larsen, 2006) – nennen wir sie doch einfach die *Playing Agreements*:

1. Du fragst die Gruppe: Was möchtet ihr vereinbaren, damit ihr hier und heute gut miteinander spielen könnt?
2. In Paaren werden jetzt jeweils fünf Vereinbarungen gesammelt und priorisiert.
3. Dann fragst du aus jedem Paar die oberste Vereinbarung ab. Sollte sie sich wiederholen, wählst du die nächste auf der priorisierten Liste usw. und schreibst sie auf ein Flipchart.
4. Du sammelst ungefähr fünf bis sieben Vereinbarungen und stimmst dann mit der Gruppe per Daumenwahl ab, ob sie die Regeln so einhalten wollen (und können).
5. Du drehst ggf. ein paar Runden, bis alle Regeln angenommen sind. Dann hängst du das Flipchart für alle gut sichtbar im Raum auf.

Natürlich ist es auch wichtig, dass du durchweg in der Moderation und Spielleitung authentisch, nahbar und zuverlässig wahrgenommen wirst und dich selbst stets an die Regeln hältst.

Daumenwahl

Die Daumenwahl (auch *Thumb Vote* oder *römische Wahl* genannt) ist eine Methode, um in einer Gruppe unkompliziert zu einer Entscheidung zu kommen.

Eine Entscheidung, die getroffen werden soll, wird dem Team zunächst kurz vorgestellt. Daraufhin signalisieren alle parallel, was sie empfehlen, indem sie ihren Daumen nach oben, zur Seite oder nach unten strecken, danach werden die einzelnen Vetos gehört, und schließlich wird die Entscheidung schrittweise umsetzbar gemacht (siehe Abbildung 7.1).

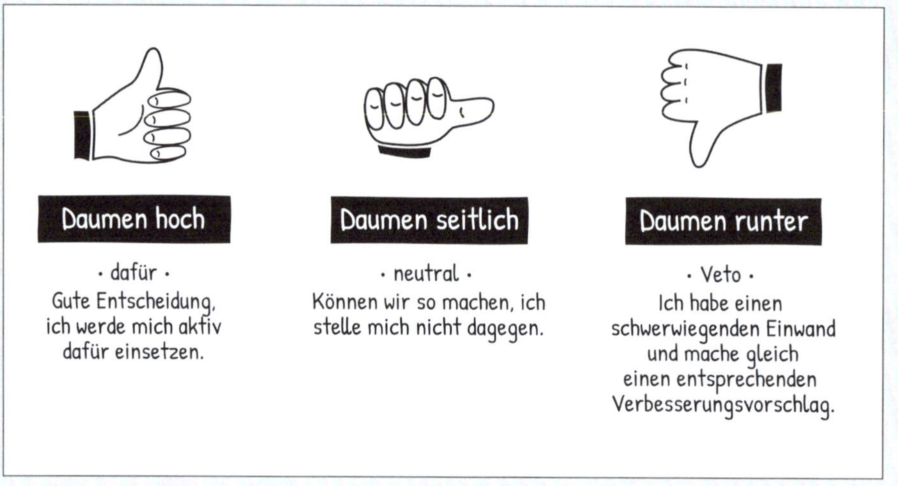

Abbildung 7.1 Mit der Daumenwahl kannst du in einem Team einen Konsens herbeiführen, also eine Lösung, mit der alle vorläufig mitgehen können.

7.3 Das Spiel kennenlernen

Ein weiterer wichtiger Aspekt der Erwärmung ist, das Spiel kennenzulernen. Im Prinzip verhält es sich hier ähnlich wie bei Gesellschaftsspielen. Die erste Runde ist eine Testrunde, alle spielen mit offenen Karten und gehen dabei Schritt für Schritt gemeinsam die Spielanleitung durch. Manch ein Spieleverlag bietet inzwischen Apps an, in denen die ersten Schritte im Spiel in Form von Filmen oder Animationen gezeigt werden, um den Einstieg zu erleichtern.

Mit den Regeln vertraut machen

Insbesondere im beruflichen Kontext ist es wichtig, dass alle, die mitspielen, genügend Zeit haben, sich mit den Regeln des Spiels vertraut zu machen:

- Habe ich die Regeln so weit verstanden, dass ich mitspielen kann?
- Sind alle meine Fragen dazu beantwortet?
- Fühle ich mich soweit sicher damit, dass ich mich an meinem Arbeitsplatz auf dieses Spiel einlassen kann?
- Ist klar, wann das Spiel beendet ist bzw. wie ich es beenden kann, wenn es mir nicht mehr behagen sollte?

Zügig starten

Gleichzeitig möchtest du, dass deine Mitspielenden das Spiel schnell verstehen und ohne großen Vorlauf loslegen können – auch weil du in einer Retrospektive, einem Workshop oder Training nur eine bestimmte Zeit einsetzen kannst oder willst.

Um das zu ermöglichen, kannst du verschiedene Ansätze ausprobieren:

- Gestalte dein Spiel iterativ und setze die Anleitung aus mehreren Schritten zusammen, ggf. unterbrochen von kurzen thematischen Anmerkungen.
- Nutze die erste Runde als Testspiel, um das Spiel zu vermitteln.
- Wenn du wenig Zeit hast, verwende Spielmechanismen, die nahezu jeder kennt, also einfache Karten- oder Legespiele.
- Visualisiere die Anleitung gut, z. B. in Form eines Comics oder einer Sketchnote.
- Spiele die erste Runde mit ein paar Freiwilligen »vor«.
- Verteile Spielanleitungen und beantworte nach einer kurzen Lesepause Fragen dazu.

Mit einer guten Aufmachung ist bereits viel gewonnen

Vielen Menschen fällt es schwer, sich im beruflichen Kontext auf ein Spiel einzulassen. Die Art und Weise, wie du deine Spielregeln präsentierst, hilft ihnen, diesen inneren Widerstand zu überwinden. Eine professionelle Aufmachung und eine schöne Haptik können ebenfalls dabei helfen. Achte darauf, dass die Dinge, die du zum Spielen einsetzt, nicht zu kindlich aussehen, sondern dem Kontext angemessen sind, in dem du spielen möchtest.

Loben, loben, loben!

Wenn das Spiel dann wirklich beginnt, ist es wichtig, dass du die ersten Schritte eng begleitest:

- Kläre Fragen zum Ablauf sofort.
- Lobe in den ersten Minuten laut und deutlich: Gut gemacht! Super! Weiter so!
- Stell bei Bedarf immer wieder die Verbindung zwischen Thema und Sinn und Zweck des Spiels her.
- Ermutige all diejenigen, die mitspielen, sich zusehends selbst zu helfen.

Biete eine Einfrier- oder Ausstiegsregel an

Für manche Spiele brauchst du auch eine Einfrier- oder Ausstiegsregel, also ein Zeichen oder einen Satz, mit dem jede einzelne Person das Spiel jederzeit unterbrechen oder abbrechen kann, ohne dass es dadurch zu Irritationen mit der Spielgruppe oder der Spielleitung kommt. Wenn du z. B. ein Kommunikationsspiel zu Trainingszwecken einsetzt und feststellst, dass es sich in eine unerwartete Richtung entwickelt und dabei sein Ziel verfehlt, dann solltest du das Spiel einfrieren können, kurz deine Beobachtungen mit den anderen teilen und dann das Spiel wieder aufnehmen. Üblich sind hier das Handzeichen für Time-outs aus dem Sport oder das Wort *Freeze*.

Kapitel 8
Auswertung

Nach dem Spiel ist vor dem Spiel. Diese alte Fußballweisheit gilt in abgewandelter Form auch für die Spielsituation. Nach dem Spiel ist nämlich vor der Anwendung. Und dafür braucht es eine systematische Auswertung.

8

Die *Auswertung* findet meistens unmittelbar im Anschluss an das Spiel statt, um aus dem Spiel gewonnene Erkenntnisse zu besprechen. Je nach Anlass kannst du sie nutzen, um:

- das Spielgeschehen zu reflektieren
- kritische Situationen nachträglich aufzulösen
- die Themen der Gruppe zu identifizieren
- Impulse für das eigene Vorgehen oder Verhalten herauszuarbeiten
- Erkenntnisse aus dem Spiel auf die berufliche Situation zu übertragen

Die Auswertung ist ein Gespräch oder eine Übung mit den Spielenden.

8.1 Verschiedene Varianten für den Spielabschluss

Abschlussreflexion

Während des Spiels erfahren die Spielenden eine Vielzahl an Impulsen und Anregungen. Gerade wenn es in dem Spiel um die Auseinandersetzung mit neuen Vorgehensweisen oder Fähigkeiten geht, kann es sinnvoll sein, das Spiel mit einer Abschlussreflexion zu beenden.

Dazu kannst du z. B. diesen Dreisatz verwenden (Reiners, 2007):

- Was ist passiert?
- Wie ist es mir dabei ergangen?
- Was habe ich persönlich/haben wir als Team aus diesem Spiel gelernt?

Diese Art der Reflexion kann auch bewirken, dass nach dem Spiel wieder Ruhe einkehrt und in einen anderen Arbeitsmodus gewechselt wird. Je nachdem, was du als Spielleitung bewirken willst, kannst du unter folgenden Möglichkeiten auswählen:

- die Fragen in Stillarbeit beantworten lassen und dafür einen Arbeitsbogen oder ein kleines Buch zur Verfügung stellen
- Paare über ihre Erfahrungen sprechen lassen
- ein Kreisgespräch mit allen führen

Prozessreflexion

Eine andere Variante der Reflexion besteht darin, die Gruppe den Spielprozess reflektieren zu lassen. Dazu bittest du sie, einen Zeitstrahl aufzumalen und darin die einzelnen Phasen des Spiels zu kennzeichnen. Dann zeichnen die Spielenden Kurven in den Zeitstrahl. Mit den Kurven drücken sie aus, wie sie verschiedene Aspekte, die für das Thema des Spiels wichtig waren, erlebt haben, z. B.:

- Kommunikation
- Spaß
- gegenseitige Unterstützung
- Wettbewerb untereinander

Die Kurven geben Auskunft über verschiedene Prozessebenen entlang der Spielphasen.

Sharing

Mit einem *Sharing* (engl. »teilen«) ermöglichst du den Spielenden, das Spiel hinter sich zu lassen und Erfahrungen daraus in Bezug zu ihrer eigenen Wirklichkeit und Identität zu stellen. Es ist – wie die britische Psychotherapeutin Marcia Karp formuliert – »eher gemeint als ein warmer Rückblick denn als ein Feedback, die Analyse zurückdrängend und die Identifikation bestärkend« und dient dazu, wieder bei sich selbst und in der Gruppe anzukommen.

Typische Sharing-Fragen lauten sinngemäß:

- Wo habe ich das, was ich/was du/was wir hier erlebt haben, schon einmal erlebt?
- Welche Erfahrungen und Gefühle, die ich dazu anderswo gemacht habe, kann ich mit euch teilen oder euch zur Verfügung stellen?

Ein Sharing hat eine beruhigende und zusammenbringende Wirkung. Du kannst es gut einsetzen, wenn das Spiel die Gruppe stark gefordert hat oder Einzelne sich im Spiel besonders exponiert haben.

Praxistransfer

Der allseits beliebte Praxistransfer ist eine trickreiche Angelegenheit. Er wird in allen möglichen Trainings und Teamentwicklungen eingesetzt, um das Gelernte in eigene Worte zu fassen und in der Gruppe auszusprechen oder sogar schriftlich festzuhalten. Nicht selten werden hier auf den letzten Metern einer Veranstaltung Vereinbarungen, Aktivitätenkataloge oder Backlogs für die nächsten Wochen festgehalten.

Doch Vorsicht ist geboten. Studien haben gezeigt, dass ein frühzeitiges Aussprechen des Gelernten den Lernprozess unterbrechen kann (Henry, 2001):

Durch das Spiel erfassen wir einen Zusammenhang intuitiv. Sprechen wir ihn zu früh aus, vergessen wir ihn wieder. Der richtige Zeitpunkt scheint hier eine wichtige Rolle zu spielen. Vor dem Praxistransfer sollte also immer mindestens eine längere Pause, besser noch eine Nacht Schlaf liegen.

Feedback

Natürlich kannst du ein Spiel auch mit einem *Feedback* für dich als Spielleitung abschließen:

- Was hat mir gefallen?
- Was würde ich verbessern wollen?
- Was möchte ich noch sagen?

Weitere Anregungen zum Thema Feedback findest du auch in Kapitel 42, »Das passende Feedback-System«, und Kapitel 45, »Teste dein Spiel«.

8.2 Deine Haltung ist entscheidend

Ganz gleich, welche Variante du wählst, deine Haltung spielt hier eine entscheidende Rolle: Eine gute Auswertung lebt davon, dass viele (möglichst alle!) Blickwinkel eingebracht und auch kritische oder schwierige Themen angesprochen werden. Hier zeigt sich, ob der Raum, den du während des Spiels angeboten hast, auch wirklich sicher war und ob du das Vertrauen der Gruppe gewinnen konntest.

In der Moderationsrolle heißt das auch, jede Sichtweise ernst zu nehmen, nicht zu bewerten oder gar in »richtig oder falsch« einzuordnen und auch unterschiedliche Sichtweisen nebeneinander bestehen zu lassen.

Kapitel 9
Remote spielen

Auch über eine räumliche Distanz hinweg lässt sich miteinander spielen – Stichwort »remote«. Ein paar Dinge solltest du dafür allerdings im Blick behalten.

Es gibt viele Gründe, weshalb wir dem Thema remote spielen einen eigenen Abschnitt widmen. Es ist davon auszugehen, dass künftig mehr Menschen als bisher ihre Arbeit nicht an ein und demselben Ort verrichten werden. Die technischen Möglichkeiten hierfür sind schon länger gegeben, zusätzlich gibt es einen Trend zur Flexibilisierung von Arbeit. Aktuell arbeiten bereits 24% der Erwerbstätigen im Homeoffice. Voraussichtlich wird Homeoffice langfristig an Bedeutung gewinnen, da 74% der Deutschen einen gesetzlichen Anspruch auf Homeoffice befürworten. (Statista, 2021). Damit zeichnet sich der Trend ab, dass immer mehr Menschen ihre Arbeit an unterschiedlichen Orten verrichten werden und dabei dennoch in einem Team zusammenarbeiten. Damit auch in solchen Teams Kreativität und Innovationskraft nicht zu kurz kommen, solltest du dich rechtzeitig damit befassen, was es zu beachten gilt, um auch in einem Umfeld dieser Art gut spielen zu können.

Mit *remote* spielen meinen wir, dass Teams über technische Geräte miteinander verbunden sind und so in Kontakt stehen. Wir gehen hierbei von Videokonferenzsystemen oder Plattformen aus, über die Menschen sich zumindest sehen können.

9.1 Den virtuellen Raum vorbereiten

Auch der virtuelle Raum benötigt Zeit, um so vorbereitet zu werden, dass sich alle dort willkommen fühlen und spielen können. Zusätzlich zu den oben bereits genannten Aspekten kommen hier vor allem die technischen Voraussetzungen ins Spiel. Folgende Dinge empfehlen wir dir vorab zu klären:

- Verfügen alle Beteiligten über eine ausreichende technische Ausstattung, die das Spielen ermöglicht? Etwa 45% der im Homeoffice arbeitenden Erwerbstätigen mussten im Jahr 2020 zumindest Teile der erforderlichen Ausstattung selbst stellen. (Statista, 2021)

- Gibt es Plattformen/Systeme, die zwingend durch das Unternehmen vorgegeben sind oder deren Nutzung ausgeschlossen/verboten ist?
- Verfügen alle über genug Bandbreite, um reibungslos mit eingeschalteter Kamera zu spielen?
- Wie geübt sind die Teilnehmenden mit den virtuellen Tools und Plattformen, die du verwenden willst?
- Verfügen alle über die Devices, die du dir für dein Spiel vorstellst? Halte es im Zweifel lieber ganz einfach.

Wie beim physischen Raum gilt hier ebenfalls, dass deine Gäste spüren werden, wie gut du vorbereitet bist, und sich das darauf auswirkt, ob sie sich willkommen und eingeladen fühlen, mitzuspielen.

9.2 Die Materialien vorbereiten

Wenn du mit Materialien spielen willst, solltest du als Spielleitung ausreichend Zeit einplanen, diese fürs Remote-Spielen vorzubereiten.

Überleg dir, ob du analoge Materialien verschicken willst. Das ist oft eine schöne Überraschung/Ergänzung zum Spielen im virtuellen Raum. Es erfordert von dir allerdings einiges mehr an Vorbereitungen, und du solltest dabei stets an Folgendes denken:

- Haben die Spielenden eventuell Materialien selbst vor Ort verfügbar, die du nutzen kannst?
- Wie gelangen die Materialien rechtzeitig zu den Spielenden?
- Wie kommen die Materialien (falls gewünscht) zu dir zurück?
- Falls du Materialien rein digital zur Verfügung stellen willst:
  - Fang rechtzeitig an, die Materialien vorzubereiten.
  - Konzentriere dich auf das Wesentliche und halte alles so einfach wie möglich.
  - Teste idealerweise mit einer Person, die nicht in die Vorbereitungen involviert ist, ob alles so funktioniert, wie du es dir vorstellst.

9.3 Das Team vorbereiten

Wenn in Teams, mit denen du spielen möchtest, viel remote gearbeitet wird, solltest du einige Dinge im Blick haben, die sich von Teams mit einem gemeinsamen Arbeitsort unterscheiden:

Remote ist nicht gleich Büro

Bei Menschen, die remote spielen, weißt du nicht, an welchem Ort du sie antreffen wirst. Es kann das klassische Bürogebäude, das Homeoffice, ein Coworking-Space, der Garten vor dem Haus, die Bahn oder sonst ein Ort sein, den der Mensch für diese Art zu arbeiten als geeignet empfindet. Das heißt, du kannst nicht durch geeignete Maßnahmen selbst dafür sorgen, dass Menschen unbeobachtet spielen können, sondern solltest ihnen den Tipp, eigenständig für eine ungestörte Spielatmosphäre zu sorgen, vorab geben.

Arbeiten ohne soziale Räume

Soziale Räume sind die Orte, die Menschen in einem Unternehmen neben ihrer Arbeit aufsuchen können: der Flur, die Kaffeeküche, die Kantine. (Brown und Isaacs, 2007)

Zufällig begegnen sie einander und beginnen eine Unterhaltung oder lachen sich nach einer hitzigen Diskussion im letzten Meeting zum ersten Mal wieder an. All diese kleinen Begegnungen tragen auf unterschiedliche Weise zur Stimmung in einem Team bei. So kann das Lächeln an der Kaffeemaschine nach einer hitzigen Debatte das Signal senden: »Es ist alles okay zwischen uns, war mir nur sachlich echt wichtig, dass wir das mit aufnehmen.« Oder jemand steckt thematisch fest und bekommt über das Gespräch in der Kantine einen interessanten Hinweis, und auf einmal ist der Knoten geplatzt. Diese vielen kleinen Begegnungen fallen bei Remote-Teams weg oder müssen sehr bewusst hergestellt werden. Unter Umständen triffst du also auf eine angespanntere Stimmung, als du vielleicht im Voraus angenommen hast. Investiere deswegen ausreichend Zeit in eine gute Erwärmung. (Sennett, 2011)

Drei Online-Spiele zum Einstieg

Hier nennen wir die drei Online-Spiele zum Einstieg, die wir selbst gern nutzen. Caspar Siebel hat sie sehr schön in seinem Blog *https://www.workshop-spiele.de* illustriert. Voraussetzung ist jeweils, dass alle Teilnehmenden eine Kamera zur Verfügung haben.

Funktion: Aufwärmen, d. h. mit Thema und Gruppe in Kontakt kommen

1. **»Zeig uns was«**

   Zeitbedarf: 5 Minuten

   Vorbereitung: Du überlegst dir Eigenschaften, z. B. *rot*, *hart*, *weich*, *gelb*, nach denen du die Teilnehmenden fragen wirst.

   So geht es: Du sagst eine Eigenschaft an. Alle müssen nun so schnell wie möglich etwas in ihrer Umgebung finden, dass diese Eigenschaft hat. Sobald sie es gefunden haben, halten sie es vor die Kamera.

Warum wir es gern nutzen: Die meisten Menschen müssen zu diesem Zweck aufstehen und sich bewegen, was beim Remote-Arbeiten oft zu kurz kommt. Außerdem gibt es häufig witzige Funde, die einen kurzen Einblick in das Arbeitsumfeld der anderen erlauben.

Hinweis für die Spielleitung: Da die Eigenschaften immer wieder neu ausgedacht werden können, wird das Spiel nie langweilig. Du kannst auch die Gruppe selbst miteinbeziehen, indem z. B. die Person, die als Erstes einen passenden Gegenstand gefunden hat, die nächste Eigenschaft auswählen darf.

2. **»Team-Glücksrad«**

   Zeitbedarf: 10 Minuten

   Vorbereitung: Für dieses Spiel nutzt du am besten ein kleines Online-Tool, das du unter *https://tools-unite.com/tools/random-picker-wheel* findest. Hier kannst du ein Glücksrad mit eigenen Begriffen zusammenstellen und es über deinen Bildschirm teilen.

   So geht es: Du legst eine Reihenfolge fest (z. B. je nachdem, wie die Leute in eurem Konferenztool in deiner Ansicht zu sehen sind o. Ä.) und drehst das Glücksrad. Wer an der Reihe ist, beantwortet eine Frage, die sich auf den gerade »herbeigedrehten« Begriff bezieht.

   Warum wir es gern nutzen: Je nachdem, wie gut sich alle untereinander kennen, kannst du Herausforderungen der unterschiedlichsten Art gestalten, von ganz einfach bis herausfordernd. So wird es nie langweilig.

   Hinweis für die Spielleitung: Deiner Fantasie sind hier bei der Auswahl der Begriffe oder Fragen nahezu keine Grenzen gesetzt. Du überlegst dir im Anschluss daran Fragen, die zu den Begriffen passen und die von allen beantworten müssen, z. B.:

   - Was hat dich an dieser Zeit am meisten beeindruckt (Zeitspannen)?
   - Was ist dein liebstes ... (Ferienziel, Essen, Lied ...)?
   - Was hast du mit diesem Lebewesen gemeinsam (Huhn, Pilz, Alge, Giraffe ...)?

3. **»Alle, die«**

   Zeitbedarf: 5 Minuten

   Vorbereitung: Auch hier überlegst du dir vorab ein paar Dinge, die du abfragen könntest, z. B.: Alle, die ...

   - ... heute Morgen schon mindestens zwei Kaffee getrunken haben
   - ... gut ausgeruht sind
   - ... heute bereits Zeitung gelesen haben

   So geht es: Du bittest alle, ihre Kamera zu verdecken und im Falle, dass die Aussage auf sie zutrifft, wieder zu öffnen.

Warum wir es gern nutzen: Diese Variante lässt sich sowohl mit allgemeinen Fragen als auch mit Fragen zum Projekt spielen und erlaubt es daher, das Aufwärmen bereits zu diesem Zeitpunkt inhaltlich zu nutzen.

Hinweis für die Spielleitung: Das Spiel kann auch gut zum Wachwerden eingesetzt werden, indem du die Fragen fix nacheinander stellst. So kannst du auch in einem Online-Meeting effizient Energie aufbauen.

Vorab testen

Wenn du remote spielst, plane auf jeden Fall ein fest definiertes Zeitfenster ein, um die Tools, die du verwendest, erklären zu können. Ratsam ist es auch immer, eine Übung parat zu haben, mit der das Tool schon einmal getestet werden kann.

Selbst wenn du digital affin bist und geschmeidig zwischen verschiedenen Tools innerhalb eines Spiels wechseln kannst, solltest du nicht davon ausgehen, dass es bei allen Teilnehmenden auch so ist. Wenn ein Team remote arbeitet, kann es auch immer (noch) Menschen geben, für die das alles neu ist und die schon froh sind, wenn sie es überhaupt bis zu dir in den Videokonferenzraum geschafft haben.

Pausen machen

Das Spielen vor dem Bildschirm ist auf eine andere Art anstrengend, als gemeinsam in einem Raum zu spielen. Achte daher auf ausreichend kurze Pausen bei längeren Spielen. Und fordere deine Spielenden auf, eine echte Pause zu machen, indem du z. B. sagst: *»Wir machen jetzt zehn Minuten Pause. Bitte geht vom Rechner weg und lasst frische Luft rein, bewegt und streckt euch ein wenig oder geht ein paar Schritte, sodass ihr frisch und gut erholt weitermachen könnt.«*

Vernetzung extra einplanen

Beim Spielen passieren oft Dinge nebenbei, die zwar durchaus gewünscht sind, aber nicht im Voraus geplant werden (können). Findet dein Spiel beispielsweise im Rahmen eines größeren Workshops statt, so wird dort auch häufiger das Thema Vernetzung wichtig sein. Im virtuellen Raum musst du diese ungeplanten Effekte bewusster ermöglichen, sonst kommen sie zu kurz. (Bauer, 2006)

Dazu kannst du etwa bewusst Kaffeepausen einplanen, in denen du die Menschen beispielsweise zu zufällig zusammengesetzten Vierergruppen zusammenwürfelst und ihnen eine Frage zum Einstieg in die Pause mitgibst. Bewährt haben sich auch virtuelle Varianten von Kaffeebars oder Lounges mithilfe von Tools, die soziale Interaktion simulieren (siehe »Videokonferenztools« im nächsten Abschnitt).

9.4 Tools

Tools für die digitale Zusammenarbeit gibt es mittlerweile in unglaublich großer Anzahl, und eine vollständige Übersicht würde hier den Rahmen sprengen. Daher werden wir hier jeweils lediglich eine Auswahl exemplarisch vorstellen. Viele Tools bieten dabei eine Grundausstattung an Funktionalitäten kostenfrei an. Möchtest du auf erweiterte Funktionalitäten zugreifen, so ist dies kostenpflichtig.

Videokonferenztools

Alle Tools aus dieser Liste ermöglichen es, in einem gemeinsamen Raum zu arbeiten, der einem Plenum entspricht, und extra Räume anzulegen, die den Gruppen beim Spielen entsprechen. Bitte prüfe vorab, welche Präferenzen deine Spielenden beim Thema Datenschutz haben, sodass du diese bei der Auswahl des Tools berücksichtigen kannst:

- BigBlueButton – *https://bbbserver.de*
- Senfcall – *https://senfcall.de*
- Jitsi – *https://jitsi.org*
- Zoom – *https://zoom.us*
- Google Hangouts – *https://hangouts.google.com*

In manchen Tools besteht die Möglichkeit, sich mithilfe von Avataren in einem virtuellen Raum zu bewegen. So lässt sich soziale Interaktion verblüffend nah an der nicht virtuellen Realität simulieren:

- Wonder – *https://www.wonder.me*
- SpatialChat – *https://spatial.chat*
- VRChat – *https://hello.vrchat.com*

Visualisierungstools

Viele Videokonferenztools haben bereits Elemente wie Whiteboards usw. integriert. Wenn du mit einer Gruppe spielst, ist das oft die einfachste Variante, gemeinsam Dinge zu bearbeiten. Denke auch an naheliegende Lösungen wie geteilte Dokumente, auf die alle gemeinsam zugreifen können sollen, wenn es keine Möglichkeit für Extra-Tools gibt. Diese Tools eignen sich für gemeinsame Visualisierungen:

- Conceptboard – *https://conceptboard.com*
- Padlet – *https://padlet.com*
- MURAL – *https://www.mural.co*
- Miro – *https://miro.com*

Umfragen und Quizspiele

Auch hier bieten viele Konferenztools bereits integrierte einfache Lösungen an, die du kreativ nutzen kannst. Möchtest du mehr, kannst du dich hier umsehen:

- Mentimeter – *https://www.mentimeter.com*
- Kahoot – *https://kahoot.com*

Erwärmungstools

Auch für diesen Teil des Remote-Spielens gibt es mittlerweile eine Vielzahl an kleinen Helfern. Hier eine Auswahl für den Start:

- tscheck in/out – *https://tscheck.in*
- Random picker wheel – *https://tools-unite.com/tools/random-picker-wheel*
- Brightful Meeting Games – *https://www.brightful.me/play*

Remote mit Office-Produkten

Viele Unternehmen stellen (noch) keine Lizenzen für die hier genannten Tools zur Verfügung oder haben Sicherheitsbedenken, diese zu nutzen. Dafür findet sich fast überall eine Office-Suite. Wenn der Zusammenarbeitsmodus freigeschaltet ist, also gleichzeitig an Dateien gearbeitet werden kann, leisten diese Produkte auch gute Dienste, um remote zu spielen.

TEIL III

Spielesammlung

Kapitel 10
Aufbau der Spielesammlung

Mit den Spielen in diesem Buch wollen wir unsere Spielfreude transportieren und deinem Team und dir möglichst unkompliziert ins Spiel helfen.

Unter dem Motto »Daily Play« geben wir dir Impulse, wie du Spiele(n) als Teil der täglichen Arbeit gestalten und nutzen kannst. Neben ausführlichen Anleitungen und kurzen Sprechzetteln bieten wir dir auch Hinweise für die Moderation des Spiels und die anschließende Auswertung. Bei der Auswahl war uns wichtig, dass du die Spiele gut in typischen agilen Situationen einsetzen kannst: Du findest vom Aufwärmspiel bis zur längeren Simulation alles, was du in Retrospektiven, Reviews, Workshops oder Schulungen benötigst.

Die Spielanleitungen folgen dabei immer demselben Muster.

Direkt unter dem Spielnamen findest du eine Klassifikation des Spiels und wie du es einsetzen kannst. So kannst du dir schnell eine Vorstellung davon machen, ob das Spiel zu dem passt, was du erreichen willst:

- Funktion für das Team
- Spielidee
- Zeitbedarf (ohne Auswertung)
- Teamgröße
- Schwierigkeitsgrad für Team und Spielleitung
- Aufwand für die Vorbereitung
- Kann ich es remote spielen (inklusive Tipp)?
- Gibt es Spielmaterial zum Download?

Als Abschluss des Steckbriefs haben wir immer ein Beispiel angefügt, das zeigt, in welcher Alltagssituation von agilen Teams dieses Spiel hilfreich sein kann. Ausgerüstet mit diesen Informationen, kannst du nun sicher eine Entscheidung fällen, ob das Spiel für deine Zwecke geeignet ist.

Für den Einsatz bekommst du eine ausführliche Checkliste mit den zu erledigenden Vorbereitungen an die Hand. So kannst du schnell abhaken, ob alles Wesentliche erledigt ist, bevor du zu spielen beginnst. Die Spielmaterialien haben wir für dich als Liste zusammengestellt, die alles enthält, was du für das Spiel brauchst. Bei fast allen Spielen startest du auch gleich mit allen Materialien. Wo das nicht der Fall ist, führen wir bei dem jeweiligen Schritt auf, was du im Einzelnen noch nachlegen musst. Vorlagen für die Spielmaterialien findest du im Downloadbereich zu diesem Buch.

Im Spielablauf beschreiben wir zum einen die einzelnen Schritte und was du in der Rolle als Spielleitung zu tun hast. Und dort, wo es passt, findest du in Anführungszeichen und kursiv gesetzt auch den Vorschlag für einen Sprechtext. Er gibt dir Orientierung und spiegelt unsere Erfahrung in der Moderation der Spiele wider. Bestimmt findest du mit der Zeit deinen ganz eigenen Stil, das Spiel anzuleiten.

Wir beschreiben, wann das Spiel zu Ende ist und wie du eine Auswertung gestalten kannst.

Unter »Hinweise für die Spielleitung« haben wir Dinge aufgenommen, die dir in deiner Rolle helfen sollen, das Spiel effektiv zu begleiten.

Gelegentlich findest du in Extra-Kästchen diverse Tipps. Hier haben wir unsere Erfahrungen für dich zusammengefasst und lassen dich in unseren Handwerkskoffer schauen, der uns schon über viele Jahre treue Dienste leistet. Und sporadisch stellen wir dir auch noch weitere Varianten für die Spiele vor.

So ausgestattet, bist du gut gerüstet für dein Vorhaben. Wir wünschen wir dir viel Spaß beim Spielen!

Kapitel 11
Funktion der Spiele

In der Agile-Coach- oder Scrum-Master-Rolle spielst du nicht einfach nur, um zu spielen. Das Spiel hat immer auch eine Funktion für die Menschen, mit denen du spielst.

Die Spiele in der Spielesammlung haben wir nach 13 verschiedenen Funktionen geordnet, die Spiele in agilen Zusammenhängen häufig haben können:

11.1 Agiles Konzept begreifen

Wenn wir zum Ausdruck bringen wollen, dass wir eine Sache wirklich verstehen möchten, nutzen wir das Wort *begreifen*. Beim Spielen begreifen wir gleich in doppelter Hinsicht. Wir nutzen unsere Hände, um etwas anzufassen, und dies hilft uns, Dinge zu erleben, sodass wir die Zusammenhänge auf einer anderen Ebene begreifen können. Daher sind viele Spiele dafür entwickelt worden, Kernkonzepte wirklich selbst durch Begreifen zu erleben und aus dieser Erfahrung dann später schöpfen zu können.

- **In der Spielesammlung:** Agile Stunde, Bootfabrik, Cynefin-Tangram, Prinzipien-Mau-Mau
- **Außerdem im Buch:** Ball Point Game

11.2 Arbeitsprozess verbessern

Agil zu arbeiten bedeutet auch, den eigenen Arbeitsprozess kontinuierlich zu verbessern. Spiele können dabei helfen, den Austausch darüber anzuregen und gemeinsam Experimente für den Teamalltag festzulegen. Und auch kleine spielerische Interventionen, die im Teamalltag gewohnte Verhaltensmuster ersetzen, können hier einen wertvollen Beitrag leisten.

- **In der Spielesammlung:** Agile Stunde, Bootfabrik, Das Ding mit der Zeit, Prinzipien-Mau-Mau, PrioRunde, Projekt und Linie

- **Außerdem im Buch:** BALL POINT GAME, DAUMENWAHL, PLANNING POKER, TEAM ESTIMATION GAME

11.3 Aufwärmen

Viel zu häufig ist der Kopf noch mit ganz anderen Dingen beschäftig, und wir grübeln über das, was war, oder das, was sein könnte. Um alle ins Hier und Jetzt zu holen, sind Aufwärmspiele eine gute Möglichkeit. Die Menschen fokussieren sich auf die Mitspielenden und lernen einander schon einmal kennen, oder sie stimmen sich schon einmal auf das Thema des Spiels ein. Mit diesem Fokus gelingt der Start ins Spiel gleich viel besser.

- **In der Spielesammlung:** MUTTER, MUTTER, WAS DARF DIE PEOH?
- **Außerdem im Buch:** ALLE, DIE, FRAGEN MIT DEM RAUM BEANTWORTEN, BILDER SPRECHEN LASSEN, TEAM-GLÜCKSRAD, ZAUBERGEGENSTAND, ZEIG UNS WAS

11.4 Backlog verfeinern

Das Backlog ist eines der zentralen Artefakte agilen Vorgehens. Um eine effektive Arbeit damit zu ermöglichen, benötigt es ständige Pflege. Ein Teil dieser Arbeit lässt sich auch mit spielerischen Ansätzen umsetzen. So kannst du beispielsweise lange und zähe Diskussionen, die entstehen können, abkürzen und auf diese Weise schnell Ergebnisse liefern, an denen alle beteiligt sind.

- **In der Spielesammlung:** CYNEFIN-TANGRAM, PRIORUNDE, WÜRFEL DIE PERSONA
- **Außerdem im Buch:** PLANNING POKER, TEAM ESTIMATION GAME

11.5 Ideen entwickeln

Im agilen Kontext arbeitest du in Teams, die viele unterschiedliche Perspektiven einbringen können. Damit die Kreativität sprudeln kann und Innovationen entstehen, gilt es, diese Ideen sinnvoll zusammenzuführen und gemeinsam weiterzuentwickeln, um so wirklich Neues in die Welt zu bringen.

- **In der Spielesammlung:** ANSICHTSSACHE, CHANGE VISIONEN, IDEENKARAOKE, SCHUH-TAUSCH, SPIELENTWICKLUNGSMASCHINE, SPRINT-SAFARI, WÜRFEL DIE PERSONA
- **Außerdem im Buch:** IDEEN-MERKFIX

11.6 Kommunikation verbessern

»Die effizienteste und effektivste Methode, Informationen an und innerhalb eines Entwicklungsteams zu übermitteln, ist ein Gespräch von Angesicht zu Angesicht.« Dies ist eines der Agilen Prinzipien. Damit dies gut gelingen kann, helfen dir die Spiele mit dieser Funktion, die Kommunikation der Teammitglieder untereinander zu verbessern. Das geschieht, indem unterschiedliche Kommunikationsstrategien miteinander besprochen werden oder indem sich das Team mit seiner Art zu kommunizieren spielerisch befasst.

- **In der Spielesammlung:** ARCHITEKTURTRUMPF, BOOTFABRIK, CYNEFIN-TANGRAM, DAS DING MIT DER ZEIT, FANG DEN PEOH!, KOMINO, KONZEPTE-QUARTETT, MAGISCHER MARKTSTAND, MERK'S DIR FIX, PROJEKT UND LINIE, ROLLENPUZZLE, SAG'S UND NIMM'S, TEAM RESPONSIBILITY GAME, ZAHLENKREIS
- **Außerdem im Buch:** ALLE, DIE, BALL POINT GAME, DAUMENWAHL, FLIEGENDES EI, TEAM-GLÜCKSRAD, ZAUBERGEGENSTAND, ZEIG UNS WAS

11

11.7 Perspektiven wechseln

Auf etwas mit anderen Augen zu schauen kann sehr hilfreich sein. Durch Spiele kannst du ganz bewusst dazu beitragen, diese anderen Perspektiven möglichst gut zu verstehen und kennenzulernen. Ausgerüstet mit diesem Blick wird dann schneller klar, worauf es sich zu achten lohnt.

- **In der Spielesammlung:** ANSICHTSSACHE, SCHUH-TAUSCH, SPIELENTWICKLUNGSMASCHINE, SPRINT-SAFARI
- **Außerdem im Buch:** TEAM ESTIMATION GAME

11.8 Rollen klären

Häufig sind die agilen Rollen für die Beteiligten zunächst neu. Oder sie haben Gerüchte darüber gehört, z. B. dahingehend, dass die Projektleitung ab jetzt Product Owner heißt und sich ansonsten nicht viel ändert. Und dass es zum Glück jetzt die Scrum-Master-Rolle gibt, damit der ganze nervige Orga-Kram von irgendwem erledigt wird. Damit zumindest in der Gruppe, die zusammenspielt, klar ist, welche Rolle de facto welche Aufgaben wahrnimmt, kannst du Spiele nutzen. Sie helfen dabei, die Rolle kennenzulernen und in ihrer Vielfalt zu entdecken.

- **In der Spielesammlung:** AGILE STUNDE, FANG DEN PEOH!, MUTTER, MUTTER, WAS DARF DIE PEOH?, ROLLENPUZZLE

11.9 Selbstreflexion anregen

Agil zu arbeiten, heißt regelmäßig aus den gemachten Erfahrungen zu lernen und das eigene Vorgehen an neu gewonnene Erkenntnisse anzupassen. Dies gilt auch für die eigene Person. Daher gibt es Spiele, die zur Selbstreflexion anregen und neue Erkenntnisse zu eigenen Denk- und Verhaltensmustern ermöglichen. Nicht selten erlebst du dabei Aha-Momente, durch die eine Verhaltensänderung ein Stück leichter fallen kann.

- **In der Spielesammlung:** MAGISCHER MARKTSTAND, MUTTER; MUTTER, WAS DARF DIE PEOH?; ZAHLENKREIS
- **Außerdem im Buch:** FRAGEN MIT DEM RAUM BEANTWORTEN, BILDER SPRECHEN LASSEN

11.10 Stakeholder einbeziehen

Die Kundschaft zufriedenzustellen hat beim agilen Arbeiten höchste Priorität. Daher ist es sinnvoll, mit allen Beteiligten immer wieder das Gespräch zu suchen, um deren Perspektive bei der Entwicklung möglichst frühzeitig mit berücksichtigen zu können. Hier leisten Spiele einen wertvollen Beitrag, da andere Lösungen entstehen können, als es allein durch rein sprachlichen Austausch etwa in Form von Diskussionen möglich ist.

- **In der Spielesammlung:** FANG DEN PEOH!, SCHUH-TAUSCH, SPRINT-SAFARI, WÜRFEL DIE PERSONA

11.11 Themen bearbeiten

Immer wieder wird es Aufgabe im Projekt sein, sich bestimmte Themenfelder zu erschließen oder daran zu arbeiten. Hier bieten Spiele eine kreative Möglichkeit, das Wissen aller Teammitglieder einzubeziehen und das vorhandene Wissen sichtbar und damit zugänglich zu machen.

- **In der Spielesammlung:** ANSICHTSSACHE, ARCHITEKTURTRUMPF, CHANGE VISIONEN, IDEENKARAOKE, SPIELENTWICKLUNGSMASCHINE

11.12 Wissen vermitteln

Manchmal geht es darum, sich Wissen im agilen Kontext anzueignen. Hier stehen weitaus mehr Möglichkeiten zur Verfügung, als sich einen Text am Rechner durchzulesen oder ein auf Frontalunterricht aufbauendes Training zu besuchen. Dazu zählen möglichst abwechslungsreiche Spiele, die dabei helfen, das Gelernte auf verschiedenen Ebenen anzuwenden oder sich zu eigen zu machen.

- **In der Spielesammlung:** ARCHITEKTURTRUMP, KOMINO, KONZEPTE-QUARTETT, MERK'S DIR FIX, SAG'S UND NIMM'S
- **Außerdem im Buch:** GITMATCH

11.13 Zusammenarbeit stärken

Unser Verständnis von Agilität ist, dass es im Kern um gute Zusammenarbeit geht. Zusammenarbeit zwischen den Teammitgliedern, mit den Stakeholdern, der Kundschaft und noch vielen Menschen mehr. Daher ist es ratsam, sich immer wieder klarzumachen, wie wir diese Zusammenarbeit stärken können, um gemeinsam wirken zu können. Spielst du, um das Thema Zusammenarbeit zu ergründen, ist dies bereits wie eine Art Retrospektive. Du schaust in der Auswertung auf die Zusammenarbeit während des Spiels und leitest Ideen dafür ab, wie das Team noch besser als bislang zusammenarbeiten kann.

Und auch während der Retrospektive kannst du Spiele gut einsetzen, um die gemeinsame Zusammenarbeit zu reflektieren und diese kontinuierlich zu verbessern.

- **In der Spielesammlung:** CHANGE VISIONEN, DAS DING MIT DER ZEIT, IDEENKARAOKE, KOMINO, MAGISCHER MARKTSTAND, PRINZIPIEN-MAU-MAU, PRIORUNDE, PROJEKT UND LINIE, ROLLENPUZZLE, SAG'S UND NIMM'S, TEAM RESPONSIBILITY GAME, ZAHLENKREIS
- **Außerdem im Buch:** ALLE, DIE, DAUMENWAHL, FLIEGENDES EI, FRAGEN MIT DEM RAUM BEANTWORTEN, PLANNING POKER, POSTKARTEN-COLLAGEN, TEAM ESTIMATION GAME, TEAM-GLÜCKSRAD, ZAUBERGEGENSTAND, ZEIG UNS WAS

Kapitel 12

Agile Stunde

Die »Agile Stunde« ist eine Simulation, in der die Spielenden iterative Produktentwicklung und agile Zusammenarbeit erleben können.

Steckbrief

Funktion: agiles Konzept begreifen, Arbeitsprozess verbessern, Rollen klären

Spielidee: in drei Etappen eine Produktvision in eine Modelllandschaft aus Klemmbausteinen umsetzen

Zeitbedarf: 2–2,5 Stunden inklusive Auswertung

Teamgröße: 5–12

Schwierigkeitsgrad Team/Spielleitung: leicht/schwierig

Aufwand für die Vorbereitung: mittel

Remote: nein

Spielmaterial zum Download: ja

Du kannst viel über agiles Arbeiten erzählen, aber wenn es darum geht, das Zusammenspiel aller Rollen und Elemente wirklich zu begreifen, geht nichts über eine Simulation. Die AGILE STUNDE erlaubt den Spielenden, die Dynamik eines agilen Teams in sicherer Umgebung am eigenen Leib zu spüren und dabei besser zu verstehen, wie die einzelnen Elemente in einem agilen Projekt ineinandergreifen.

Auf Basis einer vorgegebenen Produktvision entwickelt die Gruppe ein Product Backlog und setzt diese mit Klemmbausteinen um.

Die AGILE STUNDE funktioniert selbst dann gut, wenn die Erfahrungslevel in der Gruppe unterschiedlich sind. Sie sorgt immer für viel positive Energie und bringt eine Menge Spaß.

12.1 Vorbereitung

Zur Vorbereitung gibt es ein paar praktische Dinge zu tun. Doch zunächst brauchst du eine Idee für die Produktvision, die die Gruppe realisieren soll. Du kannst eine Vision aus unseren Vorschlägen aussuchen oder dir selbst, passend zur Gruppe, eine entsprechende ausdenken. Bewährt hat es sich auch, ein Bild auszuwählen, das für die Produktvision steht. Du kannst es zum Start der AGILEN STUNDE kurz als Inspiration zeigen.

Produktvision für die »Agile Stunde«

Während der AGILEN STUNDE baut die Gruppe in drei Etappen eine Modelllandschaft aus Klemmbausteinen. Deine Produktvision sollte sich also gut nachbauen lassen und möglichst viele unabhängige Elemente beinhalten, die sich in ein größeres Ganzes integrieren lassen. Bewährt haben sich aus unserer Sicht im Laufe der Jahre:

- ein Vergnügungspark für Jung und Alt
- eine Unterwasserforschungsstation mit Platz für Besuchergruppen
- eine autonome Siedlung auf einem anderen Planeten

Der Vergnügungspark ist unser Favorit. Er ist im Bau fordernd, aber gut zu bewältigen, und es gibt neben den Dingen, die alle sofort im Kopf haben (die Attraktionen) auch noch viele wichtige Features, die sich erst unterwegs ergeben (Sitzbänke, Papierkörbe usw.).

Wenn du dich für eine Vision entschieden hast, wähle die Materialien und Utensilien, die in der folgenden Liste zusammengestellt sind, aus.

Prüfe den Raum, in dem ihr spielen wollt. Stell sicher, dass es ein paar Tische oder andere Flächen gibt, die sich für eure Arbeit eignen und auf denen die fertigen Modelle abgestellt werden können. Du musst vorab selbst nicht groß Platz schaffen, das kann deine Gruppe später als Teil ihrer Vorbereitung tun. Die Teilnehmenden sollen ja auch Selbstorganisation lernen.

Für dieses Spiel brauchst du:

- ein bis zwei Schuhkartons voller Lego- oder anderer Klemmbausteine als »Baumaterial« für die Entwicklung
- eine Visualisierung des Spielablaufs sowie der Rollen und ihrer Aufgaben im Spiel (unsere Version findest du im Downloadbereich)
- eine Wand mit Platz für ein Product und Sprint Backlog
- Moderationskarten oder größere Haftnotizzettel für die Backlog-Einträge
- ggf. Pinnnadeln für die Moderationskarten
- dicke Filzstifte zum Beschriften der Karten oder Haftnotizzettel

- eine Stoppuhr oder einen vergleichbaren Zeitmesser
- ausreichend Platz als Baufläche

Du kannst dem Spielablauf entnehmen, in welchem Schritt welches Spielmaterial zum Einsatz kommt.

Unmittelbar vor dem Start

Wenn du die Agile Stunde gestartet hast und die Zeit läuft, wirst du als Spielleitung ausreichend gefordert sein. Stell daher sicher, dass du sämtliches Material vorbereitet hast und es jederzeit griffbereit ist, bevor es losgeht.

Bereite die (Pinn-)Wand für das Product/Sprint Backlog vor (siehe Abbildung 12.1 und Abbildung 12.2). Die Wand sollte sich an einer Stelle befinden, die genügend Platz davor aufweist, sodass sich die Gruppe gut davor versammeln kann. Idealerweise ist die Wand auch etwas entfernt von dem Ort, an dem später voraussichtlich gebaut wird. Mehr zu den Gründen dafür findest du bei den Hinweisen für die Spielleitung.

Bereite die Wand vor, indem du einen Backlog-Bereich und Spalten für das Sprint Backlog markierst. Orientiere dich dafür an unserem Beispiel. Platziere auch Karten und Stifte zum Notieren der Backlog-Einträge möglichst in der Nähe der Wand.

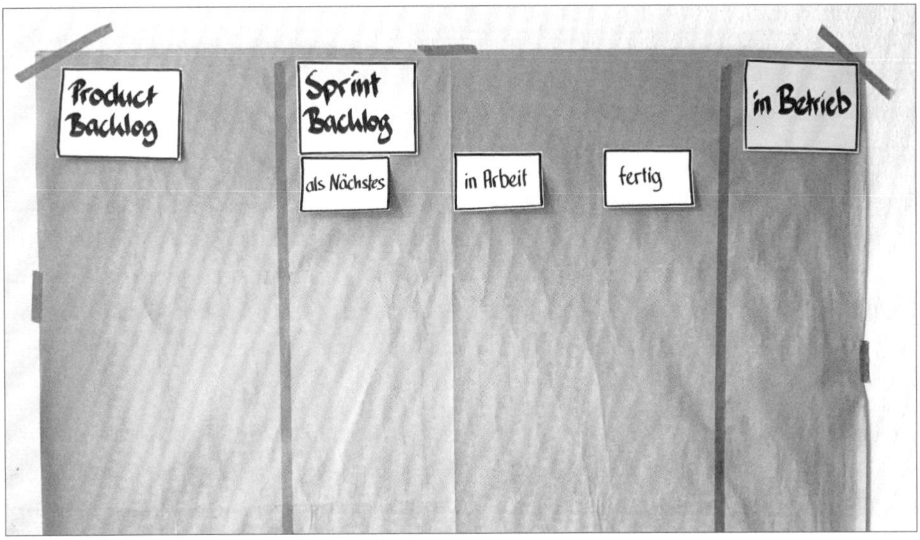

Abbildung 12.1 So sieht das Product Backlog zu Beginn der »Agilen Stunde« aus.

Platziere das Baumaterial in Reichweite, aber halte es noch so lange versteckt, bis du die Rollen verteilt und die Vision vorgestellt hast.

12.2 Spielablauf

Schritt 1: Den Ablauf vorstellen und die Rollen vergeben

Du benötigst:

- Visualisierung des Spielablaufs

Hole deine Gruppe zusammen und erläutere den Spielablauf:

»Wir wollen zusammen die ›Agile Stunde‹ spielen, um euch die Möglichkeit zu geben, die Arbeit in einem agilen Projekt selbst aus erster Hand zu erleben. Ich habe von euren Auftraggebern eine Produktvision bekommen, und wir sind sicher, dass ihr als Scrum-Team diese in drei Sprints in ein tolles Produkt umsetzen werdet!

Nun ist die ›Agile Stunde‹ kein ganz echtes Projekt, sondern nur die Simulation eines agilen Projekts. Das heißt, wir orientieren uns zwar an Scrum, aber ich habe einige Abläufe vereinfacht und komprimiert, damit sie in den Zeitraum passen, der uns zur Verfügung steht. Auch eure Entwicklungswerkzeuge sind sehr einfach gehalten, sodass ihr schnell loslegen könnt.

Ich stelle euch jetzt kurz den Ablauf im Überblick vor. Keine Sorge, ihr müsst euch nicht alles merken. Ich halte mich als euer Scrum Master die ganze Zeit in eurer Nähe auf und werde euch stets durch alle Schritte hindurchmoderieren.

Im Anschluss an den Überblick schauen wir, wer in die Product-Owner-Rolle schlüpfen mag und wer sich als Teil des Entwicklungsteam versuchen möchte. Ich kann euch versprechen, dass ihr in beiden Rollen gefordert werdet und spannende Erfahrungen machen werdet.«

Gehe jetzt einmal mit der Gruppe den Ablauf durch und erläutere kurz, was während der einzelnen Abschnitte passieren wird. Zeige dabei auch kurz die Wand, die du als Product und Sprint Backlog vorbereitet hast. Verliere dich dabei nicht zu sehr im Detail. Es geht in erster Linie darum, dass alle eine Idee vom Ablauf und von den Rollen bekommen, sodass sie wissen, was auf sie zukommt. Die einzelnen Details erklärst du während des Spiels an den jeweiligen Stellen im Ablauf erneut.

Bitte abschließend um Freiwillige für die Rollen. Du brauchst zwei Personen für die Product-Owner-Rolle, alle anderen werden zum Entwicklungsteam. Du selbst übernimmst die Agile-Coach-/Scrum-Master-Rolle, wirst aber zwischendurch auch ein paar Mal kurz als Vertretung der Auftraggebenden auftreten müssen.

»Wer von euch hat Lust, sich in der Product-Owner-Rolle auszutesten, ich brauche hierfür zwei Freiwillige. In der Product-Owner-Rolle entscheidet ihr darüber, welche Features die richtigen sind und in welchen Schritten das Entwicklungsteam diese realisieren soll. Als

Product-Owner-Team genießt ihr dabei unser aller uneingeschränktes Vertrauen und unsere Unterstützung. Ihr werdet die Besten sein, die wir für diese Rolle finden konnten! Die Seite der Auftraggebenden wird vielleicht ab und an eine abweichende Meinung haben, sich aber nicht in eure Entscheidungen einmischen.«

Wenn du zwei Personen für die Rolle gefunden hast, bedanke dich noch einmal für deren Bereitschaft und bitte sie, unmittelbar nachdem du die zu realisierende Vision enthüllt hast, zu dir zu kommen.

Schritt 2a: Vision enthüllen und Vorbereitungsphase starten

- Baumaterial
- Moderationskarten und Stifte für das Backlog

Sobald sämtliche Fragen zum Ablauf geklärt sind und alle startklar sind, verkündest du die Vision für das »Projekt«. Im Folgenden werden wir immer exemplarisch vom Freizeitpark als Vision sprechen, du ersetzt das natürlich jeweils durch deine eigene Vision:

»Ich habe gerade einmal meinen Hut gewechselt, um euch stellvertretend für die Auftraggebenden die Vision zu übergeben. Ich bitte euch, einen Freizeitpark für Jung und Alt zu bauen. Spätestens nach drei Etappen hoffe ich, mit einem guten Ausbaustand eröffnen zu können. Ich habe zur Ausführung reichlich Baumaterial für euch organisiert, mit dem ihr das Projekt bestens realisieren können solltet. Viel Erfolg!«

Während du die letzten Sätze beendest, übergibst du das Baumaterial an das Entwicklungsteam. Achte darauf, dass auch das Product-Owner-Team mitbekommt, dass das Baumaterial Klemmbausteine sind, es also darum geht, Modelle zu bauen und nicht beispielsweise einen echten Freizeitpark.

Schritt 2b: Das Entwicklungsteam aufgleisen

Erinnere das Entwicklungsteam daran, was jetzt seine Aufgabe ist:

»Ihr habt jetzt zehn Minuten Zeit, um euch mit eurem Baumaterial vertraut zu machen und euch eine passende ›Entwicklungsumgebung‹ einzurichten, in der ihr die Modelle baut. Sorgt dafür, dass ihr ausreichend Platz habt, dass alle gut ans Material kommen und bequem bauen können. Stellt auch sicher, dass ihr einen separaten Platz für euer fertiges, integriertes Produkt habt. Fertige Modelle müssen am Ende jeder Etappe in die Modelllandschaft integriert sein und sollen nicht mehr in eurer Bauumgebung herumstehen!«

Sobald du siehst, dass das Entwicklungsteam anfängt, sich in Bewegung zu setzen, kannst du dich um das Product-Owner-Team kümmern.

Schritt 2c: Das Product-Owner-Team aufgleisen

Gehe zu deinem Product-Owner-Team und überreiche den beiden als Erstes die Moderationskarten und Stifte. Geht gemeinsam zur Backlog-Wand, anschließend unterstützt du das Team beim Schreiben der ersten Karten:

»Überlegt euch, was euer Freizeitpark alles braucht. Schreibt jeden einzelnen Aspekt in ein paar Stichpunkten auf eine Karte, verwendet dabei eine Karte pro Aspekt. Was ist das Erste, was euch einfällt?«

Zum Start gibt es ein paar Sackgassen, in die die beiden beim Schreiben des Backlogs geraten könnten:

- Zu unspezifische Karten, beispielsweise indem die Karte einfach nur »Fahrgeschäfte« lautet. Erkläre ihnen, dass sie mit einer solchen Karte nahezu die gesamte Verantwortung für die Gestaltung des Produkts an das Entwicklungsteam abschieben, es in der Product-Owner-Rolle aber vielmehr ihre Aufgabe ist, zu präzisieren und zu vermitteln, was sie sich genau vorstellen. Gib ihnen dazu ein Beispiel: Soll es ein Kettenkarussell für kleine Kinder sein oder eine Achterbahn für Erwachsene, die den Nervenkitzel suchen?
- Dinge, die nicht gebaut werden können, wie »Kaufverträge« oder »Genehmigungen«. Das kommt meist dann vor, wenn die Personen einen Hintergrund im klassischen Projektmanagement haben. Weise die beiden noch einmal darauf hin, dass es darum geht, Modelle zu bauen und keinen realen Park. Vereinbare mit ihnen, dass ihr im Zuge der Auswertung darüber sprechen werdet, wie sich solche Dinge in ein agiles Projekt integrieren lassen.
- Zu ausführliche Karten, die ganz viel definieren, was das Team gar nicht in der Form bzw. Art und Weise bauen kann, wie Geschwindigkeiten in Metern pro Sekunde oder exakte Höhen. Gib den beiden den Hinweis, dass es für alle hilfreich ist, am Anfang zunächst Erfahrung zu sammeln, was eigentlich wie genau gebaut werden kann, und hilf dem Product-Owner-Team dabei, die jeweilige Karte einfacher und klarer zu formulieren.

Beispiele für Karten, die als Teil des Spiels gut funktionieren, sind: Kinderkarussell, Achterbahn, Toiletten, Imbissbude, Picknickbereich.

Sobald die ersten ein, zwei Karten geschrieben sind, kommt das Product-Owner-Team in der Regel gut allein klar. Lass die beiden in Ruhe weiter Karten schreiben, bis ungefähr die Hälfte der Vorbereitungszeit vorüber ist. Bitte sie dann darum, anzufangen und ihr Backlog zu priorisieren:

»Die Hälfte der Zeit ist jetzt schon rum, schreibt noch eure letzten Karten zu Ende und fangt dann bitte an, zu priorisieren. Ihr habt, gleich während der Bauzeit des Entwicklungsteams, wieder Zeit, um weitere Ideen zu entwickeln und in euer Backlog aufzunehmen.

Überlegt euch zum Priorisieren, was von den Dingen, die ihr aufgeschrieben habt, als Erstes realisiert werden soll. Habt dabei immer im Kopf, was wäre, wenn ihr nur die Karte oder die Karten ganz oben im Backlog umsetzen könntet. Also eine Toilette allein ist kein echter Besuchsmagnet, und im Vergleich zu anderen Dingen ist diese auch nicht sehr spannend zu bauen. Aber wenn ihr ein Fahrgeschäft habt, dann könntet ihr in der Not einfach jemanden danebenstellen und es schon betreiben. Außerdem lernt ihr, wie aufwendig es ist, so etwas zu bauen, wie viele Teile dafür benötigt werden und wie leicht es dem Team fällt, auch Lösungen für schwierige Anforderungen zu finden.

Lasst euch das ruhig durch den Kopf gehen und hängt dann die Karten untereinander an die Wand, sodass die Karte mit der höchsten Priorität ganz oben hängt, und dann absteigend in der Priorität immer weiter runter.«

Mit diesen Tipps lässt du die beiden dann wieder allein arbeiten. Achte lediglich darauf, dass sie die Karten tatsächlich untereinanderhängen. Zum Ende der Vorbereitungszeit sollten alle Karten an der Wand angebracht worden sein. Erinnere die beiden im Zweifel kurz vor knapp nochmals daran.

Schritt 3: Etappenplanung moderieren

Rufe das gesamte Team an der Planungswand zusammen, erläutere kurz, in welchem Schritt ihr euch aktuell befindet, und moderiere dann den weiteren Ablauf.

»Wir befinden uns in der Sprint-Planung. Ich möchte als Erstes unser Product-Owner-Team bitten, uns den aktuellen Stand des Backlogs zu präsentieren. Stellt uns bitte vor, wie das Product Backlog jetzt aussieht und vor allem, was eure Überlegungen dahinter waren. Ihr habt dafür in etwa vier Minuten Zeit. Wenn jemand Verständnisfragen hat, fragt bitte.«

Übergib damit an das Product-Owner-Team und lasse die beiden das Backlog vorstellen. Achte auf die Zeit und erinnere sanft daran, wenn ihre Ausführungen zu ausschweifend werden sollten. Frage am Ende noch einmal nach, ob alle verstanden haben, was gebaut werden soll.

Bitte nun das Entwicklungsteam, zu sagen, wie viele Schritte des Product Backlogs im nächsten Sprint realistisch umsetzbar seien. Zeige dafür auf die oberste Karte im Backlog und frage, ob sie glauben, diesen Schritt im nächsten Sprint realisieren zu können. Wenn das Entwicklungsteam dies bejaht, nimmst du die Karte und hängst sie rüber in das Sprint Backlog. Frage dann nach der nächsten Karte im Backlog usw., bis das Team signalisiert, dass es keine weiteren Schritte realisieren könne.

In der ersten Planungsrunde wird es häufiger vorkommen, dass das Team nur eine Karte mit in den Sprint nehmen möchte und sich selbst dabei noch unsicher ist, ob diese umsetzbar ist. In dieser Situation hilft es dem Team, wenn du ihm die folgenden Hinweise mit auf den Weg gibst:

»Ich weiß, dass ihr zum Start praktisch keine Erfahrung habt, wie gut und schnell ihr wohl vorankommen werdet. Ich möchte euch daher Mut machen, nicht nur eine Karte mit in den Sprint zu nehmen, auch wenn diese euch schon sehr groß vorkommt. Probiert erst einmal aus, wie schnell ihr tatsächlich vorankommt. Aus der Erfahrung heraus ergibt es meist wenig Sinn, mit mehr als zwei Personen an einer Aufgabe zu arbeiten, da der Abstimmungsaufwand schnell zu groß wird. Ich würde euch daher raten, entsprechend mehr Karten mitzunehmen, sodass maximal zwei Personen an einer Karte arbeiten.«

Deine Wand sollte jetzt so aussehen wie in Abbildung 12.2.

Abbildung 12.2 Das Team hat entschieden, was es liefern will – ein Beispiel für ein Sprint Backlog während der »Agilen Stunde«.

Achte darauf, dass ihr in der Zeit bleibt, das ist insbesondere am Anfang nicht immer ganz einfach. Sobald das Sprint Backlog gefüllt ist, startest du die Entwicklungsphase.

Schritt 4: Modelle bauen und integrieren

Verkünde den Start der Entwicklungsphase und erinnere das Entwicklungsteam daran, dass zum Ende der Zeit alle Modelle integriert sein sollten.

»Die Entwicklungsphase hat begonnen, ihr habt jetzt zehn Minuten Zeit zum Bauen. Ihr seid als Team selbst dafür verantwortlich, euch gut zu organisieren und die Aufgaben unter euch aufzuteilen. Bitte pflegt das Sprint Backlog selbst. Das bedeutet, wenn ihr an einer Karte arbeitet, hängt sie auch in die Spalte ›in Arbeit‹, und wenn ihr fertig seid, in den Bereich ›fertig‹. Das mag euch im Augenblick nicht so wichtig erscheinen, aber ihr verliert sonst auch in unserem kleinen, überschaubaren Projekt recht schnell die Übersicht und baut unter Umständen Sachen doppelt.«

Erinnere das Product-Owner-Team daran, dass es jetzt Zeit hat, weiter am Product Backlog zu arbeiten. Das heißt, es um neue Ideen zu ergänzen, Karten zu verändern oder sie umzusortieren.

Achte auf die Zeit und gib allen Bescheid, wenn die Hälfte der Zeit vergangen ist und wenn es allmählich auf das Ende zugeht. *»Die Hälfte der Zeit ist vorbei/Ihr habt nun noch zwei Minuten Zeit. Achtet darauf, eure fertigen Modelle rechtzeitig heil in die Modelllandschaft zu bringen und so zu integrieren, dass alles stimmig aussieht.«*

+

Du bist die Uhr

Im agilen Umfeld und insbesondere auch in Scrum spielt das *Timeboxing* eine zentrale Rolle. Eine Timebox ist ein Zeitlimit, das nicht überschritten wird. Beim Erreichen des Limits wird abgebrochen und zum nächsten Schritt gewechselt. Damit soll vermieden werden, dass sich das Team in der Arbeit an irgendeiner Stelle festbeißt und anfängt, Zeit zu verschwenden.

Auch in der AGILEN STUNDE gibt es für alle Schritte Timeboxen, damit die Gruppe auch dieses Prinzip kennenlernt. Wir schummeln hier allerdings ein wenig. Wenn wir merken, dass eine Gruppe mit ein wenig Extra-Zeit noch ein Erfolgserlebnis einfährt, »vergessen« wir auch schon einmal, genau auf die Uhr zu schauen. In der Simulation sind die Zeiten sehr kurz, und 30 Sekunden zusätzlich zu haben, kann schon einen echten Unterschied ausmachen. Wäge ab, ob du das in der Situation passend findest und achte darauf, beim Schummeln mit der Zeit nicht aufzufliegen! In jedem Fall sorge dafür, dass es eine Art Countdown zum Ende der Zeit gibt, damit die Gruppe den Druck des nahenden Endes spürt.

Schritt 5: Das Review moderieren

Versammle das gesamte Team um den Tisch mit der Modelllandschaft und leite das Review ein:

»Wir haben fünf Minuten, um gemeinsam auf den aktuellen Ausbaustand zu schauen. Fasst bitte einmal ganz kurz zusammen, was neu ist oder sich im Vergleich zum letzten

Mal verändert hat, danach fokussieren wir uns darauf, was dieser Stand für die weitere Arbeit bedeutet. Für das Product-Owner-Team bedeutet das: Haltet Karten und Stifte parat, um Ideen gleich mitzuschreiben.«

Insbesondere in der ersten Runde versuchen die Entwicklungsteams eigentlich immer, ihre Modelle einzeln ausführlich vorzustellen. Lenke den Fokus dann wieder auf das Gesamtprodukt und das Zusammenspiel aller Modelle.

»Wenn ihr euch einmal von den einzelnen Modellen löst und eure Aufmerksamkeit auf das Zusammenspiel aller Modelle legt: Was funktioniert jetzt schon gut und was fehlt eurer Meinung nach noch, um zu einem wirklich guten, funktionierenden Freizeitpark zu kommen?«

Schau, wo euch das Gespräch hinführt, und wirf ggf. auch mal eine eigene Beobachtung mit ein. Wenn du das Spiel öfter spielst, hast du natürlich einen Erfahrungsvorteil. Achte daher darauf, nicht besserwisserisch zu sein, sondern aufrichtig Beobachtungen zu teilen. Typische Dinge, die an dieser Stelle der Gruppe oder auch dir auffallen könnten, sind:

- »Wir haben einen Eingang, aber gar kein Zaun um den Park …?«
- »Wie kommen die Leute eigentlich hin zum Park?«
- »Sieht noch etwas trist aus, ein paar Pflanzen wären bestimmt schön.«
- »Das Motto war ja: *Für Jung und Alt*. Haben wir dieses Motto eigentlich schon getroffen, oder ist es nur ein ganz normaler Freizeitpark?«

Vermittle dabei, dass es kein Problem ist, unterwegs Dinge zu entdecken. Auch das Product-Owner-Team hat nicht versagt, es arbeiten ja schließlich alle zum ersten Mal an einem solchen Projekt. Genau darum geht es beim agilen Arbeiten: Immer wieder innezuhalten und zu schauen: Was haben wir (anfangs) übersehen? Was haben wir (dazu-)gelernt? Wie können wir auf unvorhersehbare Entwicklungen während des Bauprozesses rechtzeitig reagieren?

Abnahmen

Sollten im Review seitens des Product-Owner-Teams Nacharbeiten an einzelnen Modellen gefordert werden, hast du einen schönen Aufhänger, um kurz mit der Gruppe darüber zu sprechen, warum es schwierig ist, wenn solche Punkte erst im Review angesprochen werden.

Abnahmen sollten als Teil der Entwicklungsarbeit während des Sprints mit dem Product-Owner-Team erfolgen. Denn dann ist auch Zeit, Nacharbeiten gleich umzusetzen, statt sie aufwendig für den nächsten Sprint planen zu müssen. Vereinbare mit dem Team, dass ihr in der Retrospektive klärt, wie ihr das praktisch organisieren wollt.

Schritt 6: Mikro-Retrospektive anleiten

Du hast in der Simulation viel zu wenig Zeit für eine richtige Retrospektive, dennoch ist sie natürlich wichtig. Halte dich nicht mit großen Zeremonien oder Moderationstechniken auf. Frag einfach in die Gruppe hinein und suche nach guten Vorschlägen:

»Wir haben leider nicht genug Zeit für eine richtige Retrospektive und machen daher nur eine Schmalspurvariante. Im wahren Leben macht ihr das bitte nicht so, sondern nehmt euch genug Zeit und gestaltet die einzelnen Schritte sorgfältig. Für unsere kleine Simulation reicht es so aber aus. Was hat denn im letzten Sprint gut geklappt? Wo gab es Probleme, bei denen wir schauen sollten, ob und wie wir sie im nächsten Sprint ausräumen können?«

Du kannst auch gezielt nachfragen, wenn dir selbst Unstimmigkeiten aufgefallen sind: *»Ihr hattet am Anfang erst parallel an der Wurstbude gebaut, ohne es zu merken – wie ist es denn dazu gekommen?«*

Es gibt immer wieder Menschen, die in der Retrospektive in einen Auswertungsmodus abdriften und über die Methode an sich sprechen wollen. Mach deutlich, dass ihr noch in der Simulation und in der Retrospektive seid und es um konkrete Verbesserungen für den nächsten Sprint geht.

Fasse kurz vor Schluss die bis dahin gefundenen Maßnahmen zusammen und schicke die Gruppe dann gleich wieder an die Planungswand zum Start des nächsten Sprints.

Schritt 7: Die nächsten Sprints begleiten

Wiederhole die Schritte 3 bis 6, bis ihr drei Sprints komplett habt.

In der dritten Etappe kannst du die Retrospektive weglassen und stattdessen mit einer Auswertung des Spiels starten.

Ende des Spiels

Nach drei Etappen eröffnet ihr den Freizeitpark oder was immer du mit deiner Gruppe entwickelt hast. Feiert das Erreichte! Es ist immer wieder erstaunlich, was die Gruppen in so kurzer Zeit erschaffen – vielleicht macht ihr ein Gruppenfoto zum Andenken?

12.3 Auswertung

In der AGILEN STUNDE passiert vieles in relativ kurzer Zeit. Nimm dir daher ausreichend Zeit, um mit der Gruppe über alles zu sprechen und offene Fragen zu klären. Zum Einstieg fragen wir typischerweise als Erstes das Product-Owner-Team, wie es seine Rolle und den Prozess erlebt hat, anschließend das Entwicklungsteam. Themen, die du dabei gut aufgreifen kannst, sind:

Kommunikation

Wie hat sich die Kommunikation zwischen Product-Owner-Team und Entwicklungsteam im Laufe der Zeit entwickelt? Hoffentlich haben alle gemerkt, dass der Kontakt auch während der Entwicklung zwischen der Product-Owner-Rolle und der Entwicklung enorm wichtig ist.

Du kannst an der Stelle auch enthüllen, dass du bewusst den Ort für die Wand mit dem Product Backlog etwas entfernt gewählt hast. Zwei bis drei Meter Abstand und ein eigener Ort für das Product-Owner-Team reichen fast immer aus, dass sich beide Seiten fragen, ob sie mit den anderen reden dürfen/können. Die Antwort ist immer: Ja! Direkte Kommunikation von Angesicht zu Angesicht ist eines der Kernprinzipien der agilen Zusammenarbeit! Allerdings haben bestimmte Themen auch feste Plätze, an denen sie besprochen werden sollten, die Scrum-Events.

Scrum-Events

Wie im realen Projekt gibt es auch hier immer viele Fragen zu den Inhalten und Abläufen der Scrum-Events. Kläre noch einmal in Ruhe, welche Themen bei welchen Events ihren Platz haben und welche Ziele mit den einzelnen Events verfolgt werden. Was habt ihr beim Review alles über euer Produkt gelernt? Was wäre wohl ohne Retrospektive passiert? Wie gut konntet ihr damit umgehen, in der Planung selbst einschätzen zu können und zu müssen, wie viel ihr als Team voraussichtlich schafft?

In der Simulation gibt es ob der Kürze der Zeit kein Daily Scrum, und tatsächlich bekommen Teams deswegen öfter mal Probleme.

Es ist nicht mehr so leicht, sich zu koordinieren, wenn alle in ihrer Arbeit abgetaucht sind. Mit Daily wäre es leichter, die Aufmerksamkeit des Product-Owner-Teams für die Abnahme zu bekommen, es wäre leichter zu klären, ob noch jemand aus dem Team Hilfe braucht, bevor Neues angefangen wird, und es wäre leichter, mitzubekommen, dass beispielsweise wieder einmal vergessen wurde, das Sprint Board zu aktualisieren, und deswegen gerade etwas doppelt entwickelt wird.

Planung der Lösung

Immer wieder kommt die Frage auf, ob es nicht doch besser gewesen wäre, gleich zu Beginn einen Plan zu erstellen, sodass von Anfang an an »alles« gedacht würde und die

Modelle nicht noch einmal verschoben werden müssten. Damit seid ihr an einer der Kernfragen agilen Arbeitens angelangt: Wie sieht eine gute Balance zwischen der Vorabplanung einer Lösung und dem »Einfach machen« aus?

Frag deine Gruppe, was sie zu Beginn des Spiels dachte, wie groß und detailliert die Modelle sein würden oder wie viele sie bauen würde. Dabei wird dann schnell klar, dass eigentlich niemand eine richtige Vorstellung von dem hatte, wie der Park oder die einzelnen Modelle aussehen würden, wie viel Platz sie einnehmen würden oder welche Anforderungen eigentlich tatsächlich wichtig und umsetzbar waren. Anders gesagt, zu Beginn des Spiels fehlte es für eine Planung schlicht noch an Wissen und Erfahrung. Die zweite Frage, die du mit der Gruppe diskutieren kannst, ist: Die Modelle lassen sich ja recht leicht verschieben. Was hättet ihr tatsächlich durch mehr Vorabplanung gewonnen im Vergleich zu dem Motto »Einfach mal ausprobieren«? Was wäre unter Umständen sogar verloren gegangen, wenn das Entwicklungsteam versucht hätte, eine Planung direkt vom Start aus festzulegen? Im Nachhinein erscheint vieles logisch und planbar, weil das Team es während des Machens entdeckt und viel dazugelernt hat. Für die Zukunft ließe sich damit vermutlich tatsächlich auch mehr vorab planen, aber Vorsicht: Wir haben in den vielen AGILEN STUNDEN, die wir bisher begleitet haben, auch gelernt: Bereits ein paar andere Steine, ein paar andere Anforderungen und Ideen oder ein anderes Team reichen dafür aus, dass alles ganz anders abläuft. Sprecht darüber, welche Erfahrungen die Gruppe dazu in realen Projekten gemacht hat. Wann war Planung, wann war Ausprobieren die bessere Option?

Verteilte Aufgaben, gemeinsame Verantwortung

Hoffentlich hat auch dein Team gemerkt, dass ihr trotz verteilter Aufgaben erst dann so richtig erfolgreich seid, wenn ihr eng zusammenarbeitet und im Kontakt bleibt. Sprich mit der Gruppe darüber, wie es sich angefühlt hat, dass einerseits die Aufgaben zwischen Product-Owner-Team und Entwicklungsteam so klar getrennt waren, es aber andererseits in Review und Planung letztlich immer um einen gemeinsamen Weg ging. Wie sieht das im realen Alltag der Gruppe aus?

Zeitdruck

Das Arbeiten in Sprints mit enger Taktung erzeugt in der Regel bei allen Beteiligten Freude, aber auch schnell Druck und Stress. Wie haben die Beteiligten das empfunden? Wann hilft diese Art zu arbeiten, um sich fokussieren zu können, wann wird sie zur Gefahr?

12.4 Hinweise für die Spielleitung

Als Spielleitung der AGILEN STUNDE spielst du eine vergleichsweise größere Rolle als bei anderen Spielen. Du hast eine Menge zu tun, mach dich daher vorab in Ruhe mit dem Ablauf vertraut und achte darauf, dass alles Material bereitliegt. So kannst du dich dann während der Simulation ganz auf die Gruppe und deine Scrum-Master-Rolle konzentrieren.

Die folgenden Tipps sollen dir helfen, auf möglichst vieles vorbereitet zu sein, um der Gruppe ein tolles Spielerlebnis zu ermöglichen. Lass dich aber davon auch nicht verrückt machen. Wenn du die AGILE STUNDE öfter anleitest, wirst du vieles selbst entdecken und kannst schrittweise einzelne Tipps aufgreifen und dabei deinen Leitungsstil entwickeln.

Deine Rolle(n) während der Simulation

Du hast während der AGILEN STUNDE gleich mehrere Rollen inne: Spielleitung, Scrum-Master-Rolle, Vertretung der Auftraggebenden.

Als Spielleitung lädst du zum Spiel ein, bereitest den Raum vor, erklärst den Ablauf und verteilst die weiteren Rollen im Team. Dazu hast du auch die Anleitung sowie die Tipps und Hinweise gelesen, die du in der Scrum-Master-Rolle zunächst wieder vergisst, um gemeinsam mit deinem Team die Dinge »neu« wiederzuentdecken.

In der Scrum-Master-Rolle begleitest du das Team bei seinen Aufgaben, führst und moderierst es im Scrum-Prozess und unterstützt es dabei, seine Probleme zu erkennen und mit ihnen umzugehen. Genauso wie im echten Leben ist es nicht deine Aufgabe, die Schwächen des Teams zu kompensieren und sicherzustellen, dass es in jedem Fall Erfolg haben wird. Deine Aufgabe ist, das Team dabei zu unterstützen, in kurzer Zeit möglichst viel über sich als Team zu lernen und die eigene Arbeitsweise bestmöglich zu entwickeln.

Während der Reviews und bei Bedarf auch während des Sprints agierst du zeitweise auch als Vertretung der Auftraggebenden. In dieser Rolle klärst du Nachfragen zur Vision und gibst im Review Feedback, ob sich das Projekt aus deiner Sicht in die richtige Richtung entwickelt. Sei dabei stets fair, stärke und unterstütze dein Product-Owner-Team. Das heißt nicht, dass dir alles gefallen muss, aber es bedeutet, dass du die Entscheidungshoheit des Product-Owner-Teams und die Expertise, die aus der engen Zusammenarbeit mit dem Entwicklungsteam entsteht, anerkennst.

Mache während des Spiels deutlich, in welcher Rolle du gerade sprichst, insbesondere wenn du aus der Scrum-Master-Rolle in eine andere Rolle wechselst.

Tipps und Tricks für die Spielleitung

Wir haben die AGILE STUNDE schon mit sehr vielen Teams gespielt und dabei eine Reihe von Erfahrungen gemacht, die auch für dich nützlich sein können:

- **»Die Achterbahn schaffen wir nie!«**

  Wenn du einen Freizeitpark bauen lässt, ist es immer die Achterbahn. Das Product-Owner-Team will sie selbstverständlich und mit hoher Priorität haben, und das Entwicklungsteam hat keine Ahnung, wie es sie bauen soll. Dir kann kaum etwas Besseres passieren, denn dein Team wird eine Menge an diesem Beispiel lernen.

  Ermuntere das Team, sich der Herausforderung zu stellen, zu probieren, die Achterbahn zu bauen, und zu lernen, was geht und was nicht. Unsere Erfahrung ist: Der überwiegende Teil der Teams hat nach einem Sprint eine Achterbahn, die meisten anderen stellen sie im nächsten Sprint fertig! Die Lösungen entstehen beim Machen, nicht beim Reden.

  Nur ganz wenige Teams finden keine gute Lösung. Das ist der Moment, um im Review mit dem Product-Owner-Team darüber zu sprechen, was ihr stattdessen machen könnt. Vielleicht ist ein Freefall Tower eine gute Alternative? Der ist auch schon von der Autobahn aus zu sehen, und eine Fahrt damit geht genauso in den Magen.

- **»Wir haben nicht genug Steine ...«**

  Je nachdem, mit wie vielen Leuten du spielst und wie viel Material du mitbringst, kann es sein, dass die Steine knapp werden. Wir sorgen manchmal sogar mit Absicht dafür, dass das passiert. Im realen Projekt gibt es ja auch nicht unbegrenzt Geld und Zeit. Sollte das Thema aufkommen – hoffentlich im Review – sprecht darüber, wie ihr damit umgeht. Welche Features sind wirklich wichtig, worauf könnt ihr verzichten? Vielleicht entscheidet ihr euch, zwei einfachere Modelle zu bauen statt des einen komplizierten, das diese knapp vorhandenen speziellen Steine benötigt.

- **Anderes Material**

  Früher oder später kommt die Gruppe darauf, dass beispielweise auch ein Zaun rund um einen solchen Freizeitpark gehört und dass der Bau dieses Zauns ganz schön viele Steine benötigt. Dann fragt das Entwicklungsteam häufig dich in deiner Rolle als Spielleitung, ob es auch andere Materialien verwenden darf (meist gibt es ja Moderationskarten oder Kreppband oder etwas ähnlich Praktisches vor Ort). Wir gehen damit wie folgt um.

  Als Spielleitung haben wir damit kein Problem, alles Material, das im Raum vorhanden ist, kann selbstverständlich benutzt werden, aber das liegt ja gar nicht in unserer Entscheidung.

In der Scrum-Master-Rolle erklären wir dem Entwicklungsteam, dass das eine Frage ist, die es mit dem Product-Owner-Team besprechen muss. Es geht um eine grundsätzliche Änderung der Qualität und Anmutung des Produkts, das das Product-Owner-Team einschätzen und im Zweifel gegenüber den Auftraggebenden vertreten muss.

Als Vertretung der Auftraggebenden ist uns (fast) alles recht, solange wir kein neues Material kaufen müssen.

- **Definition of Done**

  Während der AGILEN STUNDE merkt dein Team unter Umständen, dass es jedes Mal die Stand- und Spielfestigkeit prüfen sollte oder dass jede Attraktion auch eine Bank und einen Mülleimer benötigt. Du kannst das nutzen, um kurz die Idee einer *Definition of Done* einzuführen. Schreib die entsprechenden Punkte auf eine Karte und hänge sie neben die »Fertig«-Spalte an der Sprint-Wand. Erkläre dem Team, dass dies jetzt seine Definition of Done ist und es in Zukunft immer diese Punkte kontrollieren muss, bevor es eine Karte als fertig deklariert.

- **Schätzen oder nicht**

  Wenn du willst, kannst du die Übung auch um einen Schätz-Schritt ergänzen, z. B. wenn du dem Team vermitteln willst, dass Aufgaben unterschiedlich aufwendig ausfallen können. Nutze dafür dann ein möglichst einfaches Schätzverfahren, um den Zeitbedarf klein zu halten, z. B. das Schätzen in T-Shirt-Größen: Dabei wird jeder Anforderung (oder Aufgabe) der Wert S, M, L oder XL zugeordnet – je nachdem wie aufwendig sie ist.

Entstehung

Dieses Spiel gibt es in vielen Varianten. LEGO4SCRUM wurde ursprünglich von Alexey Krivitsky (*https://www.lego4scrum.com*) entwickelt und ist unter einer CC-BY-3.0-Lizenz verfügbar. Die hier beschriebene Variante hat Jan über die Jahre angepasst und verfeinert, sodass sie vergleichsweise einfach zu spielen ist, mit relativ wenig Material und Vorbereitung auskommt und trotzdem viel von dem erfahrbar macht, was agiles Arbeiten ausmacht.

Kapitel 13

Ansichtssache

»Ansichtssache« ist ein Kartenspiel. Es ermöglicht einer kleinen Gruppe, unkompliziert über verschiedene Aspekte von New Work (oder andere Themen) ins Gespräch zu kommen.

Steckbrief

Funktion: Ideen entwickeln, Perspektiven wechseln, Themen bearbeiten

Spielidee: zu einem vorgegebenen Thema passende Karten schreiben und anlegen

Zeitbedarf: 30–40 Minuten

Teamgröße: 4–6, für parallele Gruppen geeignet

Schwierigkeitsgrad Team/Spielleitung: leicht/leicht

Aufwand für die Vorbereitung: gering

Remote: nein

Spielmaterial zum Download: ja

ANSICHTSSACHE leiht sich den Spielgedanken von dem Partyspiel ÄPFEL ZU ÄPFELN. Bei diesem Spiel haben alle Karten mit Begriffen auf der Hand. Ein Begriff wird aufgedeckt, und alle legen jeweils den Begriff aus dem Blatt auf ihrer Hand dazu, der ihrer Meinung nach am besten dazu passt. Das führt meistens zu lustigen Vergleichen – Äpfel mit Birnen zu vergleichen ist hier also ausdrücklich erwünscht!

Bei ANSICHTSSACHE machst du dir dieses kreative Vergleichen zunutze, um das »Out of the Box«-Denken anzuregen und zu ungewohnten Gedankenkonstellationen zu gelangen. Kreativität und Spaß sind auf jeden Fall inklusive. Das Spiel eignet sich gut, um Ideen und Gedanken zu einem Thema zusammenzutragen – hier New Work. Du kannst das Spiel sehr leicht anpassen und so z. B. auch während einer Retrospektive einsetzen.

New Work

Der Begriff *New Work* geht auf den amerikanischen Philosophen Frithjof Bergmann zurück. Unter dem Motto »Arbeit, die ich wirklich, wirklich will« meinte er damit, sinnerfüllte, selbstgewählte Arbeit im Gegensatz zu der Knechtschaft durch Lohnarbeit. Heute werden unter dem Begriff moderne Führungs- und Arbeitskonzepte zusammengefasst, die häufig Selbstorganisation, Sinnsuche und Eigenverantwortung betonen.

13.1 Vorbereitung

ANSICHTSSACHE ist ein Kartenspiel, bei dem die Spielenden einen Großteil der Karten selbst herstellen. Du bereitest nur ein kleines Kartenpäckchen mit den Begriffen vor, zu denen dann alle die entsprechenden Vergleiche anstellen sollen. Neben dem Spielmaterial und den Utensilien ist der Aufbau des Raums wichtig. Günstig ist, wenn die Spielenden jeweils um ausreichend große Tische sitzen können. Spielst du mit mehreren Gruppen parallel, sorge für genügend Platz zwischen den Tischen, damit sich die Gruppen nicht gegenseitig stören. Lege vorab Spielmaterial und Utensilien in ausreichender Menge auf den Tischen aus.

Für dieses Spiel brauchst du:

- Begriffskarten mit Zitaten, Thesen und Gedanken zu eurem Thema, hier New Work
- leere Karteikarten in DIN A7 (fünf Stück pro Person)
- schwarze oder dunkelblaue Filzstifte für alle

Du kannst alle Spielmaterialien von Anfang an bereitlegen.

Wann ist die Gruppe fertig mit dem Schreiben?

Gib einer Gruppe immer eine bestimmte Zeit zum Kartenschreiben vor, z. B. zwei Minuten. Beobachte die Gruppe aufmerksam, während sie schreibt, und schau, wie viele Personen nach zwei Minuten fertig sind. Wenn einige noch schreiben, fragst du in die Runde: »Braucht jemand noch mehr Zeit?« und hebst dabei die Hand. Wer bereits fertig ist, nimmt so wahr, dass du als Spielleitung auch auf das Zeitmanagement achtest. Wer noch schreibt, wird kurz hochschauen und dann die Hand heben, wenn noch mehr Zeit gebraucht wird. Dann gibst du allen noch eine weitere Minute Zeit. So können erfahrungsgemäß alle ihre Materialien entspannt fertigstellen.

13.2 Spielablauf

Schritt 1: Spielregeln erläutern

Du erläuterst das Ziel des Spiels – Gedanken zum Thema New Work zusammentragen und um die Ecke denken – und die Spielregeln.

»Auf den Tischen findet ihr zwei Stapel mit Karten.

Die Karten in dem einen Stapel sind leer. Teilt die leeren Karten dazu bitte aus. Jetzt schreibt ihr auf jede leere Karte je einen Gedanken zu New Work auf. Das kann eine Idee, ein Wunsch, eine Sorge, eine These oder auch ein Risiko sein. Dies sind eure Handkarten.

In dem anderen Stapel befinden sich Zitate, Thesen und Gedanken zu New Work. Bitte mischt ihn und legt ihn verdeckt in die Mitte des Tisches.

Wenn ihr damit fertig seid, beginnt das Spiel. Eine Person deckt eine Karte vom Stapel in der Mitte auf. Alle legen reihum eine der eigenen Handkarten dazu und erläutern, weshalb sie zu dem Begriff passt. Im Stapel gibt es auch Joker. Wer einen Joker aufdeckt, darf selbst das Thema der Runde bestimmen.«

Schritt 2: Spielkarten erstellen

Jede Person erhält fünf leere Karten und schreibt pro Karte jeweils einen Begriff auf, der ihr zum Thema New Work einfällt. Es kann eine Idee, ein Wunsch, eine Sorge, eine These oder ein Risiko sein. Dann nehmen alle ihre eigenen Karten verdeckt auf die Hand.

Schritt 3: Begriffskarten mischen und die oberste aufgedeckt auf den Tisch legen

Die Person mit der meisten Berufserfahrung mischt die Begriffskarten, legt sie in die Tischmitte und deckt die oberste auf.

Schritt 4: Passende Karten auslegen

Jetzt legen alle nacheinander eine ihrer Handkarten an die aufgedeckte Begriffskarte. Dabei wird die eigene Karte kurz erläutert und begründet, weshalb sie zu dem Begriff passt. Bei einem Joker darf die Person, die ihn aufgedeckt hat, das Thema für die Runde definieren (siehe Abbildung 13.1).

Wenn alle ihre Karte gelegt haben, deckt ihr im Uhrzeigersinn eine neue Karte vom Begriffsstapel auf und spielt die nächste Runde Karten aus. Aussetzen ist nicht gestattet.

Abbildung 13.1 Das Spielfeld nach einer Partie »Ansichtssache«

Ende des Spiels

Das Spiel ist zu Ende, wenn alle ihre Handkarten gespielt haben. Als Variante kannst du die letzte Runde auch anders spielen: Dabei werden alle verbleibenden Begriffskarten aufgedeckt, und alle dürfen entscheiden, zu welchem Begriff ihre jeweilige letzte Handkarte am besten passt.

13.3 Hinweise für die Spielleitung

Spielfreude kommt hier auf, wenn du das Ganze bewusst als Kartenspiel inszenierst. Wähle dazu Karteikarten im Spielkartenformat, gestalte die Rückseiten deiner Begriffskärtchen individuell und ermuntere die Gruppe immer wieder zum Mischen des Begriffsstapels – einfach, weil es Spaß macht.

13.4 Auswertung

Zur Auswertung kannst du nach inhaltlichen Erkenntnissen aus dem Spiel fragen oder abstimmen, welche Idee besonderen Anklang findet und verfolgt werden sollte. Dazu eignen sich Klebepunkte, Klemmbausteine oder kleine Spielfiguren aus deinem Materialfundus.

> **Entstehung**
>
> Das Spiel ist inspiriert von der Methode »Like to Like« aus dem Buch »Agile Retrospektiven« von Esther Derby und Diana Larsen. Es geht ursprünglich auf ein Partyspiel zurück, das Äpfel zu Äpfeln heißt. Die Begriffe für diese Variante haben Julia und Dina gemeinsam mit Markus Wittwer zusammengestellt.

Kapitel 14
Architekturtrumpf

»Architekturtrumpf« ist ein Kartenspiel, das die Spielenden ins Gespräch über effektive Architekturarbeit in der Softwareentwicklung bringt.

Steckbrief

Funktion: Kommunikation verbessern, Themen bearbeiten, Wissen vermitteln

Spielidee: Softwaresysteme beschreiben und damit möglichst viele Stiche gewinnen

Zeitbedarf: 20–30 Minuten

Teamgröße: 4–6 pro Gruppe

Schwierigkeitsgrad Team/Spielleitung: leicht/leicht

Aufwand für die Vorbereitung: gering

Remote: nein

Spielmaterial zum Download: ja

Architekturarbeit und -entscheidungen sind durch Abwägungen und Kompromisse geprägt und damit kein leichtes Thema. Agile Teams sollten möglichst schnell lernen, die Verantwortung für die Architekturarbeit als Teil ihrer eigenen Verantwortung anzunehmen und zu tragen. Dabei treffen unterschiedliche Erfahrungen, Sichtweisen und häufig implizite Annahmen aufeinander. Um diese zur Sprache und die Beteiligten eines Teams miteinander in den Austausch zu bringen, eignet sich das Spiel ARCHITEKTURTRUMPF besonders gut.

14.1 Vorbereitung

Bei ARCHITEKTURTRUMPF beschreiben die Mitspielenden eine Reihe von Softwaresystemen aus ihrem Entwicklungsumfeld und lassen diese dann gegeneinander antreten. Du solltest daher zur Vorbereitung mit jemandem aus der Gruppe sprechen und dir einen groben Überblick verschaffen, mit welchen Systemen die Gruppe in ihrer Arbeit zu tun hat. Dieser Überblick hilft dir dabei, dir ein Set von sechs bis acht Kategorien zu überlegen, anhand derer die Mitspielenden die Systeme später beschreiben und bewerten sollen. Wir schlagen dir im folgenden Kasten ein paar geeignete Kategorien vor, wobei wir auf zwei Dinge geachtet haben:

1. Die Kategorien sind bewusst nicht allzu scharf definiert. Einerseits, um zu verhindern, dass die Gruppe blockiert, weil sie meint, etwas nicht genau genug zu wissen oder zu können. Andererseits, weil es gerade auch um den Austausch darüber geht, auf welch unterschiedliche Art und Weise eine Einschätzung zustande kommen kann.
2. Einige der Kategorien stehen (potenziell) in einem Spannungsfeld zueinander, beispielsweise Benutzbarkeit und Sicherheit oder Performance und Entwicklerglück. Das wiederum sorgt einerseits dafür, dass es auf den Karten voraussichtlich hohe wie auch niedrige Werte gibt. Andererseits ist auch genau dieses Spannungsfeld später ein guter Gesprächsaufhänger.

Beispielkategorien

- Performance (0 = »schneckt«, 10 = »rockt«)
- Anpassbarkeit (0 = »One hit wonder«, 10 = »Kein Problem!«)
- User Interface (0 = »altbacken«, 10 = »hot«)
- Umfang (0 = »Hello World!«, 10 = »Debian GNU Linux«)
- Buzzword Compliance (0 = »lahm«, 10 = »trendy Partyhit«)
- Spaßfaktor (0 = »Besser nicht anfassen!«, 10 = »Wow!!!«)
- Entwicklungsgeschwindigkeit (0 = »Flughafen Berlin«, 10 = »Bin schon da!«)
- Testbarkeit (0 = »print stdout«, 1 = »Automatisierung rules!«)

Erstelle nun eine Vorlage für die Spielkarten in Kartenform mit Feldern wie »Systemname«, »Systemart« usw. sowie den einzelnen Kategorien (siehe Abbildung 14.1). Drucke die Vorlage pro Person mindestens zweimal aus, das ist für die einfachste Variante des Spiels ausreichend.

Für dieses Spiel brauchst du:

- leere Vorlagen in Kartenform, mindestens zwei pro Person
- Stifte zum Beschriften der Karten

Du kannst alle Spielmaterialien von Anfang an bereitlegen.

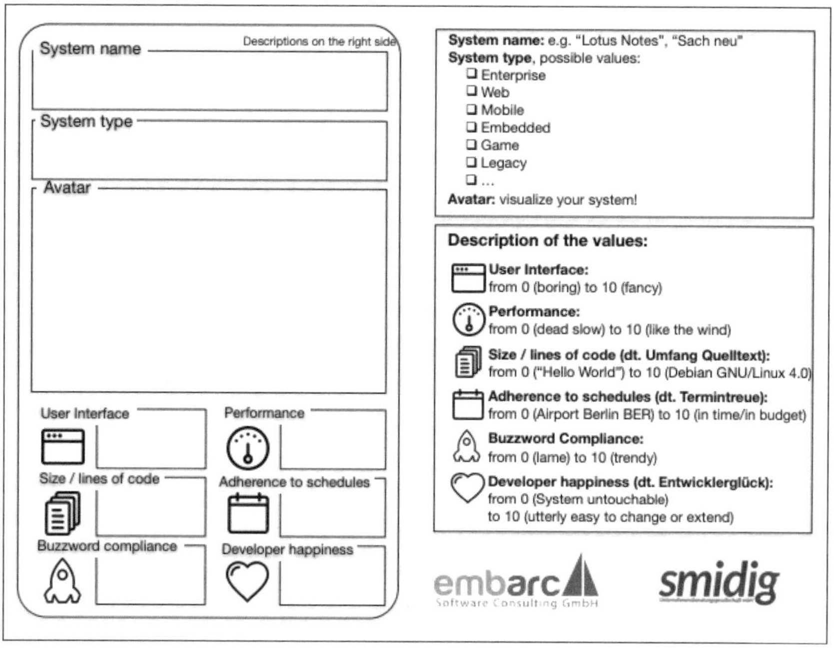

Abbildung 14.1 Beispiel für eine Karte aus dem Spiel »Architekturtrumpf«

14.2 Spielablauf

Schritt 1: Das Spiel erläutern und gemeinsam Systeme sammeln

Bilde Gruppen von vier bis sechs Personen und erläutere zunächst die Idee des Spiels:

»Ich möchte mit euch eine Runde ›Architekturtrumpf‹ spielen. Dazu sammeln wir gleich, welche Systeme bei euch in der Systemlandschaft so rumschwirren und ihr erstellt dann in der Gruppe jeweils eine Karte pro System, die dessen Qualitäten beschreibt. Lasst uns als Erstes gemeinsam die Systeme zusammentragen.«

Lass dir aus der Gruppe dazu die Namen der Systeme zurufen und bitte darum, dass in jeder Gruppe eine Person den Namen des Systems auf eine Karte schreibt. Typische Systemnamen sind: *Kunde, Schaden, Rechnung, Bestand, App, Identity, CRM, Archiv, Data Lake* usw.

Am Ende dieses Schritts sollte jede Gruppe bei sich am Tisch einen Kartensatz haben, der mit den Namen der gesammelten Systeme beschriftet, jedoch darüber hinaus noch nicht ausgefüllt ist. Für jede Person in der Gruppe sollte es in diesem Kartensatz mindestens eine Karte geben.

Schritt 2: Die Systeme bewerten

Jetzt nehmen sich alle aus der Gruppe eine Karte und bewerten das darauf benannte System nach bestem Wissen und Gewissen:

»Mischt jetzt bitte einmal euren Kartenstapel. Danach nehmt euch alle jeweils eine Karte vom Stapel, ohne sie den anderen zu zeigen. Bewertet jetzt das darauf benannte System nach bestem Wissen und Gewissen und tragt die passende Zahl in der jeweiligen Kategorie auf der Karte ein. Die Karte bleibt verdeckt vor euch liegen«

Habt ihr mehr Karten als Personen am Tisch, teilt die restlichen Karten auch noch zum Bewerten auf, die überzähligen Karten kommen dann wieder als Stapel in die Mitte.

Schritt 3: In der Gruppe trumpfen

Das Trumpfen kann beginnen.

»Entscheidet, wer bei euch am Tisch beginnen darf. Wer beginnt, wählt eine andere Person am Tisch aus, um nach Möglichkeit deren Karte zu stechen. Das Stechen funktioniert folgendermaßen:

Nennt laut den Systemnamen eurer Karte sowie die Kategorie und den Wert, mit dem ihr glaubt, die andere Karte stechen zu können. Euer Gegenüber sagt, ob seine Karte gestochen wurde, also einen niedrigeren Wert in der Kategorie hatte. Falls ja, bekommt ihr einen Punkt gutgeschrieben und dürft versuchen, bei jemand anderem in einer anderen Kategorie einen weiteren Stich zu machen. Unterlag eure Karte, darf euer Gegenüber weitermachen.«

Solltet ihr mehr Systeme als Personen am Tisch haben und befindet sich deshalb auch noch einen Kartenstapel in der Mitte, führst du noch die folgende Extra-Regel ein: Die unterlegene Person tauscht ihre Karte gegen eine neue Karte vom Stapel, die vorherige Karte kommt dabei ganz nach unten.

+ Schummeln

Manchmal kommt es vor, dass Einzelne versuchen zu schummeln, indem sie einfach hohe Werte auf die Karten schreiben. In dem Fall hilft die folgende Regel: Wenn sich alle anderen Mitspielenden einig sind, dass ein Wert falsch angesetzt wurde, gilt der Stich als verloren, und die Karte muss korrigiert werden.

Ende des Spiels

Legt vorher fest, wie lange ihr spielen wollt; fünf bis zehn Minuten sind ausreichend. Am Ende der Zeit hat gewonnen, wer die meisten Punkte erreichen konnte.

14.3 Auswertung

ARCHITEKTURTRUMPF ist als kleines Aufwärmspiel gedacht und beinhaltet im Kern zwei Gedanken, die du in einer Auswertungsrunde aufgreifen kannst:

- Wie wird die Qualität eines Systems eigentlich beschrieben und bemessen? Wie leicht oder schwer fiel es, Werte für die unterschiedlichen Kategorien festzulegen? Wie einig oder uneinig war sich die Gruppe bei den vergebenen Werten im Spiel?
- Hätte die Gruppe ähnliche oder ganz andere Kategorien genommen und weshalb? Wie explizit spielen diese Kategorien und die Abwägung der Kategorien untereinander im Arbeitsalltag eine Rolle?

Nutze die Fragen als Basis, um mit der Gruppe darüber zu reden, wie sie die Qualität ihrer Software gemeinsam im Auge behalten und an welchen Kriterien sie sich bei Entscheidungen orientieren möchte.

14.4 Hinweise für die Spielleitung

ARCHITEKTURTRUMPF ist ein unkompliziertes Spiel, das sich daher auch leicht auf unterschiedliche Gruppen und Situationen anpassen lässt.

Achte darauf, dass Diskussionen nicht zu akademisch werden und der Spaß im Vordergrund bleibt.

Wenn du mit einem Team schon einmal ARCHITEKTURTRUMPF gespielt hast, kannst du die folgende Abwandlung in einer Retro ausprobieren: Alle bewerten das System, an dem sie zuletzt gebaut haben. Dann werden die Karten im Team getauscht, und alle ergänzen zu den bestehenden Ist-Werten, welchen Wert das jeweilige System ihrer Meinung nach noch erreichen sollte. Spielt dann gemeinsam eine Runde, wobei jetzt immer die Kategorie mit der größten Differenz zwischen Soll und Ist gewinnt. Anschließend pickt ihr euch bemerkenswerte Karten heraus und nutzt die Retro, um über diese zu sprechen: Was braucht es, um die Differenzen zu beseitigen? Was, um zu verhindern, dass neue entstehen?

Entstehung

Stefan Zörner hat das Spiel ursprünglich als interaktiven Start eines Vortrags entwickelt. Im Laufe der Zeit hat er verschiedene Varianten mit unterschiedlichen Gruppen ausprobiert.

Kapitel 15
Bootfabrik

»Bootfabrik« ist ein Simulationsspiel, um Aha-Momente zu erzeugen. Die Spielenden erleben den Unterschied zwischen dem Push- und dem Pull-Prinzip.

Steckbrief

Funktion: agiles Konzept begreifen, Arbeitsprozess verbessern, Kommunikation verbessern

Spielidee: möglichst viele Papierboote nach dem Push- und nach dem Pull-Prinzip falten

Zeitbedarf: 60 Minuten

Teamgröße: 6

Schwierigkeitsgrad Team/Spielleitung: leicht/mittel

Aufwand für die Vorbereitung: gering

Remote: nein

Spielmaterial zum Download: ja

15

Agile Methoden helfen u. a. dabei, regelmäßig funktionierende Ausbaustufen oder Zwischenergebnisse zu liefern, damit ebenso regelmäßig Feedback zurück in den Arbeitsprozess fließen kann. Dafür wird die Menge der Dinge begrenzt, die gleichzeitig bearbeitet werden: Statt möglichst viel gleichzeitig anzufangen (*Push-Prinzip*), sorgt ein agiles Team nach dem *Pull-Prinzip* dafür, möglichst viel fertig zu bekommen (siehe auch »Limitierung der angefangenen Arbeit« in Abschnitt 2.4, »Methoden und Rahmenwerke«). Es wird der Fokus darauf gelegt, eine bereits gestartete Arbeit komplett zu Ende zu bringen, anstatt immer mehr Neues anzufangen und halbfertige Arbeiten ins Team zu schieben.

Viele Projektteams sind anfangs eher skeptisch gegenüber dem Pull-Prinzip. In der BOOTFABRIK erleben sie den Unterschied, verstehen, weshalb die Arbeitsmenge limitiert wird und wie das ihre Zusammenarbeit mit anderen beeinflussen kann.

Das Spiel wird in zwei Runden gespielt (siehe Abbildung 15.1). In der ersten Runde erleben die Spielenden einen Produktionsablauf nach dem Push-Prinzip. Das bedeutet, dass versucht wird, in jedem Produktionsschritt so viel wie möglich herzustellen – unabhängig davon, ob im nachgelagerten Schritt die gelieferten Zwischenprodukte im gleichen Tempo weiterverarbeitet werden können. So entstehen zwischen den einzelnen Schritten Bestände. In der zweiten Runde wird die Produktion auf das Pull-Prinzip umgestellt. Hier darf mit dem vorgelagerten Produktionsschritt erst wieder begonnen werden, wenn der nachgelagerte Produktionsschritt das Produkt zu sich zieht, um es weiterzuverarbeiten. Beide Vorgehensweisen werden miteinander verglichen, ausgewertet und auf ihre Übertragbarkeit auf die eigene Arbeit geprüft.

Abbildung 15.1 Die beiden Spielrunden und ihre Unterschiede

15.1 Vorbereitung

Die Spielenden reichen von Prozessschritt zu Prozessschritt Papier untereinander weiter. Jede Person benötigt sowohl vor sich genug Platz zum Falten als auch Platz zwischen sich und der nächsten Person, um dort beim Push-Prinzip einige bereits gefaltete Papiere abzulegen. Baue daher Tisch und Stühle so auf, dass alle im Sitzen gut einen solchen Prozessfluss darstellen können.

Für dieses Spiel brauchst du:

- einen Tisch, an dem alle sitzen und an dem sich gut Dinge weiterreichen lassen
- einen großen Stapel weißes DIN-A4-Papier (möglichst dünnes Papier, sodass es sich gut falten lässt)
- zwei Bögen andersfarbiges DIN-A4-Papier (wieder möglichst dünnes Papier, sodass es sich gut falten lässt)
- Flipchart

- Marker, um auf dem Flipchart gut lesbar schreiben zu können
- zwei Stoppuhren oder Smartphones, um die Zeit zu stoppen
- Zettel und Stift für die Qualitätskontrolle

Du kannst dem Spielablauf entnehmen, in welchem Schritt welches Spielmaterial zum Einsatz kommt.

15.2 Spielablauf

Schritt 1: Die Prozessschritte vorbereiten

Du brauchst:

- einen Tisch, an dem alle sitzen und wo sich gut Dinge weiterreichen lassen
- Ein großer Stapel weißes DIN-A4-Papier
- zwei Stoppuhren oder Smartphones, um die Zeit zu stoppen
- Zettel und Stift für die Qualitätskontrolle

Du erklärst den Arbeitsprozess und die einzelnen Arbeitsschritte. Dann gehst du nacheinander die Arbeitsschritte mit allen in einer Proberunde durch. Damit stellst du sicher, dass der Prozess während des Spiels glatt läuft.

»Willkommen in meiner Faltbootfabrik. Ich habe hier das Rohmaterial (dabei auf den Stapel weißes Papier zeigen) und euch als Team, das mir möglichst viele Boote daraus herstellen soll. Denn ich verdiene mit jedem Boot gutes Geld. Auf die Qualität des einzelnen Bootes müsst ihr dabei kein allzu großes Augenmerk richten, Hauptsache, es ist ein Boot. Daher muss auch nicht jeder Knick 100%ig korrekt sitzen. Es kommt auf die Geschwindigkeit an. Lasst uns den Prozess einmal in Ruhe durchgehen, sodass alle, die hier am Tisch sitzen, verstanden haben, was zu tun ist.«

Du gehst jeden Prozessschritt einzeln durch und lässt jeweils die Person den einzelnen Schritt falten, sodass anschließend alle sicher sind, was sie in ihrem jeweiligen Prozessschritt tun müssen (siehe Abbildung 15.2).

»Hier ganz am Ende des Prozesses sitzt unsere Qualitätskontrolle. Sie hat jetzt die Aufgabe, gleichzeitig mit mir die Zeit zu stoppen und die Zeit zu notieren, zu der ein fertig gefaltetes Boot bei ihr ankommt. Dazu kontrolliert sie, ob das Boot sauber gefaltet und funktionstüchtig ist. Wichtig ist, dass wir beim Zeitnehmen immer gleichzeitig starten und stoppen.«

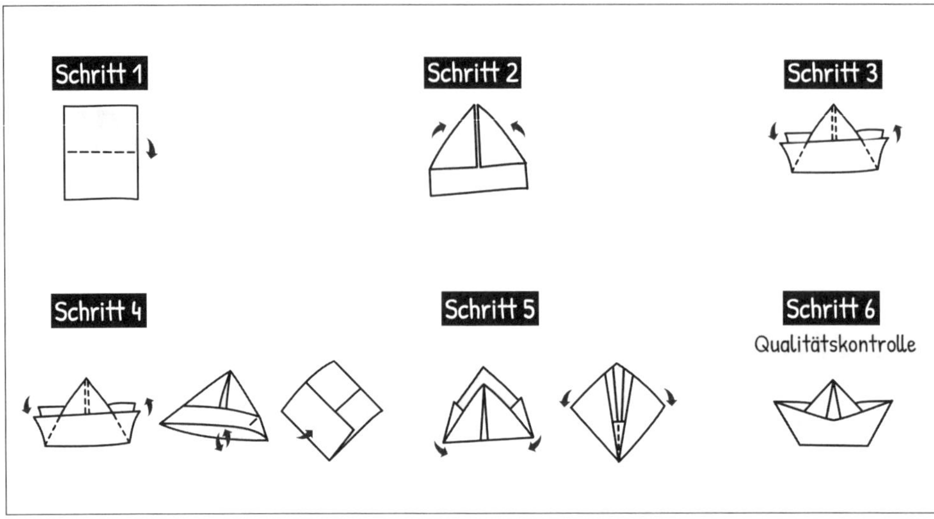

Abbildung 15.2 Die Prozessschritte im Überblick – Schritt 4 ist bewusst so gestaltet, dass ein Engpass entsteht.

Schritt 2: Boote nach dem Push-Prinzip bauen

Du benötigst:

- ein Bogen andersfarbiges DIN-A4-Papier

Du lässt dein Team die Boote in dieser Runde nach dem Push-Prinzip bauen. Wichtig ist, dass du es dabei anfeuerst, möglichst viele Boote zu bauen, schließlich verdienst du gutes Geld damit.

Nach kurzer Zeit werden sich Bestände zwischen den einzelnen Prozessschritten aufbauen. Achte darauf, dass nach dem *FiFo-Prinzip* gearbeitet wird: First in, First out, d. h., die Zwischenprodukte müssen in der Reihenfolge abgearbeitet werden, in der sie von der Station vorher bereitgestellt werden.

»Wie schon vorhin erwähnt, geht es jetzt gleich darum, möglichst viele Boote zu produzieren. Also nur keine Hemmungen, hier vorn Rohmaterial zu nehmen und dieses in den Prozess zu schicken. Bitte achtet darauf, dass ihr die Reihenfolge einhaltet, in der die Zwischenprodukte bei euch ankommen. Wir arbeiten hier nach dem FiFo-Prinzip (First in, First out). Ich bitte die Qualitätskontrolle jetzt um ihre Aufmerksamkeit, denn wir starten gemeinsam den Prozess.«

Du als Spielleitung behältst die Uhr im Auge, sodass du nach zwei Minuten ansagen kannst, dass die Zeit angehalten wird.

Beobachte das Verhalten des Teams beim Spielen, sodass du später in der Auswertung Verhalten und Kommentare spiegeln kannst.

Nach zwei Minuten hältst du den Prozess an. Wichtig ist, dass du die Zeit hier nur anhältst und die Uhr gleich weiterlaufen kann. Wenn du die Zeiterfassung neu starten musst, wird die Auswertung unnötig kompliziert.

Jetzt wird gezählt, wie viel *WIP = Work in Progress* (also nicht komplett zu Ende gefaltete Boote) im Prozess ist (siehe Abbildung 15.3). Diese Zahl wird notiert.

»Bitte zählt, wie viele unfertige Boote sich aktuell im Prozess befinden, sodass wir dieses Ergebnis für unsere Auswertung nutzen können.«

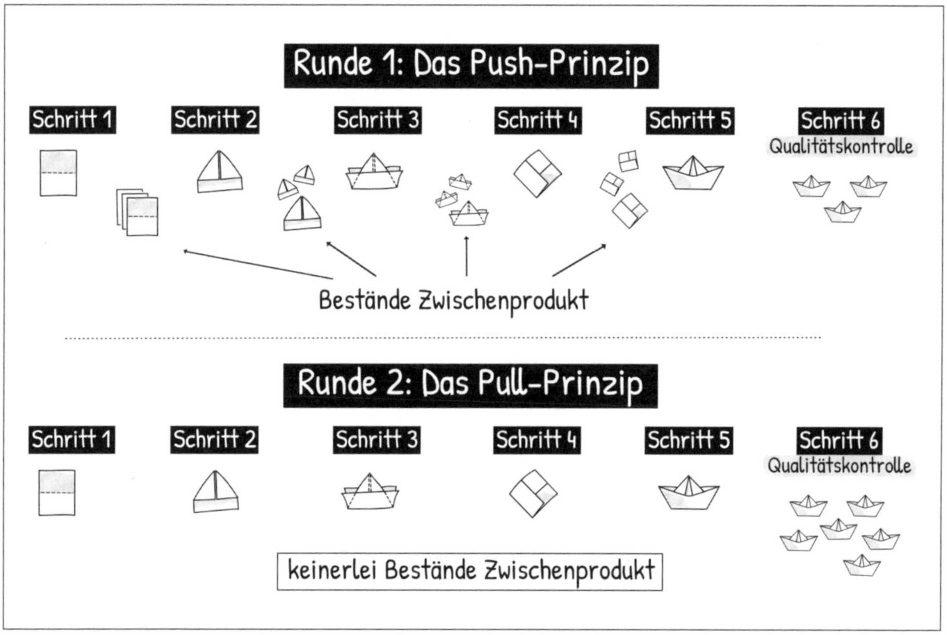

Abbildung 15.3 Work in Progress: Auch ein fast fertiges Boot ist kein fertiges Boot, sondern nur ein Zwischenprodukt.

Nun führst du als Spielleitung das farbige Papier in den Prozess ein. Dieses markiert das letzte Boot, das in dieser Runde gebaut wird.

»Hier am Anfang des Prozesses führe ich jetzt ein farbiges Papier ein. Dies ist das Signal für euch, dass die Produktion zu Ende ist. Wenn ihr also dieses farbige Papier vor euch habt, wisst ihr, dass es für diese Runde das letzte Boot ist, das ihr faltet. Ich starte nun wieder die Uhren gemeinsam mit der Qualitätskontrolle. Die Qualitätskontrolle notiert bis zum letz-

ten farbigen Boot bitte weiterhin die Ankunftszeiten der bei ihr eingehenden fertig gefalteten Boote.«

Als Spielleitung richtest du alles erneut so ein, dass anschließend die zweite Runde gespielt werden kann. Du lässt das Spiel laufen, bis das farbige Boot die Qualitätskontrolle erreicht hat und stoppst die Zeit.

Schritt 3: Boote nach dem Pull-Prinzip bauen

In Runde 2 änderst du die Spielregeln für die Bootproduktion. Du führst ein *WIP-Limit* von 1 ein, d. h., du limitierst die Menge der angefangenen Arbeit. Arbeit darf nicht mehr weitergeschoben werden, sondern es wird vom Ende der Produktionskette ausgehend signalisiert, wann wieder Kapazitäten frei sind.

»In dieser Runde führe ich ein sogenanntes ›WIP-Limit‹ von 1 ein. Ihr macht weiterhin genau denselben Arbeitsschritt wie zuvor, aber ihr produziert nicht mehr auf Vorrat. Stattdessen stellt ihr genau ein Zwischenprodukt fertig und hebt dann die Hand. So signalisiert ihr der nächsten Person in der Kette, dass sie euer Zwischenprodukt zu sich nehmen kann. Wenn euer Arbeitsplatz wieder leer ist, schaut ihr zu der Person, die sich vor euch in der Kette befindet: Hat sie ihr Produkt fertig, zieht ihr es zu euch, führt euren Schritt aus und hebt die Hand. Ihr habt also immer genau ein Zwischenprodukt in Arbeit, und es gibt keine Bestände mehr zwischen euch.«

Auch diesen neuen Arbeitsprozess gehst du einmal in Ruhe durch, sodass alle Gelegenheit haben, ihn einzuüben.

Dann startest du wieder gleichzeitig mit der Qualitätskontrolle die Zeitmessung und den Prozess und stoppst ihn auch diesmal nach zwei Minuten. Du zählst wieder die Boote, die sich im Arbeitsprozess befinden, notierst die Zahl und gibst das farbige Blatt in den Prozess. Dieses signalisiert wieder das letzte Boot, das gefaltet wird.

Das Spiel kennenlernen

Die BOOTFABRIK ist in Varianten – Papierfliegerfabrik, Frösche falten – auch bereits oft gefilmt worden. Beispiele findest du, wenn du z. B. auf YouTube nach »Kanban Simulation« suchst.

Ende des Spiels

Das Spiel ist zu Ende, wenn das farbige Boot in der Pull-Runde bei der Qualitätskontrolle angekommen ist.

15.3 Auswertung

Du nutzt einen zweistufigen Auswertungsprozess.

Als Erstes reflektierst du gemeinsam mit dem Team, wie sich die Arbeit in den beiden Runden angefühlt hat und was die Unterschiede zwischen den beiden Runden waren. Dafür eignen sich diese Fragen:

- Was war der Unterschied zwischen Runde 1 und Runde 2 aus eurer Sicht?
- Wozu würdet ihr die *Slacktime*, also die Zeit, die ihr gewinnt, weil keine Bestände mehr vorhanden sind, also wie in Runde 2, bei euch im Arbeitsalltag gern nutzen?
- Welche Form von Verbesserungen im Arbeitsfluss wäre aus eurer Sicht hilfreich?
- Was kam euch aus eurem Teamalltag bereits bekannt vor?

Im zweiten Schritt wertest du aus und ermittelst folgende Zahlen einmal für die erste Runde im Push-Prinzip ohne WIP-Limit und dann für die Runde im Pull-Prinzip mit dem WIP-Limit von 1:

- Durchsatz in Booten pro Minute
- Durchlaufzeit der farbigen Boote
- Anhand von *Littles Gesetz* kannst du noch den Zusammenhang von *Durchlaufzeit*, WIP und *Durchsatz* mit den Zahlen aus der Simulation darstellen.

Littles Gesetz

Das grundlegende Ergebnis des Little'schen Gesetzes für die Arbeit im agilen Kontext ist, dass für einen vorgegebenen Prozess im Allgemeinen gilt: Je mehr Dinge zu einem bestimmten Zeitpunkt (im Durchschnitt) bearbeitet werden, desto länger dauert es, bis jedes dieser Dinge (im Durchschnitt) fertig ist.

Das klingt jetzt nicht besonders aufregend. In vielen Arbeitskontexten lässt sich beobachten, dass, wenn es länger dauert, bis etwas fertiggestellt wird, jedoch genau das Gegenteil getan wird. Es wird aus Sorge, dass nicht genug fertig werden könnte, einfach noch mehr in Arbeit genommen, was das ursprüngliche Problem meist noch verschärft.

Damit dies deinen agilen Teams nicht passiert, gib ihnen den Satz »*Stop starting, start finishing*« an die Hand, um sie in einfacher Form an dieses Gesetz zu erinnern.

15.4 Hinweise für die Spielleitung

Achte darauf, dass du die Prozessschritte so wählst, dass es bewusst zu einem Engpass im System kommt. Dies kannst du tun, indem du an einer Stelle im Prozess besonders viele Faltschritte positionierst. Sonst ergibt sich kein ausreichend großer Unterschied in dieser Gruppengröße und der Zeit, in der gespielt wird.

Dieses Spiel eignet sich gut, um den Alltag im Team zu reflektieren. Mit dem Spiel als gemeinsamer Erfahrung gibt es euch die Möglichkeit, dass Situationen aus dem Spiel für Diskussionen im Alltag genutzt werden, wie z. B. Arbeit im Team besser verteilt werden kann, sodass keine Engpässe entstehen. Durch die gemeinsame Erfahrung lassen sich manche Dinge für Teams leichter in Worte fassen.

Entstehung

Dieses Spiel wird in vielen Varianten in der agilen Community weltweit gespielt. Eine eindeutige Quelle gibt es leider nicht.

Kapitel 16
Change Visionen

»Change Visionen« ist ein Planspiel mit den Methoden und Materialien aus dem Lego® Serious Play®. Es dient dazu, Maßnahmen für einen komplexen Change im Team zu planen.

Steckbrief

Funktion: Ideen entwickeln, Themen bearbeiten, Zusammenarbeit stärken

Spielidee: verschiedene Change-Szenarien durchspielen und daraus Maßnahmen ableiten

Zeitbedarf: 4–5 Stunden inklusive Auswertung

Teamgröße: 4–8

Schwierigkeitsgrad Team/Spielleitung: mittel/hoch

Aufwand für die Vorbereitung: hoch

Remote: nein

Spielmaterial zum Download: nein

16

Agilität in einem Team, Bereich oder Unternehmen einzuführen bedeutet eine weitreichende Veränderung für alle Beteiligten. Dabei werden nicht nur neue Arbeitsabläufe und -strukturen, sondern völlig neue Werte ins Leben gerufen. Die Erfolgsaussicht steigt, wenn die Veränderung selbst schon nach Agilen Prinzipien gestaltet wird. CHANGE VISIONEN hilft dir dabei, ein Team auf eine derartige Veränderung vorzubereiten und geeignete Veränderungsmaßnahmen an den Start zu bringen.

CHANGE VISIONEN läuft in zwei Phasen ab. In der ersten Phase leitest du die Spielenden an, Aspekte des Veränderungsprojekts mit Klemmbausteinen zu bauen. So entsteht eine Landschaft der Veränderung als Change Vision, die in der zweiten Phase als Spielbrett dient. In der zweiten Phase spielt die Gruppe verschiedene Change-Szenarien durch. Dabei kommen die *Fearless Change Patterns* zum Einsatz.

16.1 Vorbereitung

Die Vorbereitung von CHANGE VISIONEN ist etwas aufwendiger, weil du verschiedenartige Materialien bereitstellen und das Spiel ggf. auch inhaltlich an die Fragestellung der Spielenden anpassen musst.

CHANGE VISIONEN kombiniert zwei Methoden miteinander. Die Moderationsmethode Lego® Serious Play® (LSP) und die Fearless Change Patterns von Mary Lynn Manns und Linda Rising.

Lego® Serious Play® und Fearless Change Patterns

Lego® Serious Play® (LSP) ist eine interaktive Moderationsmethode, bei der die Teilnehmenden ihre Gedanken zum Thema mithilfe von Lego-Modellen abbilden. Diese Modelle sind das Vehikel zu einem vertieften Austausch. Die Methode nutzt aus, dass der Mensch in Bildern denkt und dass diese über den kreativen Zugang reichhaltig dargestellt werden können. Die Methode ist Open Source. Eine gute Einführung findest du hier: *https://seriousplaypro.com/about/open-source*

Die Fearless Change Patterns sind eine Sammlung von Interventionen, die du nutzen kannst, um neue Ideen einzuführen. Jedes Pattern ist eine Blaupause für eine Reihe von Situationen, in denen es wirksam sein kann. Ein Pattern heißt z. B. *Wake-up Call*. Es hat zum Ziel, eine Organisation aufzurütteln, die sich im Status quo eingerichtet hat. Dazu wird die Aufmerksamkeit auf ein Problem und dessen negative Konsequenzen gelenkt. Wie das geht, kannst du hier erfahren: *https://fearlesschangepatterns.com/pattern-example*

Du brauchst vor allem eine hinreichend große Menge an Klemmbausteinen (abhängig von der jeweiligen Teamgröße), die Fearless Change Patterns als Kartenspiel und einen Raum mit einem großen Tisch, an dem alle bequem sitzen können. Im Raum sollte auch Platz genug sein, um zwei bis drei Materialinseln aufzubauen, die von allen Seiten gut erreichbar sind.

Plane einen Vorlauf für das Kaufen der Klemmbausteine und das Herstellen der Karten ein, falls du beides noch nicht erledigt hast.

Für dieses Spiel brauchst du:

- einen großen Tisch mit einer Tischdecke aus Stoff, um den Geräuschpegel erträglich zu halten
- zwei Tische oder Ablageflächen für das Baumaterial
- Baumaterial für die Modelle (z. B. Klemmbausteine) inklusive kleiner Unterlegplatten, damit die einzelnen Modelle später leicht beweglich sind.

- ausgedruckte Fearless-Change-Patterns-Kartensets, sortiert in vier verdeckte Stapel (die Namen der Stapel lauten: »vorher«, »unterwegs«, »später«, »bei Widerstand«)
- kleine Haftnotizzettel/Fähnchen zum Markieren der Veränderungen
- Kamera und Notizzettel für die Dokumentation

Du kannst dem Spielablauf entnehmen, in welchem Schritt welches Spielmaterial zum Einsatz kommt.

Geeignetes Spielmaterial

Wir verwenden üblicherweise ein sogenanntes *Exploration Bag* pro Person sowie das Landscape and Identity Kit von Lego® (*https://www.lego.com/de-de/themes/serious-play*). Die Fearless-Change-Patterns-Karten findest du z. B. auf der Webseite zu den Fearless-Büchern (*https://fearlesschangepatterns.com/resources*).

16.2 Spielablauf Phase 1

Das Spiel ist in zwei Phasen aufgeteilt. Phase 1 besteht aus mehreren *Bauabschnitten* (siehe Abbildung 16.1). Jeder Bauabschnitt verläuft nach demselben Schema:

1. Du vergibst einen Auftrag.
2. Alle bauen daraufhin Modelle mit Klemmbausteinen.
3. Alle stellen nacheinander ihre Modelle kurz vor.
4. Ihr zieht ein gemeinsames Fazit aus dem Bauabschnitt.

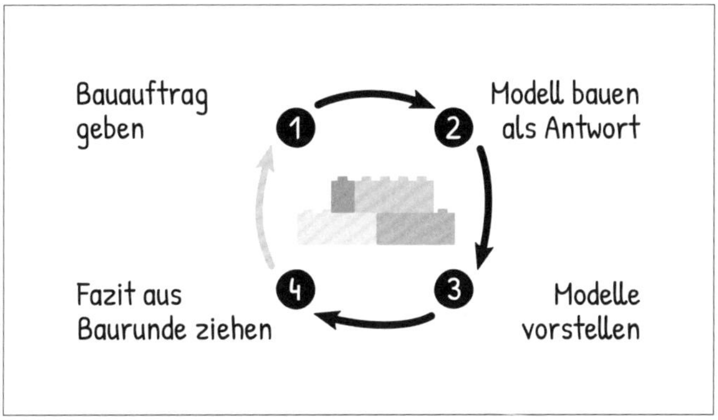

Abbildung 16.1 Die vier Schritte eines Bauabschnitts mit den Methoden und Materialien aus dem Lego® Serious Play®

In der folgenden Anleitung findest du deswegen nur die Bauaufträge. Die Schritte 2 bis 4 wiederholst du im Anschluss an jeden Bauauftrag. Die Modelle dürfen so lange nicht wieder auseinandergenommen werden, bis das Spiel beendet ist.

Skill Building aus dem Lego® Serious Play®

Ein Workshop mit den Methoden und Materialien aus dem Lego® Serious Play® startet immer mit einem sogenannten *Skill Building*. Ziel ist, den Menschen am Tisch den Einstieg in das spielerische Arbeiten zu erleichtern. Während des Skill Buildings machen sie sich mit dem Material vertraut, erfahren die Verhaltensregeln für den Workshop und lernen die Methode theoretisch und praktisch kennen.

Du kannst das Spiel DAS DING MIT DER ZEIT in Kapitel 18 dafür benutzen. Eine ausführliche Anleitung findest du auch in der Einführung unter *https://seriousplaypro.com/about/open-source*.

Schritt 1: Bau beauftragen – Wer bist du in diesem Team?

Du benötigst:

- Klemmbausteine als Baumaterial
- Kamera und Notizzettel für die Dokumentation

In diesem Schritt bauen alle Mitspielenden individuelle Modelle.

»Baue ein Modell, das zeigt, wer du in diesem Change-Vorhaben bist. Was bringst du in das Team mit ein? Was könntest du noch einbringen? Überleg dir, Funktionen in den Bau zu integrieren, die du bei der Arbeit ausübst, aber auch einige Aspekte von dir, die bislang eher verborgen waren.«

Zeitbedarf: 10 Minuten zum Bauen + 10 Minuten fürs Vorstellen und das Fazit

Schritt 2: Bau beauftragen – Was willst du bewirken?

Du benötigst:

- Klemmbausteine als Baumaterial
- Kamera und Notizzettel für die Dokumentation

»Baue ein Modell, das zeigt, was du in diesem Change-Vorhaben bewirken willst.«

In diesem Schritt bauen alle Mitspielenden wieder individuelle Modelle.

Zeitbedarf: 10 Minuten zum Bauen + 10 Minuten fürs Vorstellen und das Fazit

Schritt 3: Bau beauftragen – Wie sieht eure gemeinsame Change-Landschaft aus?

Du benötigst:

- Klemmbausteine als Baumaterial
- Kamera und Notizzettel für die Dokumentation

In diesem Schritt bauen alle gemeinsam ein großes Modell. Dazu verwendet ihr die Modelle aus Abschnitt 1 und 2.

»Baut gemeinsam ein Modell, in dem sich alle bisher gebauten Modelle wiederfinden. Setzt die Modelle zueinander in Beziehung: Wo gibt es Berührungspunkte? Thematische Cluster? Differenzen?«

Wenn die Landschaft steht, lädst du die Gruppe dazu ein, gemeinsam die Geschichte der anstehenden Veränderung zu erzählen. Du kannst daraus ein kleines Storytelling machen: Eine Person fängt an zu erzählen: »Es war einmal ...« und greift dabei einen Aspekt aus dem gemeinsamen Modell auf. Die anderen übernehmen, springen ein und ergänzen, bis die Geschichte fertig ist.

Zeitbedarf: 10 Minuten zum Bauen + 15 bis 20 Minuten zum Erzählen

Schritt 4: Bau beauftragen – Welche wichtigen Einfluss-Faktoren seht ihr?

Du benötigst:

- Klemmbausteine als Baumaterial
- Kamera und Notizzettel für die Dokumentation

In diesem Schritt werden neue individuelle Modelle gebaut und anschließend in das gemeinsame Modell integriert.

»Baut Modelle, die Aspekte von wichtigen Einflussfaktoren symbolisieren.«

Bitte die Spielenden, ihr Modell nach dem Vorstellen in der Landschaft zu platzieren.

Wenn die Einflussfaktoren integriert sind, lädst du alle ein, die Geschichte noch einmal zu erzählen bzw. diese anhand der Einflussfaktoren weiterzuentwickeln. Das Iterieren der Geschichte führt zu einem tiefen gemeinsamen Verständnis der Situation und deckt meistens darüber hinaus neue Aspekte auf.

Zeitbedarf: 10 Minuten zum Bauen + 15 bis 20 Minuten zum Erzählen

Dokumentation der Ergebnisse

Die Erfahrung zeigt, dass die Modelle und ihre Bedeutung den Spielenden sehr lange in Erinnerung bleiben. Gleichwohl solltest du dir bei der Vorstellung der Modelle ein paar

Stichworte zu dessen Bedeutung machen und im Anschluss an die Baurunde jedes Modell fotografieren oder die Spielenden bitten, dies zu tun.

16.3 Spielablauf Phase 2

In Phase 2 wird das gebaute Modell als Spielfeld genutzt und verschiedene Change-Maßnahmen und deren Wirkung darin getestet. Die Fearless Change Patterns dienen dabei als Ideenfundus. Gespielt wird in mehreren Runden, die erste Runde wird im Folgenden exemplarisch beschrieben.

Schritt 1: Fearless-Change-Patterns-Karten ziehen

Du benötigst:

- ausgedruckte Fearless-Change-Patterns-Kartensets, sortiert in vier verdeckte Stapel (*vorher, unterwegs, später, bei Widerstand*)

Du legst die vier Stapel verdeckt gut erreichbar für alle auf den Tisch. Jede Person zieht vier Karten – von jedem Stapel je eine.

Schritt 2: Fearless-Change-Patterns-Karten ausspielen

Alle haben jetzt je vier Karten auf der Hand. Nun lädst du die Spielenden ein, je eine davon auszuspielen. Ausspielen heißt hier, die Karte dort im Spielfeld zu platzieren, wo sie nach Einschätzung der Einzelnen gut hinpasst oder ihre Wirkung entfalten kann (siehe Abbildung 16.2). Dazu bietest du eines dieser Szenarien an:

»Bitte wählt aus euren Karten eine aus, ...

... die ihr mögt.

... die ihr in diesem Zusammenhang völlig verrückt findet.

... die euch an ein erfolgreiches Vorgehen im Unternehmen erinnert.

... die niemals funktionieren wird.

... die mit einem hohen Risiko behaftet ist.

... usw.

Dann platziert die Karte dort im Modell, wo sie aus eurer Sicht ihre Wirkung entfalten würde.«

Beispiele für Fearless Change Patterns

Hier sind drei Beispiele für Fearless Change Patterns:

1. Easier Path – der leichtere Weg: Verändere Faktoren im Umfeld, damit die Veränderung leichter wird.
2. Imagine That – stell dir vor: Stell die Frage »Was wäre wenn ...?« in Bezug auf eine neue Idee.
3. Pick Your Battles – wähle deine Kämpfe: Halte inne und überleg dir ganz bewusst, welche Kämpfe es wert sind, geführt zu werden, und welche nicht.

Schritt 3: Change-Szenario durchspielen

Jetzt lässt du alle nacheinander erzählen, welche Karte sie weshalb gewählt haben und welche Aktivitäten sie damit genau verbinden. Ermutige die Spielenden, das Modell zu verändern, falls die Karte dies erfordert. Hierbei ist wichtig, dass du etwaige Veränderungen mit kleinen Haftnotizzetteln oder Fähnchen markierst, damit du das Modell für die nächste Runde wieder in seine ursprüngliche Form zurückführen kannst.

Zeitbedarf: 15 bis 20 Minuten zum Erzählen und Umbauen

Abbildung 16.2 So sieht die Change-Landschaft in Runde 2 aus.

Schritt 4: Change-Szenario reflektieren

Im Anschluss leitest du eine kurze Reflexion zu dem Szenario an. Diesbezügliche Fragen könnten sein:

»Was findest du bemerkenswert an diesem Szenario? Was überrascht dich? Womit hast du gerechnet? Welche Erkenntnisse/Ideen ergeben sich hieraus für eurer Change-Vorhaben?«

Ermutige alle darin, das Szenario aus verschiedenen Perspektiven zu betrachten. Dazu kannst du gut die Einflussfaktoren nutzen, die in Schritt 4 gebaut worden sind. Häufig geht der Einfluss von einem Stakeholder aus. Die Perspektiven dieser Person einzunehmen ist oftmals erhellend. Du kannst die Erkenntnisse aus diesem Schritt für die Weiterarbeit z. B. parallel auf einem Flipchart notieren.

Zeitbedarf: 5 bis 10 Minuten zum Reflektieren

Schritt 5: Nächste Runde vorbereiten

Zum Abschluss dieser Runde müssen die Spielenden das Modell wieder in seine ursprüngliche Form zurückbauen. Die Markierungen aus Schritt 3 helfen dabei. Anschließend nehmen alle Teilnehmenden wieder neue Fearless-Change-Patterns-Karten auf.

Ende des Spiels

Das Spiel endet, wenn das Team mehrere Szenarien durchgespielt hat. Wie viele tatsächlich gespielt werden, machst du von der jeweiligen Situation abhängig:

- Wie viel Zeit steht euch zur Verfügung?
- Bringt ein neues Szenario noch wichtige neue Erkenntnisse?
- Sind alle noch aufmerksam genug?

16.4 Auswertung

Die inhaltliche Auswertung geschieht im Rahmen des Spiels:

- am Ende der Baurunden zu den Modellen
- beim Zusammensetzen des Spielfelds und dem gemeinsamen Erzählen der Geschichte
- beim Durchspielen der Fearless-Szenarien auf dem Spielplan

16.5 Hinweise für die Spielleitung

Phase 1

Achte darauf, dass die Modelle so gebaut werden, dass sie gut transportiert oder verschoben werden können. Das ist wichtig, um die Modelle in Schritt 3 in ein gemeinsames Modell zu integrieren. Dein Baumaterial sollte dafür (Grund-)Platten in allen möglichen Größen enthalten.

Wenn das Team die Geschichte der Veränderung erzählt, kann es sein, dass es zwei oder drei Anläufe braucht, bis ein roter Faden erkennbar wird. Das ist ganz normal, und du solltest die Gruppe ermutigen, es ruhig noch einmal zu versuchen, wenn es nicht auf Anhieb funktioniert.

Der »Flow« der Story ist sehr wertvoll für die Umsetzung der Veränderung. Alle wichtigen Aspekte werden in dieser Erzählung zusammengetragen und in eine Erzähllogik gebracht, die sich später immer wieder verwenden lässt. Frag die Gruppe, ob sie einverstanden ist, wenn du die Erzählung mitfilmst oder die Tonspur aufzeichnest. Fertige im Anschluss ein Transkript an.

Phase 2

Auf den Spielkarten steht jeweils nur ein kurzer Satz zu den Fearless Change Patterns. Du solltest dich im Vorfeld mit allen Patterns, die du im Spiel einsetzen möchtest, vertraut machen, indem du z. B. die kurzen Beschreibungen auf der Webseite von Mary Lynn Manns und Linda Rising liest (*https://fearlesschangepatterns.com/resources*) und dir Beispiele zu den Patterns überlegst. So bist du auf Nachfragen gut vorbereitet und kannst auch inhaltliche Impulse beisteuern, falls die Spielenden selbst nicht weiterkommen.

Dieses Spiel kann sehr anstrengend sein, weil die Spielenden über mehrere Stunden hoch konzentriert arbeiten. Sorge für ausreichend Pausen (zumindest zwischen den beiden Phasen) und viel frische Luft.

Entstehung

Die Fearless Change Patterns wurden von Mary Lynn Manns und Linda Rising gesammelt und beschrieben. Die Idee, sie mit den Methoden und Materialien aus dem LSP zu verbinden, entstand nach Jans Ausbildung zum LSP Facilitator bei Per Kristiansen und wurde anschließend von Julia weiterentwickelt.

Kapitel 17
Cynefin-Tangram

»Cynefin-Tangram« ist ein Simulationsspiel in vier Runden. Jede Runde steht für ein Feld des Cynefin-Modells und vermittelt je einen der Zustände: einfach, kompliziert, komplex und chaotisch.

Steckbrief

Funktion: agiles Konzept begreifen, Backlog verfeinern, Kommunikation verbessern

Spielidee: unter verschiedenen Bedingungen möglichste viele Tangram-Figuren legen

Zeitbedarf: 90 Minuten inklusive Auswertung zwischen den Runden

Teamgröße: 9 oder 12

Schwierigkeitsgrad Team/Spielleitung: hoch/hoch

Aufwand für die Vorbereitung: mittel

Remote: nein

Spielmaterial zum Download: ja

Das Cynefin-Modell (siehe Abschnitt 2.1) ist in der agilen Szene sehr verbreitet. Um herauszufinden, ob agiles Vorgehen für eine bestimmte Fragestellung geeignet ist oder nicht, ist es hilfreich, Sicherheit im Umgang mit dem Cynefin-Modell zu bekommen. Dazu kannst du CYNEFIN-TANGRAM nutzen. *Tangram* ist ein jahrtausendealtes Legespiel, das aus sieben geometrischen Teilen besteht, die zu Figuren zusammengelegt werden müssen. In unserer Variante werden in vier Runden Tangram-Figuren gelegt. Dabei veränderst du in jeder Runde die Rahmenbedingungen für die Spielenden, sodass die im Cynefin-Modell beschriebenen Zustände entsprechend erlebbar gemacht werden. Mit diesem Wissen lassen sich auch die Einträge im Backlog besser sortieren.

17.1 Vorbereitung

Die Vorbereitung von CYNEFIN-TANGRAM ist relativ einfach: Du druckst lediglich eine Reihe von Tangram-Sets auf buntem Papier aus (siehe Abbildung 17.1).

Die Herausforderung für dich als Spielleitung liegt in der Logistik während des Spielens. Deswegen solltest du das Spiel vorab, zumindest im Kopf, mehrfach durchspielen und dir auch in dem Raum, in dem das Spiel stattfinden wird, in Ruhe vergegenwärtigen, wie du die Gruppenarbeiten arrangieren willst.

Abbildung 17.1 Beispiele für Tangram-Figuren

Für dieses Spiel brauchst du:

- drei Tische für die Gruppenarbeit
- ein Poster mit dem Cynefin-Modell
- drei Stapel Tangram-Sets in drei Farben (zehn pro Stapel) – für jeden Spieltisch eine Farbe
- eine Schere pro Person
- Vorlagen für drei verschiedene Figuren mit Lösungsskizze
- Vorlagen für zwei verschiedene Figuren ohne Lösungsskizze
- zwölf »Chaos Monkey«-Ereigniskarten
- eine Stoppuhr

Du kannst dem Spielablauf entnehmen, in welchem Schritt welches Spielmaterial zum Einsatz kommt.

»Chaos Monkey«-Ereigniskarten

Die Idee für die »Chaos Monkey«-Ereigniskarten entstammt dem Chaos Engineering. Dazu gibt es ein wunderbares Zitat von Antonio García Martínez: »Stellen Sie sich einen

Affen vor, der ein ›Datenzentrum‹ betritt, diese ›Farmen‹ von Servern, die alle kritischen Funktionen unserer Online-Aktivitäten hosten. Der Affe zerreißt wahllos Kabel, zerstört Geräte und wirft alles durch die Gegend, was ihm gerade in die Finger kommt (...). Die Herausforderung für IT-Manager besteht darin, das Informationssystem, für das sie verantwortlich sind, so zu gestalten, dass es trotz dieser Affen funktionieren kann, von denen niemand weiß, wann sie kommen und was sie zerstören werden.« Hier wird also versucht, das Chaos abzufangen, indem es bewusst provoziert wird. Für das Spiel können folgende Aktionen (Affen) den gewünschten Effekt bringen:

- Alle Karten der Farbe 1 müssen aus dem Spiel genommen werden.
- Alle Karten der Farbe 2 müssen aus dem Spiel genommen werden.
- Alle Karten der Farbe 3 müssen aus dem Spiel genommen werden.
- Alle müssen ihre Arbeit stehen und liegen lassen und den Platz wechseln.
- Es darf nicht mehr gesprochen werden.
- Die Hälfte der Gruppe darf nicht weiterarbeiten und auch nichts sagen.
- Fünf Dreiecke müssen aus den fertigen Figuren genommen werden.
- Drei Rechtecke müssen aus den fertigen Figuren genommen werden.
- Alle sprechen verschiedene Sprachen oder Dialekte (außer Hochdeutsch).
- Alle dürfen nur noch mit der linken Hand arbeiten.

Natürlich kannst du dir auch individuelle »Affen« ausdenken.

17.2 Spielablauf

Schritt 1: Spielregeln erläutern

Du benötigst:

- drei Tische für die Gruppenarbeit
- ein Poster mit dem Cynefin-Modell

Du führst kurz das Cynefin-Modell ein (siehe Abschnitt 2.1) und erläuterst dann das Ziel des Spiels: in jeder Runde so viele Tangram-Figuren zu legen wie möglich.

»Ich veranstalte jetzt einen Tangram-Wettbewerb mit euch. In vier Runden geht es darum, jeweils so viele Figuren wie möglich zu legen. Von Runde zu Runde ändern sich die Vorgaben, sodass ihr immer wieder neue Strategien entwickeln müsst. Jetzt verteilt euch bitte gleichmäßig an den drei Spieltischen.«

Schritt 2: Den Zustand »einfach« erleben

Du benötigst:

- drei Stapel Tangram-Sets in drei Farben – für jeden Spieltisch eine Farbe
- eine Schere pro Person
- Vorlagen für drei verschiedene Figuren mit Lösungsskizze

Die Aufgabe ist einfach: Du bittest die Spielenden an jedem Tisch, möglichst viele Figuren laut Vorlage zu produzieren. Die Teams bekommen dazu jeweils eine Minute Planungszeit und drei Minuten Produktionszeit.

Die Runde geht an das Team mit den meisten fertigen Figuren.

Am Ende der Runde sammelst du die Vorlagen mit den Lösungen wieder ein, damit in der nächsten Runde nicht geschummelt werden kann. Die ausgeschnittenen Tangram-Teile verbleiben an den Tischen.

Schritt 3: Den Zustand »kompliziert« erleben

Du benötigst:

- die ausgeschnittenen Tangram-Teile aus Schritt 2
- Vorlagen für die drei verschiedene Figuren ohne Lösungsskizze

Wieder bittest du darum, möglichst viele Figuren laut Vorlage zu produzieren. Die Aufgabe ist nun allerdings komplizierter, denn jedes Team bekommt eine neue Figur ohne Lösungsskizze. Allerdings darf die Expertise von den anderen Teams eingeholt werden. Die Teams bekommen wieder eine Minute Planungszeit und drei Minuten Produktionszeit.

Die Runde geht wieder an das Team mit den meisten fertigen Figuren.

Am Ende der Runde notierst du, wie viele Figuren gebaut worden sind. Dann sammelst du alle Tangram-Teile, die verbaut wurden, ein. Ein vollständiges Tangram-Set besteht aus 7 Teilen, du hast also jetzt siebenmal die Anzahl der Figuren an Tangram-Teilen bei dir. Du mischst die Teile nun gründlich durch und nimmst wahllos ein paar Teile heraus – und zwar so, dass das Team die Teile nicht sieht.

Teile, die in Runde 3 nicht verbaut wurden, nimmst du aus dem Spiel.

Schritt 4: Den Zustand »komplex« erleben

Du benötigst:

- die verbauten Tangram-Teile aus Schritt 3 (ohne die Teile, die du entnommen hast)
- Vorlagen für eine völlig neue Figur ohne Lösungsskizze
- Vorlagen für die drei bekannten Figuren ohne Lösungsskizze

Jetzt wird es komplex – auch für dich als Spielleitung. Du legst alle Teile auf einen der Tische, sodass sich die Teams alle von diesem einen Stapel bedienen müssen. Die Teams arbeiten jetzt nämlich alle zusammen, und es gibt eine zusätzliche, völlig neue Figur. Auch das Ziel ändert sich:

- Von jeder der vier Figuren muss mindestens eine gebaut werden.
- Es muss eine Zielzahl von <Anzahl Figuren> (aus Schritt 3) gebaut werden.

Die Teams bekommen jetzt drei Minuten Planungszeit und dürfen so lange bauen, bis sie fertig sind. Du kannst hier auch eine großzügige Timebox wählen, z. B. 15 Minuten.

Als besondere Herausforderung hast du bei dieser Runde Teile entfernt. Die einzelnen Tangram-Spiele sind also nicht vollständig. Das wissen die Teams aber nicht.

Diese Runde geht an alle, wenn die maximal mögliche Zahl an Figuren gebaut wird. Du kannst auch Extra-Punkte vergeben, z. B. für:

- effektive Arbeitsteilung
- Bemerken und Ansprechen von Problemen (»Hier fehlen Teile!«)
- um die Ecke denken (z. B. Figuren aus mehreren Farben)

Schritt 5: Den Zustand »chaotisch« erleben

Du benötigst:

- alle Tangram-Teile, die bisher produziert worden sind
- »Chaos Monkey«-Ereigniskarten
- Vorlagen für eine völlig neue Figur ohne Lösungsskizze
- Vorlagen für die vier bekannten Figuren ohne Lösungsskizze
- eine Stoppuhr

In dieser Runde wird das Chaos ausbrechen. Die Teams arbeiten wieder alle zusammen. Das Ziel wird geringfügig verändert:

- Es gibt eine neue Figur.
- Es müssen möglichst viele Figuren gebaut werden.
- Jede Figur muss in gleicher Häufigkeit gebaut werden.

Du bestimmst eine Person zum Chaos Monkey. Alle anderen bekommen wieder drei Minuten Planungszeit und haben zehn Minuten Zeit, die Figuren zu produzieren.

Der Chaos Monkey erhält die Stoppuhr und den Stapel mit den Ereigniskarten. Seine Aufgabe ist, alle 60 Sekunden eine Karte aufzudecken, vorzulesen, was darauf notiert ist, und dafür zu sorgen, dass die Aufgabe ausgeführt wird.

Die letzte Runde endet nach Ablauf der festgelegten Zeit.

17.3 Auswertung

Die Auswertung findet jeweils nach jeder Runde statt. Dazu bieten sich diese Fragen an:

- Wie habt ihr die Runde erlebt?
- Welche Strategie hat euch weitergebracht?
- Was hat euch weitergeholfen?
- Was hat nicht funktioniert?
- Welche Unterschiede zur Runde zuvor sind euch aufgefallen? (Diese Frage macht natürlich erst ab Runde 2 Sinn.)
- Wie ist es dir als Chaos Monkey ergangen? (Diese Frage stellst du am besten in Runde 4.)

Zum Abschluss kannst du z. B. in eine Übung überleiten, in der es darum geht, die eigene Arbeit mit dem Cynefin-Modell zu untersuchen:

- Wo würde ich Aspekte meiner eigenen Arbeit/unserer Projektaufgabe in dem Modell einordnen?
- Welche Strategie verfolge ich dabei aktuell?
- Was würde sich verändern, wenn ich die Strategien aus dem Cynefin-Modell verwendete?

Das Cynefin-Modell hat noch ein fünftes Feld, das im Spiel nicht berücksichtigt wird. Es heißt »unbestimmt« und beschreibt den Zustand, zu dem wir noch nicht ausreichend

Informationen über einen Sachverhalt haben, um ihn anhand des Modells einschätzen zu können. Es bietet sich an, diesen Zustand zum Zeitpunkt des Abschlusses der Auswertung kurz einzuführen, um das Modell zu vervollständigen.

17.4 Hinweise für die Spielleitung

Als Spielleitung solltest du das Cynefin-Modell entweder sattelfest beherrschen oder offen damit umgehen, dass du dich selbst noch in der Phase des Lernens befindest. Hilfreich wäre, wenn du dir für die einzelnen Felder je ein Beispiel aus eurem Joballtag überlegen würdest, sodass du in der Lage bist, während des Spiels Brücken zu euren echten Aufgaben zu bauen.

Je nach Situation und Kenntnisstand kannst du das Modell vor dem Spielbeginn auch kurz vorstellen.

In Schritt 4 musst du ggf. den Chaos Monkey beschützen. Er wird ein paar Aktionen ausführen, die der Gruppe »Ärger« bereiten werden. Falls sich hier Unmut aufbaut, mach darauf aufmerksam, dass er für die Gruppe eine wichtige Rolle übernommen hat, und sorge hier für Klarheit und Wertschätzung. Deswegen solltest du der Person, die die Rolle des Chaos Monkeys übernimmt, in der Auswertung der vierten Runde auch eigens Raum geben, um die Erfahrungen zu reflektieren. Eine gute Praxis ist es, nach Rollenspielen die Person bewusst aus ihrer Rolle zu entlassen. Bitte die Person dazu, sich zu »entrollen«. Dazu kann sie sich z. B. schütteln oder einmal um die eigene Achse drehen und dabei laut sagen: »Ich bin wieder <der eigene Name>.«

Das Spiel ist logistisch anspruchsvoll, weil du insbesondere für die Schritte 3 und 4 nichts durcheinanderbringen solltest. Gruppen neigen dazu, Schlupflöcher auszunutzen:

- Solltest du ein Schlupfloch geöffnet haben, das in eine noch komplexere oder chaotischere Situation führt, ist das kein Problem.
- Wenn dies die Situation aber einfacher macht als gedacht, geht leider der Lerneffekt verloren, weil sich die Zustände dann nicht mehr gut voneinander unterscheiden lassen.

Entstehung

Julia hat dieses Spiel für ein Grundlagentraining zu agilen Konzepten entwickelt.

Kapitel 18
Das Ding mit der Zeit

»Das Ding mit der Zeit« ist ein kurzes Bastelspiel mit Klemmbausteinen. Es hilft einem Team, sich das eigene Zeitverständnis bewusst zu machen, um z. B. zu einer höheren Liefersicherheit zu kommen.

Steckbrief

Funktion: Arbeitsprozess verbessern, Kommunikation verbessern, Zusammenarbeit stärken

Spielidee: die eigene Wahrnehmung von Zeit als Modell aus Klemmbausteinen sichtbar machen

Zeitbedarf: 30 Minuten inklusive Auswertung in den Runden

Teamgröße: 8–12, skalierbar für größere Gruppen

Schwierigkeitsgrad Team/Spielleitung: leicht/leicht

Aufwand für die Vorbereitung: gering

Remote: ja

Spielmaterial zum Download: nein

Zeit spielt bei vielen Aufgaben eine wichtige Rolle. Wie lange dauert etwas? Wann können wir liefern? Wie viel Zeit planen wir ein? Dabei gehen die meisten Menschen nahezu selbstverständlich davon aus, dass alle dasselbe Zeitverständnis haben. Unserer Erfahrung nach ist es jedoch keineswegs so, und daraus entsteht eine Menge ungewollte Konflikte – vor allem bei lern- oder planungsintensiven Vorhaben. DAS DING MIT DER ZEIT ist ein kurzes Spiel, mit dem sich ein (Projekt-)Team das eigene Zeitverständnis klarmacht und Rückschlüsse für die Arbeit ziehen kann. Es folgt die *1-2-4-alle-Struktur* aus der Sammlung *Liberating Structures*.

Liberating Structures

Die *Liberating Structures* (*https://liberatingstructures.de*) von Keith McCandless und Henri Lipmanowicz sind kleine Moderationsstrukturen, die vor allem in selbstorganisierten Zusammenhängen eine effektive Wirkung entfalten können.

1-2-4-alle ist eine dieser Strukturen und beschreibt das Muster, nach dem Informationen ausgetauscht werden: Erst allein (1) nachdenken, dann mit einer anderen Person austauschen (2), dann zwei Paare zusammenbringen (4) und schließlich mit allen sprechen, z. B. in einem großen Kreis.

Diese Struktur ist unglaublich vielseitig und kann im Prinzip in Gruppengrößen von 8 bis 200 eingesetzt werden.

18.1 Vorbereitung

Der Aufwand für die Vorbereitung hängt von der Gruppengröße ab. Bei einer kleinen Gruppe kannst du einfach ein oder zwei Materialinseln bereitstellen, und alle wählen daraus aus, was sie benötigen. Bei größeren Gruppen (ab zwölf Personen) oder auch in engeren Räumen und bei Reihenbestuhlung bietet es sich an, für alle kleine Tüten mit einer Auswahl an Steinen zusammenzustellen. Butterbrottüten aus Papier eignen sich dafür sehr gut.

Für dieses Spiel brauchst du:

- gut zwei Handvoll Klemmbausteine für jede Person mit möglichst abwechslungsreichen Steinen (50 Steine pro Person)
- ggf. Spielunterlagen, z. B. neutrale Pappteller (wenn nicht alle an Tischen sitzen)
- zwei Begriffe aus dem Themengebiet der Gruppe, z. B. Machine Learning/Softwarearchitektur
- ggf. dicke schwarze Filzstifte und Haftnotizzettel, um Erkenntnisse zu sichern

Du kannst alle Spielmaterialien von Anfang an bereitlegen.

»Das Ding mit der Zeit« remote

Das Ding mit der Zeit kann gut per Videokonferenz gespielt werden. Du musst nur dafür sorgen, dass alle ausreichend Klemmbausteine zur Verfügung haben. Alternativ können auch Gegenstände aus der Schreibtischschublade (Büroklammern, Tesafilm, Stifte usw.) zum Bauen verwendet werden.

18.2 Spielablauf

Schritt 1: Das Spiel erläutern

Du erläuterst das Ziel des Spiels – sich im Team mit der unterschiedlichen Wahrnehmung von Zeit vertraut zu machen – und erklärst, dass im Spiel die Antworten symbolhaft mit Klemmbausteinen dargestellt werden.

Schritt 2: Mit dem Spielmaterial vertraut machen

Zur Aufwärmung bittest du alle, sich jeweils 13 Steine aus ihrem eigenen Vorrat zu nehmen und irgendetwas daraus zu bauen. Dafür gibst du ihnen zwei Minuten Zeit. Dann lädst du zu einer kurzen Improvisationsübung ein:

»Ihr habt sehr kreative Modelle gebaut. Was ihr nicht wusstet: <Person A> neben <Person B> hat umfassende Expertise zu <Begriff A> und erläutert ihr jetzt kurz anhand ihres Modells einen Aspekt davon.« ... Fünf Minuten später bittest du die beiden, die Rollen zu tauschen: »Tauscht bitte die Rollen. Die andere Person verfügt dabei über erhebliches Know-how zu <Begriff B>.«

Du kannst hier auch Spaßbegriffe verwenden wie z. B. *Hühnerzucht, Sommermode des Jahres, Raumfahrt, Ehe, Weinbau, moderne Architektur*. Es geht nur darum, über das Modell ins Gespräch miteinander zu kommen.

18

Schritt 3a: Den eigenen Zeitbegriff bauen (»1«)

Du bittest alle, ihre Modelle wieder auseinanderzunehmen. Wenn du magst, kannst du ein paar begleitende Worte dazu sagen, weshalb du hier und heute zum Thema Zeit spielen willst. Dann stellst du einen Bauauftrag:

»Baue ein Modell, das widerspiegelt, wie du Zeit wahrnimmst.«

Schritt 3b: Die Zeitbegriffe erläutern (»2«)

Nun bittest du alle, Paare zu bilden und sich gegenseitig anhand der Modelle ihre Wahrnehmung von Zeit zu schildern:

»Stellt euch die Modelle kurz gegenseitig vor. Diskutiert dann miteinander: Was bedeuten Unterschiede und Gemeinsamkeiten für eure Zusammenarbeit? Worauf solltet ihr bei der Arbeit achten?«

Schritt 4: Ideen entwickeln (»4«)

Jetzt bilden die Paare Vierergruppen und verfeinern ihre Ansätze für die Teamarbeit:

»Welche konkreten Ideen und Maßnahmen schlagen wir vor?«

Schritt 5: Ideen zusammenbringen (»alle«)

Zum Abschluss kannst du ein Kreisgespräch über das Thema Zeit im Team führen und Ansätze für den Umgang mit Zeit, z. B. bei Planungsaufgaben, sammeln. Je nachdem, wie wichtig es ist, dass das Team hier eine gemeinsame Vereinbarung trifft, kannst du auch eine Methode zum Konsentieren einsetzen, z. B. eine einfache Daumenwahl (siehe »Vereinbarungen treffen« in Abschnitt 7.2, »Für psychologische Sicherheit sorgen«).

Ende des Spiels

Das Spiel endet nach dem Austausch über Ideen und Maßnahmen zum Umgang mit Zeit während der Zusammenarbeit.

18.3 Auswertung

Nach der inhaltlichen Auswertung, die als Teil des Spiels stattfindet, kannst du das Team noch fragen, wie es ihm mit dieser Art zu arbeiten ergangen ist.

18.4 Hinweise für die Spielleitung

Achte darauf, dass nicht lange nachgedacht wird. Der Trick bei dieser Art Spiel ist, dass die Antworten möglichst intuitiv und spontan zum Ausdruck kommen. Das gelingt, indem du die Spielenden immer wieder freundlich aufforderst, sofort loszulegen und nicht lange zu überlegen.

Entstehung

Julia hat dieses Spiel für einen Vortrag auf einer internationalen IT-Konferenz in Amsterdam entwickelt, und seitdem setzen wir es gern zum Projektstart ein.

Kapitel 19
Fang den PeOh!

»Fang den PeOh!« ist ein Rollenspiel. Die Spielenden schlüpfen abwechselnd in die Product-Owner-Rolle und in eine von vielen Stakeholder-Rollen. Sie üben und reflektieren dabei, wie sie agil kommunizieren können.

Steckbrief

Funktion: Kommunikation verbessern, Rollen erleben, Stakeholder einbeziehen

Spielidee: typische Gespräche in der Product-Owner-Rolle führen

Zeitbedarf: 30 Minuten

Teamgröße: 3, für parallele Gruppen geeignet

Schwierigkeitsgrad Team/Spielleitung: leicht/leicht

Aufwand für die Vorbereitung: gering

Remote: ja

Spielmaterial zum Download: ja

Die Product-Owner-Rolle (häufig als *PO* abgekürzt, gesprochen: *pe-oh*) bringt viele spannende Kommunikationsaufgaben mit sich. Gespräche mit Stakeholdern führen, Workshops mit Anwenderinnen oder Kunden moderieren, bereichsübergreifende Abstimmungen zum Vorgehen treffen, Frage und Antwort stehen. Da kommt einiges zusammen. FANG DEN PEOH! schafft einen spielerischen Rahmen, um sich mit diesen Aspekten der Product-Owner-Rolle auseinanderzusetzen und das Verständnis für den Handlungsrahmen dieser agilen Rolle zu schärfen.

In dem Spiel geht es darum, in der Product-Owner-Rolle für ein fiktives Unternehmen tätig zu werden. Dieses Unternehmen ist ein regionaler Energiedienstleister. Es will für seine Belegschaft ein E-Bike-System aufbauen. Das Spiel beginnt mit der *Produktvision* für dieses Vorhaben (siehe Abbildung 19.1) und alle, die mitspielen, nehmen nacheinander die Product-Owner-Rolle ein und müssen kurze agile Gesprächsabenteuer überstehen.

19.1 Vorbereitung

Du druckst für jedes Dreierteam einen Satz Spielkarten aus und schneidest die Karten zurecht. Wir empfehlen etwas festeres Papier in DIN A6, dann sind die Karten gut zu lesen. Um den Spielrahmen detaillierter zu vermitteln, kannst du auch die Produktvision als Poster ausdrucken oder an die Wand projizieren.

Für dieses Spiel brauchst du:

- ein Kartenspiel pro Dreiergruppe
- Produktvision für alle sichtbar im Raum

Du kannst alle Spielmaterialien von Anfang an bereitlegen.

»Fang den PeOh!« remote

Du kannst Fang den PeOh! remote spielen, wenn du ein Videokonferenzsystem hast, mit dem du Kleingruppen einrichten kannst. Jede Kleingruppe bekommt die Karten als Datei. Statt Karten zu ziehen, scrollen die Teams dann schnell durch die Karten, bis jemand »Stopp!« sagt.

19.2 Spielablauf

Schritt 1: Rahmen erläutern und Gruppen bilden

Du erläuterst das Ziel des Spiels – den Stakeholder in der Rolle als PeOh durch geschickte Kommunikation zu überzeugen – und die Spielregeln.

»Bitte stellt euch im Halbkreis um mich herum, sodass ich euch das Spiel erklären kann.

Ihr spielt jetzt gleich eine Partie ›Fang den PeOh!‹. Das ist ein Mini-Fantasy-Rollenspiel, in dem ihr in der Product-Owner-Rolle unterwegs seid und euch agil bewähren müsst. Ihr werdet im Spiel in typische Product-Owner-Gesprächssituationen geraten.

Stellt euch vor, ihr seid alle bei einem regionalen Energie-Unternehmen angestellt, das stolz darauf ist, besonders innovativ und umweltfreundlich zu sein. Eure Vorstandsvorsitzende Dr.-Ing. Regine Rad hat eine neue Idee, die ihr mit eurem Produktteam umsetzen sollt: E-Bikes für die Belegschaft. Zum Pendeln zwischen euren drei Standorten, aber auch für Servicefahrten oder Stromablesetermine. Es geht um betriebliche Gesundheit, Employer Branding und Einsparpotenziale bei Dienstwagen und Parkplatzflächen.

Es ist gerade halb eins, und ihr seid auf dem Weg in die Kantine. Plötzlich läuft euch eine Kollegin oder ein Kollege über den Weg: »Gut, dass ich dich gerade treffe, ich hab da mal eine Frage …«

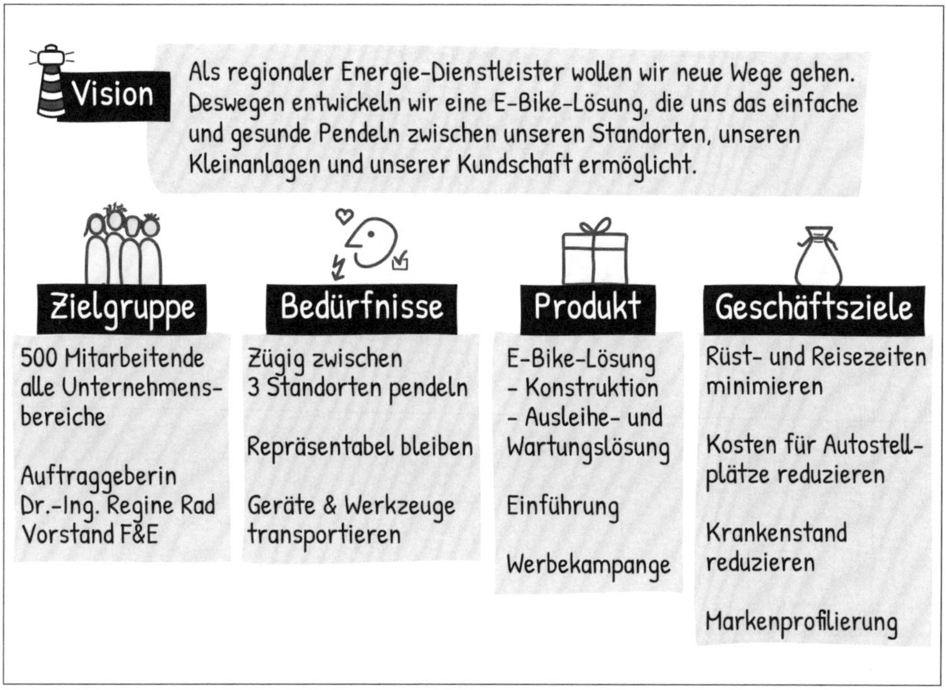

Abbildung 19.1 Die Produktvision für das E-Bike

Schritt 2: Gruppen einteilen und Spielregeln erläutern

»Bitte tut euch zu dritt zusammen und verteilt euch im Raum. Wenn es nicht aufgeht, könnt ihr auch zu viert spielen, dann setzt eine Person jeweils aus, bzw. beobachtet mit.

Jede Gruppe bekommt einen Stapel Karten von mir. Jede Karte steht für eine Person aus eurem Unternehmen und ihr Anliegen zu eurem Produkt, dem E-Bike.

Das Spiel geht so: Eine Person schlüpft in die Product-Owner-Rolle und versucht, das Gespräch gleich mit einer möglichst agilen Haltung zu führen.

Die zweite Person zieht eine Karte, liest kurz, was darauf steht, schlüpft in die dort beschriebene Rolle und gibt den Inhalt der Karte in eigenen Worten wieder: ›Gut, dass ich dich treffe. Du bist doch für das E-Bike zuständig? Ich bin <Rolle auf der Karte> und mache mir Gedanken zu <Anliegen auf der Karte> …‹ Nun versuchst du in der Product-Owner-

Rolle, auf dieses Anliegen eine möglichst agile Antwort zu geben (siehe Abbildung 19.2). Dazu kannst du dich dabei an den Aufgaben der Product-Owner-Rolle orientieren.«

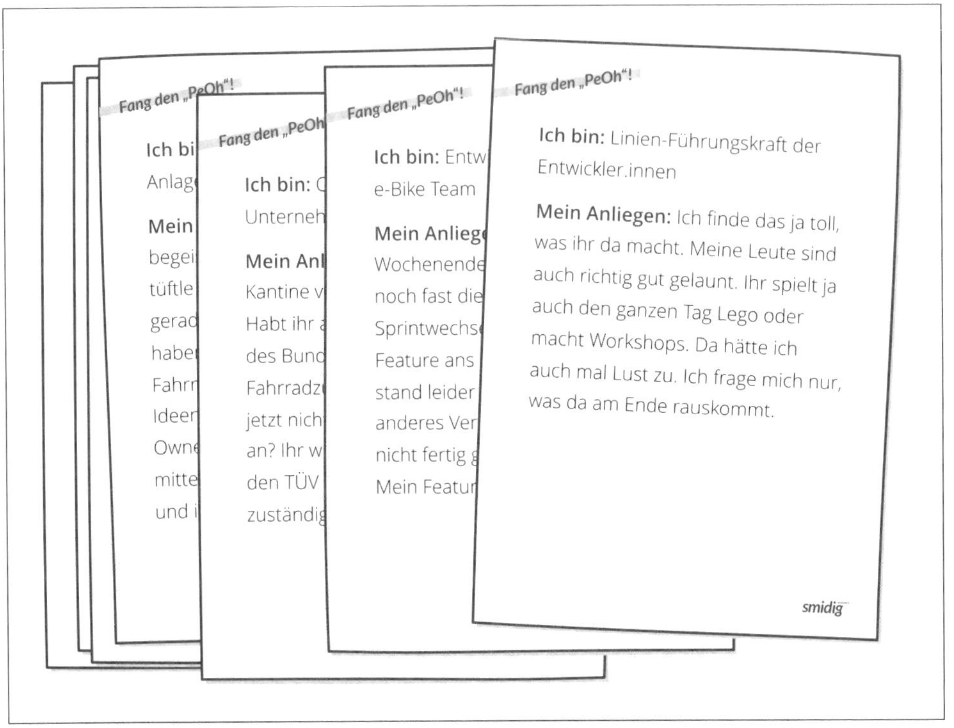

Abbildung 19.2 Beispiele für Anliegen der Stakeholder des E-Bikes

Schritt 3: Feedback geben

Nach dem Gespräch legt ihr eine kurze Feedback-Runde ein. Zuerst aus der beobachtenden Rolle:

- Was hast du wahrgenommen?
- Wie agil hast du das Gespräch erlebt?

Dann aus den anderen beiden Rollen (Product Owner und Stakeholder):

- Wie ist es dir in deiner Rolle ergangen?
- Was fiel dir leicht? Was war schwierig?
- Wie agil hast du dich selbst erlebt?

Danach wechselt ihr die Rollen im Uhrzeigersinn, zieht eine neue Karte und führt ein weiteres Gespräch usw.

In die Gruppen hineinhorchen

Gehe von Gruppe zu Gruppe umher: *»Habt ihr die Spielanleitung verstanden? ... Gibt es Fragen? ... Denkt bitte an die kurzen Auswertungen ... Ich würde in dieser Situation so reagieren (siehe Lösungen) ...«*

So bekommst du ein Gefühl dafür, was Strategien sind, die diskutiert werden sollten und worauf du in der Auswertungsrunde am Ende Bezug nehmen kannst.

Ende des Spiels

Das Spiel endet, wenn alle mindestens zweimal in jede der drei Rollen geschlüpft sind oder alternativ nach einem vorgegebenen Zeitfenster.

19.3 Auswertung

Je nachdem, in welchem Zusammenhang du das Spiel einsetzt, bieten sich verschiedene Varianten zur Auswertung an.

Eine Möglichkeit ist, die Erfahrungen aller noch einmal im gesamten Team zu teilen und dabei bestimmte Aspekte hervorzuheben, z. B.

- wie facettenreich die Product-Owner-Rolle sein kann,
- wie ihr gutes Feedback gebt oder
- im Sinne der agilen Haltung agiert.

Auch ein Sharing ist sinnvoll:

- Wo habe ich Ähnliches im echten Leben erlebt?
- Was bedeutet das für mich und unsere Arbeit im Team?

Du kannst das Spiel in Trainings einsetzen, um Menschen auf die Product-Owner-Rolle vorzubereiten, oder auch, um die Kommunikation mit Stakeholdern zu üben. Es eignet sich auch für Retrospektiven, wenn das Team insgesamt noch kein klares Rollenverständnis hat.

Was heißt möglichst agil antworten?

Hier sind ein paar Verhaltensweisen, auf die du als Spielleitung im Spiel hinweisen kannst:

- Diskutiere Anliegen und Wünsche nicht weg, sondern mache klar, dass sie durch die Product-Owner-Rolle priorisiert werden.

- Die Entscheidungen und der Fokus, die die Person in der Product-Owner-Rolle setzt, gelten – auch wenn es dir nicht gefällt. Du kannst das Review nutzen, um deine Sicht einzubringen und die strategische Richtung gemeinsam zu diskutieren.
- Es gilt, Stakeholder in den direkten Austausch zu bringen (z. B. im Review), um bei allen ein Verständnis für die abzuwägenden Interessen und ein realistisches Verständnis der Möglichkeiten zu entwickeln.
- Stakeholder werden in die passenden Arbeitsmeetings eingeladen: Review, Refinement und Sprint-Planung sind alles gute Gelegenheiten, um fokussiert und im engen Kontakt mit allen Beteiligten Informationen zu teilen und Entscheidungen zu treffen.
- Du kannst die im agilen Prozess innewohnende Transparenz nutzen, statt indirekt über Pläne, Berichte und Schätzungen zu kommunizieren. Stakeholder lasse sich gut in die Aufbereitung und die Priorisierung im Backlog miteinbeziehen.
- Alle Einschätzungen, egal, ob aus der Product-Owner-Rolle, von Stakeholdern, Teammitgliedern oder dem Vorstand, sind zunächst (begründete) Vermutungen, solange wir sie nicht validieren können. Es gilt erst einmal, herauszufinden, wie sich mehr über ein Thema lernen lässt, bevor im großen Stil Zeit, Geld und Arbeitskraft investiert wird.

19.4 Hinweise für die Spielleitung

Das Spiel ist als Rollenspiel angelegt. Deswegen ist es wichtig, hier handwerklich sauber zu arbeiten, weil es sonst passieren kann, dass ein Teammitglied auf einer Rolle sitzen bleibt. Das geschieht z. B. dann, wenn ich in der Rolle einen Teil von mir gezeigt habe, den ich nicht zeigen wollte, oder die Rolle ein tiefergehendes Gefühl oder einen weitreichenden Gedanken angeregt hat.

Achte deswegen darauf, dass nach den Gesprächssequenzen auch, wie beschrieben, die Feedback-Runden durchlaufen werden, also Feedback aus der Beobachtung und Feedback aus den Rollen gegeben wird.

Das Ende von Rollenspielen

Es empfiehlt sich nach Rollenspielen allgemein ein symbolisches Entrollen. Dazu bittest du alle am Ende, gemeinsam eine Geste zu machen und dabei zu sagen (oder zu denken): »Ich bin wieder ich selbst«. Als Gesten bieten sich z. B. Abschütteln, Abstreifen oder sich einmal um die eigene Achse zu drehen an.

Entstehung

Julia und Jan haben FANG DEN PEOH! ursprünglich für ein Product-Owner-Training entwickelt. Die Idee war, die Aufgabenvielfalt dieser Rolle wie ein großes Abenteuer aufzufassen und in eine Art Fantasy-Rollenspiel zu übersetzen. Wir hatten dabei insbesondere Menschen vor Augen, die sich häufig heldinnenhaft verhalten müssen, um in noch nicht allzu agilen Unternehmen erfolgreich zu sein.

Beim Game Design waren drei Aspekte wichtig. Erstens, zu erfahren, wie komplex es sein kann, in einer größeren Organisation agil zu arbeiten. Zweitens, zu erleben, ob die eigene agile Haltung auch unter Stress Bestand hat und drittens, gut Feedback zu geben.

Kapitel 20
Ideenkaraoke

»Ideenkaraoke« ist ein Konversationsspiel. Es fördert das vorhandene Wissen einer Gruppe zu einem bestimmten Thema zutage. Dabei schulen die Spielenden auch ihre Improvisationsfähigkeit und Hilfsbereitschaft.

Steckbrief

Funktion: Ideen entwickeln, Themen bearbeiten, Zusammenarbeit stärken

Spielidee: zu Kernbegriffen eines Themas spontan etwas Sinnvolles sagen

Zeitbedarf: 20–40 Minuten

Teamgröße: 6–20

Schwierigkeitsgrad Team/Spielleitung: leicht/leicht

Aufwand für die Vorbereitung: mittel

Remote: ja

Spielmaterial zum Download: ja

T-Shaped ist eine Forderung, die agile Teams häufig an die Mitglieder hinsichtlich ihrer Einsatzfähigkeit stellen. Gemeint sind damit Personen, die sich in ihrem Fachgebiet in der Tiefe auskennen und gleichzeitig in der Lage sind, in der Breite – also crossfunktional, über alle Spezialbereiche hinweg, zu denken und zu arbeiten. Das wird mit der Form des Buchstaben »T« (oder symbolhaft auch eines T-Shirts) ausgedrückt. Für diese Art des Zusammenarbeitens ist es zentral, Wissen im Team aktiv zu teilen.

Aber wie kannst du eine Gruppe von Menschen motivieren, ihr Wissen unkompliziert zusammenzutragen? Mit einer Runde IDEENKARAOKE natürlich! In diesem Spiel sind alle gefordert, ihre Improvisationskünste unter Beweis zu stellen. Du bietest ihnen dazu eine Reihe von vorbereiteten Fachbegriffen an, und alle dürfen ihr Wissen beisteuern, um einen tollen Vortrag daraus zu machen. Ganz nebenbei stärkt es auch das Miteinander, weil alle gegenseitig füreinander einspringen, wenn es im Vortrag hakt. Eine launige und inhaltlich spannende Runde ist garantiert.

20.1 Vorbereitung

Kennst du das Video von Bob Dylans »Subterranean Homesick Blues« (*https://youtu.be/MGxjIBEZvxO*)? So ungefähr kannst du dir das IDEENKARAOKE vorstellen. Du brauchst also einen Stapel Blätter, auf denen jeweils Begriffe zu einem Fachgebiet stehen. Es hilft, wenn du die Begriffe in eine logische Erzählreihenfolge bringst und auch selbst zu jedem Begriff etwas sagen kannst – falls die Gruppe doch einmal nicht weiterwissen sollte.

Für dieses Spiel brauchst du:

- Begriffe zum Fachgebiet – gut lesbar auf festem Papier ausgedruckt
- Handouts der Präsentation, zu der Wissen gesammelt werden soll, damit alle sich Stichworte notieren können
- eine Handvoll Kugelschreiber o. Ä.

Du kannst alle Spielmaterialien von Anfang an bereitlegen.

»Ideenkaraoke« remote

Du kannst IDEENKARAOKE remote spielen, indem du eine Videokonferenz einrichtest und die Begriffe per Bildschirmübertragung übermittelst.

Bücher und Zeitschriften als Inspirationsquelle nutzen

Wenn du Inspiration suchst, kannst du ein Fachbuch oder eine Fachzeitschrift zu dem Thema durchblättern und Methoden und Stichworte als Schlüsselbegriffe nutzen. Nimm das Buch oder die Zeitschrift mit zum Spielen. So hast du die Quelle als Referenz gleich parat, falls gesundes Halbwissen aufgeklärt werden muss.

20.2 Spielablauf

Schritt 1: Spielregeln erläutern und mit einem Beispiel beginnen

Du erläuterst das Ziel des Spiels – Wissen zu einem Thema zusammentragen – und die Spielregeln. Dann verteilst du die Handouts und gibst allen fünf Minuten Zeit, durch die Handouts zu blättern und sich Notizen zu machen. Dann stellst du dich – wie Bob Dylan im Video – für alle gut sichtbar hin und nimmst die auf Papier ausgedruckten Fachbegriffe in deine Hand. (Du kannst die Präsentation natürlich auch über einen Beamer zeigen, aber wir versprechen dir, dass der Bob-Dylan-Style viel lustiger ist!)

»Wir spielen jetzt zusammen Ideenkaraoke. Ich zeige hier vorn einen Begriff nach dem anderen. Wer etwas dazu weiß, spricht einfach drauflos. Ich fange mit dem Vortrag an, und ihr steigt ein, wenn ihr:

- *selbst Know-how zum Thema habt*
- *eine gute Brücke bauen könnt*
- *merkt, dass die Person, die gerade spricht, hängt*

Damit das ein gutes Gespräch wird, hier ein paar Regeln (die auch sonst im Leben helfen):

- *sprecht authentisch – also so, dass ihr euch gern selbst zuhören würdet*
- *beteiligt euch – wir lassen niemanden hängen*
- *improvisiert – das ist hier ausdrücklich gewollt*

Ich starte jetzt mit dem ersten Begriff, und ihr kommt dann dazu ...«

Zeige den ersten Begriff und fang selbst an zu erzählen. Achte darauf, bewusst Pausen zu machen, sodass jede einzelne Person aus der Gruppe leicht einsteigen kann. Suche den Augenkontakt, um mitzubekommen, ob jemand bereit ist, und lade diese Person mit einer kleinen Geste ein, zu übernehmen.

Schritt 2: Nacheinander Wissen zu den Begriffen beitragen

Jetzt geht es mitunter ziemlich durcheinander weiter. Alle können sich mit ihrem Wissen an dem Spiel beteiligen und dafür sorgen, dass ihr zusammen eine abwechslungsreiche Präsentation improvisiert. Du sorgst dafür, dass du im geeigneten Moment den nächsten Begriff aufdeckst.

Ende des Spiels

Das Spiel endet entweder, wenn zu allen Begriffen etwas gesagt wurde, oder wenn eine vorher vereinbarte Zeit (20–40 Minuten) verstrichen ist.

20.3 Hinweise für die Spielleitung

Es ist wichtig, dass wirklich niemand hängen gelassen wird. Deswegen solltest du als Spielleitung selbst mitspielen und stets einspringen, wenn du merkst, dass jemand nicht weiterweiß und in dem Moment auch niemand anderes einspringt.

Eine weitere Herausforderung sind Mitspielende, die entweder sehr viel Redezeit in Anspruch nehmen oder die versuchen, sich zu jedem Begriff zu melden. Hier hilft es, dieser Person Wertschätzung für ihr Know-how zu geben und sie freundlich darauf hinzuweisen, dass es bei dem Spiel um gemeinsames Wissen geht.

Es kann auch sein, dass Fakten zum Thema nicht korrekt sind. Dann versuche die Situationen umsichtig aufzulösen, indem du das Missverständnis benennst und ihr gemeinsam schaut, wie ihr es auflösen könnt. Recherchiert ggf. gemeinsam kurz im Internet oder in einem Fachbuch.

Zu zweit anleiten

Bei diesem Spiel kann es helfen, wenn du es im Team anleitest. Eine Person kann sich dann fachlich am Spiel beteiligen, während die andere nach und nach die Begriffe präsentiert und darauf achtet, dass Zeit und Regeln eingehalten werden.

20.4 Auswertung

Zur Auswertung bieten sich zwei Aspekte an:

1. Du kannst nach Erkenntnissen aus der gemeinsamen Präsentation fragen und diese ggf. mit visualisieren: Was hat euch überrascht? Was war neu für euch? Was habt ihr dazu gelernt?
2. Du kannst das Einspringen zum Thema machen: Wie hat es sich für euch angefühlt, gemeinsam zu präsentieren?

Entstehung

Julia und Jan haben IDEENKARAOKE ursprünglich für den Auftaktabend einer Community of Practice entworfen. Die Vielfalt an Geschichten und Aspekten, die die Gruppe in ihren Vortrag eingebracht hat, war bemerkenswert.

Kapitel 21
Komino

»Komino« ist ein Legespiel, mit dem du den Austausch über schwierige Kommunikationssituationen anstößt.

Steckbrief

Funktion: Kommunikation verbessern, Wissen vermitteln, Zusammenarbeit stärken

Spielidee: Dominopaare aus kommunikativen Herausforderungen und Lösungsstrategien bilden

Zeitbedarf: 20–30 Minuten

Teamgröße: 3–5

Schwierigkeitsgrad Team/Spielleitung: leicht/leicht

Aufwand für die Vorbereitung: mittel

Remote: nein

Spielmaterial zum Download: ja

Agile Teams leben von der Vielfalt ihrer Teammitglieder. Dabei bringt jede Person ihre eigenen erfolgsversprechenden Konfliktlösungsstrategien mit, basierend auf den eigenen Erfahrungen. Treffen diese unterschiedlichen Strategien aufeinander, gibt es nicht selten Missverständnisse. Dieses Spiel schafft eine Möglichkeit, über Herausforderungen und Lösungsstrategien im Umgang mit Konflikten in den Austausch zu kommen und gemeinsam neue Praktiken zu entwickeln.

21.1 Vorbereitung

Zur Vorbereitung druckst du die Vorlage mit den Dominokarten auf etwas festerem Papier aus und schneidest sie anschließend aus.

Für dieses Spiel brauchst du:

- ein vorbereitetes Set mit den Dominokarten pro Gruppe
- einen Tisch oder eine ähnliche Unterlage, an dem die Gruppe Platz findet, um ihre Karten aneinanderzulegen

Du kannst alle Spielmaterialien von Anfang an bereitlegen.

21.2 Spielablauf

Schritt 1: Spielregeln erläutern und Dominosteine verteilen

Du kündigst an, dass gleich eine Runde KOMINO gespielt wird und dass das Team dabei Herausforderungen in der Kommunikation und mögliche Lösungsstrategien reflektiert (siehe Abbildung 21.1). Dazu teilst du pro Person sieben Karten aus, die vorerst verdeckt gehalten werden sollen.

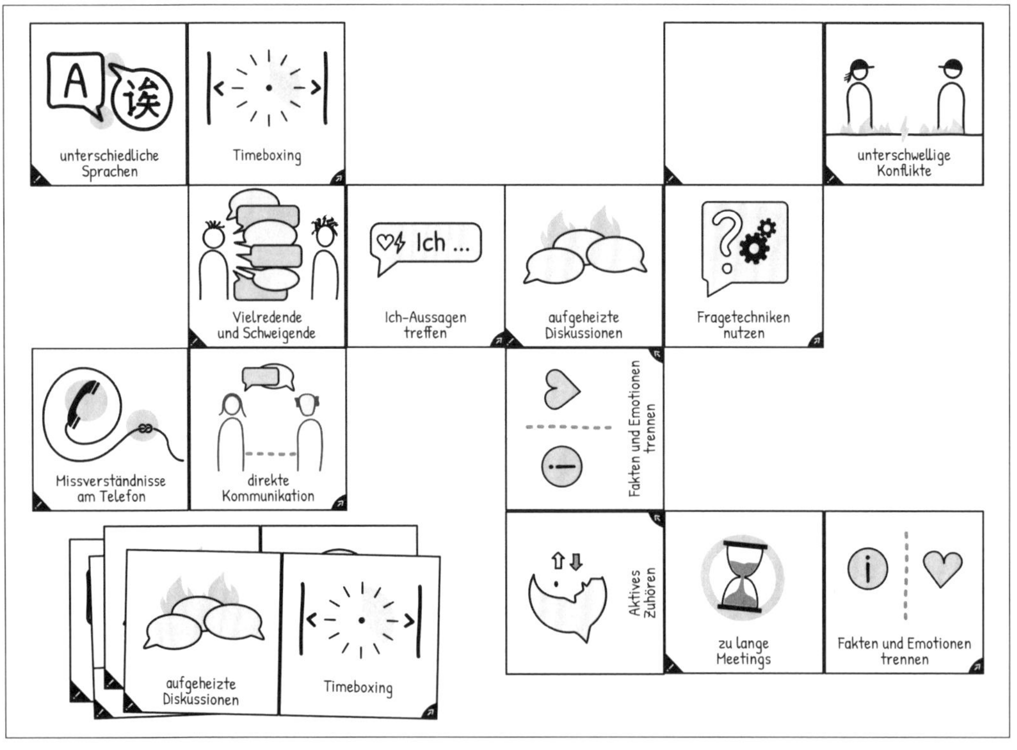

Abbildung 21.1 Beim »Komino« müssen Herausforderungen und Lösungen zusammenpassen.

»Ich teile euch nun pro Person sieben Karten aus, die ihr bitte vorerst verdeckt haltet.

Jetzt, da ihr alle eure Karten habt, könnt ihr entscheiden, ob ihr verdeckt oder offen spielen wollt. Verdeckt heißt, die anderen sehen eure Karten nicht. Offen heißt, alle legen die Karten offen vor sich hin. Im zweiten Fall können alle mithelfen, eine passende Karte zu finden, falls das Spiel ins Stocken gerät.

Die restlichen Karten kommen als verdeckter Stapel in die Mitte. Die oberste Karte davon deckt ihr auf. Dies ist eure Startkarte.

Reihum legt ihr nun alle je eine passende Karte an die offenen Enden an. An Herausforderungen legt ihr Lösungsstrategien und umgekehrt. Die anderen dürfen eure Argumente hinterfragen und anfechten. Das heißt, sie können ein Veto einlegen. Wenn die Gruppe dem Veto zustimmt, nimmt die entsprechende Person ihre Karte zurück und zusätzlich eine Karte vom Stapel auf.

Wenn eine Person keine Karte anlegen kann, nimmt sie ebenfalls eine Karte vom Stapel auf und setzt in dieser Runde aus.«

Schritt 2: Den Anlegevorgang erklären

Du erläuterst, was die Besonderheit beim Anlegen der Karten ist und warum es oftmals keine eindeutig richtige oder falsche Lösung gibt:

»Es gibt beim Anlegen der Karten kein richtig oder falsch. Darum ist es wichtig, dass ihr immer begründet, warum eure Karte dort passt, wo ihr sie ablegt. Führt aus, warum ihr sie dort anlegt, und steuert eure eigenen Erfahrungen und Beispiele aus eurem Alltag bei.«

Ende des Spiels

Gewonnen hat, wer als Erstes alle Karten ablegen konnte. Die anderen spielen so lange weiter, bis niemand mehr Karten auf der Hand bzw. vor sich liegen hat.

Alternativ kannst du auch eine Timebox festlegen und zählst zum Schluss, wer die wenigsten Karten übrig hat.

21.3 Auswertung

Nach dem Spiel bietet es sich an, kurz über die Erlebnisse zu reflektieren und gute bzw. schlechte Kommunikationsstrategien zusammenzutragen oder darüber nachzudenken, welche dieser Strategien das Team normalerweise anwendet.

21.4 Hinweise für die Spielleitung

Es ist wichtig, zu verstehen, dass es keine richtigen oder falschen Lösungen gibt. Der Sinn des Spiels liegt darin, sich mit Beispielen auseinanderzusetzen. Für dich als Spielleitung ist es unerlässlich, dass du das Spielgeschehen beobachtest und die Diskussion immer wieder in die Tiefe lenkst. Vergiss dabei aber nicht, dass das Spiel auch Spaß machen soll. Auch kreative Lösungen und Argumentationen müssen Platz haben.

Individuen und Teams können immer daran arbeiten, besser zu kommunizieren. Gleichzeitig sollte niemand den Anspruch haben, perfekt sein zu müssen.

Achte darauf, Situationen zu kreieren, bei denen die Kommunikation auf Augenhöhe – nach Agilen Prinzipien – funktioniert. Hierzu lohnt es sich, mit der Gruppe kurz darauf einzugehen, welche Agilen Prinzipien und Werte sich auf Kommunikation anwenden lassen und wie sie sich auf den Umgang miteinander auswirken. Dies kannst du beispielsweise anhand des Agilen Manifests (siehe Abschnitt 2.2) oder der *Scrum-Werte* tun (siehe Abbildung 21.2).

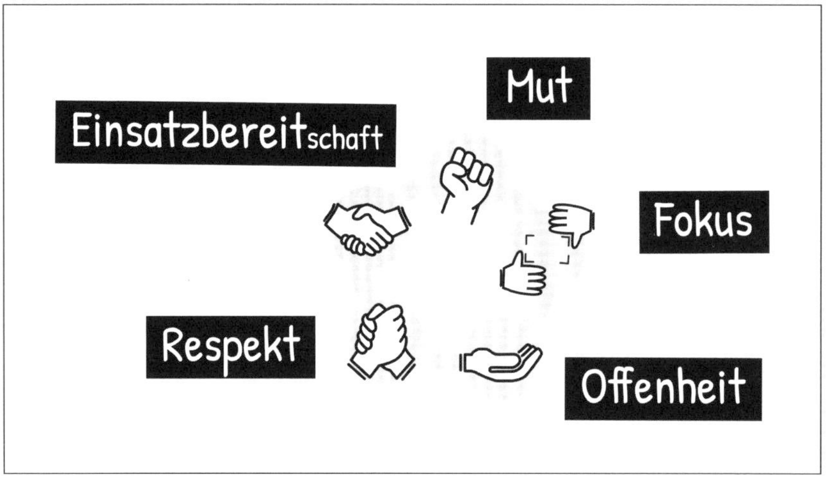

Abbildung 21.2 Die Scrum-Werte geben eine gute Orientierung.

Du kannst auch weitere Situationen erfinden und Karten mit eigenen Herausforderungen und Lösungsstrategien der jeweiligen Teams ersetzen.

Wenn alle das Spiel schon kennen, kannst du zur Abwechslung auch die Ausgangslage umdrehen und Herausforderungen mit Lösungsstrategien zusammenbringen, die in der Realität gerade nicht funktionieren oder die Kommunikation schnell eskalieren lassen. Damit ist gemeint, die besten Worst-Case-Szenarien zu suchen. Das erhöht unter Umständen noch einmal den Fun-Faktor.

Variante »Agiles Domino«

Wir nutzen häufig die Variante Agiles Domino, wenn wir mit Gruppen neu in das Thema Agiles Arbeiten einsteigen. Dazu lassen wir uns von den Teilnehmenden vorab Begriffe schicken, die sie mit dem Thema verbinden. Die Karten werden nach demselben Prinzip wie oben beschrieben verteilt, und das Spiel wird nach denselben Regeln gespielt. Auch bei dieser Variante geht es vor allem um den Austausch zu den auf den Kärtchen notierten Begriffen.

Entstehung

Dr. Sascha Demarmels hat Komino unter dem Namen Kommunikations-domino (*https://kommunikation30.ch/2020/08/04/kommunikations-domino*) für ein Training zu agiler Kommunikation entwickelt. Wir nutzen die Variante Agiles Domino gern zur Wissensüberprüfung am zweiten Tag einer Scrum-Schulung.

Kapitel 22
Konzept-Quartett

»Konzept-Quartett« ist ein einfaches Kartenspiel, mit dem du die agilen Begriffe im Team wiederholen und nach Verbindungen und Zusammenhängen zwischen ihnen suchen lassen kannst.

Steckbrief

Funktion: Kommunikation verbessern, Wissen vermitteln

Spielidee: Vierergruppen zusammenpassender Konzepte finden

Zeitbedarf: 15–30 Minuten

Teamgröße: 4 pro Gruppe

Schwierigkeitsgrad Team/Spielleitung: leicht/hoch

Aufwand für die Vorbereitung: mittel

Remote: nein

Spielmaterial zum Download: ja

In der agilen Welt schwirren viele Begriffe herum, die verstanden, voneinander abgegrenzt und in Verbindung gebracht werden wollen. Das KONZEPT-QUARTETT hilft einem Team dabei, ein gemeinsames Verständnis der agilen Konzepte aufzubauen, die Verbindungen zwischen ihnen zu erkennen und klarer miteinander zu kommunizieren. Es lässt sich ähnlich wie das MERK'S DIR FIX gut in Grundlagentrainings zur Auflockerung und zum Wiederholen der Konzepte einsetzen.

22.1 Vorbereitung

Erstelle für jeweils vier Personen einen Quartett-Kartensatz (siehe Abbildung 22.1). Du kannst dazu die Vorlage aus dem Downloadbereich benutzen oder eigene Karten entwerfen. Ein Kartensatz besteht aus sechs bis neun Quartetten, wobei ein Quartett aus jeweils vier zusammengehörigen Begriffen besteht. Entsprechend hast du beispielsweise am Ende 36 Karten bei neun Quartetten. Drucke die Karten auf Karton und schneide sie aus.

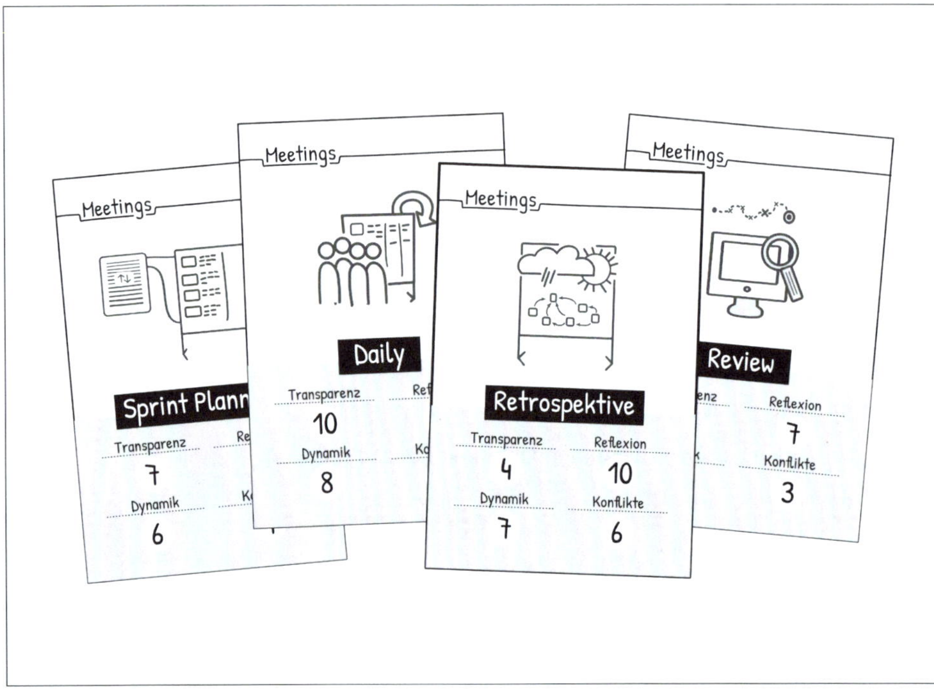

Abbildung 22.1 Weshalb passen diese vier Karten gut zusammen? Beispiel für einen Konzept-Quartett-Kartensatz

Drei Personen in einer Gruppe

Wenn dein Kartensatz aus sechs oder neun Quartetten besteht, können auch Gruppen mit drei Personen zusammenspielen, ohne sich Gedanken über den Umgang mit überzähligen Karten zu machen.

Wenn du öfter spielen möchtest

Wenn du mit den Karten öfter spielen möchtest, kann es sich lohnen, die Karten bei einem Druckdienst professionell ausdrucken zu lassen. Der Druck als echte Spielkarten ist erfahrungsgemäß recht teuer. Eine günstige Alternative ist, die Karten beispielsweise bei *moo.com* als Visitenkarten drucken zu lassen. Diese sind in etwa so groß wie Spielkarten, sind aber viel preiswerter.

Für dieses Spiel brauchst du:

- einen Satz Quartettkarten für vier Spielende
- ggf. schwarze Filzstifte und Haftnotizzettel, um offene Fragen oder Erkenntnisse zu sichern

Du kannst alle Spielmaterialien von Anfang an bereitlegen.

22.2 Spielablauf

Schritt 1: Das Spiel erläutern und die Karten austeilen

Du bildest Gruppen mit jeweils vier Personen und sorgst dafür, dass alle eine geeignete Fläche zum Spielen und ein Kartenset haben. Dann erläuterst du das Ziel des Spiels – möglichst viele Quartette aus jeweils vier agilen Begriffen zu bilden – und die weiteren Spielregeln für die Variante (siehe unten), die du mit der Gruppe spielen möchtest. Zeige ggf. an einem Beispiel, wie ein Quartett in der Spielvariante aussehen kann.

»Ihr habt jetzt jeweils ein Satz Quartettkarten in eurer Gruppe, schaut sie euch gemeinsam einmal kurz an, mischt sie dann gut durch und teilt sie gleichmäßig aus. Ihr solltet danach alle die gleiche Anzahl Karten auf der Hand haben.

Die Person links vom Kartengebenden fängt an.«

Spielvarianten

Entscheide dich für eine Spielvariante, erläutere und zeige ggf., wie in der Variante Quartette gebildet werden:

- **Variante »Klassisches Quartett«:** Quartette werden gemäß der Markierung auf den Karten gebildet (z. B. Planungsmeetings). Dies ist die einfachste Variante.
- **Variante »Freie Quartette«:** Quartette können aus vier beliebigen Karten gebildet werden, aber die Person muss dann die Gemeinsamkeit erläutern, die die Karten zu einem Quartett machen. Das erhöht die Komplexität, kitzelt Kreativität hervor und ermöglicht es, leichter zu »räubern«. Diese Variante ist aber auch schwieriger für die Gruppe, fair zu spielen.

Schritt 2: Karten tauschen und Quartette sammeln

Wer anfängt, fragt nun eine beliebige Person aus der Gruppe nach einer bestimmten Karte, die auf der eigenen Hand fehlt, um ein Quartett zu bilden; z. B.: »Julia, hast du die

Retrospektive?« Nach einer Karte darf nur fragen, wer selbst mindestens eine Karte aus dem Quartett auf der Hand hat.

Hat die befragte Person die gesuchte Karte, so muss sie die Karte herausgeben, und wer der Karte erfolgreich dazugewonnen hat, darf erneut versuchen, weitere Karten von einer beliebigen Person einzufordern.

Besitzt die befragte Person jedoch die gewünschte Karte nicht, ist sie nun selbst an der Reihe und kann nach Karten fragen, die ihr für ein Quartett fehlen.

Gelingt es, ein Quartett zu vervollständigen, werden die Karten offen auf den Tisch gelegt und der Zusammenhang der Karten im Quartett erläutert. Sofern ihr die Variante »Freie Quartette« spielt, können ggf. die anderen am Tisch hier noch ihr Veto einlegen. In dem Fall müssen die Karten zurück auf die Hand genommen werden, und das Spiel geht weiter.

Ende des Spiels

Hat eine Person keine Karten mehr auf der Hand, scheidet sie aus, bis am Ende alle Quartette gefunden wurden. In der Variante »Freie Quartette« kann es zum Ende hin schwierig werden, ein Quartett zu finden, das von der Gruppe noch als zusammengehörig akzeptiert wird. Die Gruppe kann dann jederzeit entscheiden, das Spiel zu beenden.

Wer zum Ende des Spiels die meisten Quartette gesammelt hat, gewinnt.

22.3 Auswertung

Kläre nach dem Spiel offene Fragen zu den Konzepten auf den Karten sowie zu den Zusammenstellungen der Quartette.

Überlegt ggf. gemeinsam, welche weiteren Quartett-zusammenstellungen es noch geben könnte.

22.4 Hinweise für die Spielleitung

Die Gruppe sollte alle Konzepte, die auf den Karten auftauchen, zumindest schon einmal gehört haben und grob einordnen können. An und für sich ist das KONZEPT-QUARTETT ein einfaches Spiel. Als Spielleitung musst du allerdings bei Rückfragen in der Lage sein, alle Konzepte wirklich sehr kompakt und auf den Punkt erklären zu können, damit die Gruppe nicht aus dem Spielfluss gerät.

Achte auch darauf, der Versuchung zu widerstehen, beim Bilden der Quartette zu helfen. Die Spielmechanik ist gerade darauf angelegt, dass die Gruppe die Verbindungen selbst beim Spielen entdecken soll.

Stechen/Kommunikationsquartett

Wenn du deine Karten entsprechend gestaltest, kannst du auch Stechen mit den Karten spielen. Für das Kommunikationsquartett haben wir auf den Karten beispielsweise Punkte vergeben für:

- **Transparenz** – wie sehr trägt das Element zur Transparenz in der Zusammenarbeit bei?
- **Reflexion** – wie sehr hilft das Element dabei, innezuhalten und zu reflektieren, ob wir gemeinsam noch das Richtige tun?
- **Dynamik** – wie sehr trägt das Element zu einer dynamischen, lebendigen Kommunikationskultur bei?
- **Konflikte** – wie viel Konfliktpotenzial steckt in der Anwendung dieses Elements (einigt euch, ob ein Mehr an Konflikten automatisch schlechter ist oder nicht)?

Stechen wird in der Regel zu zweit gespielt. Die Karten werden gemischt und gleichmäßig aufgeteilt. Beide nehmen die oberste Karte von ihrem Stapel, und wer am Zug ist, wählt aus, in welcher Kategorie seine Karte wohl besonders stark ist und gegen die andere Karte antritt. Wer den besseren Wert auf der Karte hat, gewinnt beide Karten. Bei einem Unentschieden wählt die andere Person eine der anderen Kategorien aus. Als Zusatzregel kannst du einführen, dass, wer die Karten gewinnen will, auch nachvollziehbar den Wert der Karten erklären muss.

Wer am Ende die meisten Karten stechen konnte, gewinnt. Sprecht in der Auswertung noch einmal über die Karten und Punktwerte, die ihr bemerkenswert fandet.

Entstehung

Dr. Sascha Demarmels hat sich das Kommunikationsquartett ursprünglich ausgedacht, um das Augenmerk der Gruppe auch auf die Kommunikationsaspekte zu lenken und nicht nur auf die Mechanik der agilen Werkzeuge.

Kapitel 23
Magischer Marktstand

»Magischer Marktstand« ist ein Rollenspiel. Die Spielenden entdecken darin Talente und Fähigkeiten, die in der Gruppe vorhanden sind, und tauschen sich darüber aus, wie sie diese als Team einsetzen können.

Steckbrief

Funktion: Kommunikation verbessern, Selbstreflexion anregen, Zusammenarbeit stärken

Spielidee: sich der eigenen Fähigkeiten bewusst werden und diese dem Team zur Verfügung stellen

Zeitbedarf: 45 Minuten

Teamgröße: 8–20, je nach Raumgröße auch skalierbar

Schwierigkeitsgrad Team/Spielleitung: leicht/mittel

Aufwand für die Vorbereitung: mittel

Remote: nein

Spielmaterial zum Download: nein

Zu Beginn eines Projekts oder wenn ein Team neu zusammenkommt, stellt sich häufig die Frage: Wer hat welche Talente und Fähigkeiten, die uns allen weiterhelfen können? Mit dem MAGISCHEN MARKTSTAND kannst du diese Frage auf spielerische Art klären. Die Spielenden schlüpfen in die Rolle einer Ladenbesitzerin oder eines Markthändlers und handeln mit ganz besonderen Waren: ihren Talenten und Fähigkeiten. Während des Spiels tauschen sie sich untereinander aus, was sie innerhalb des Teams anzubieten haben und wovon sie selbst gern mehr hätten. Das Spiel lädt somit auch dazu ein, über sich selbst zu reflektieren und sich weiterzuentwickeln.

Das Spiel kann auch gut eingesetzt werden, wenn ein Team einen sehr starken Fokus auf das hat, was nicht funktioniert. Während des Spiels liegt der Fokus auf dem, was alle mit ins Team bringen und wie sie einander ergänzen können.

23.1 Vorbereitung

Für dieses Spiel verwendest du Bildmaterial aus deinem Materialfundus und benötigst ausreichend Platz für die Marktstände. Am besten, du verteilst dafür vorab Stühle und Tische großzügig im Raum, sodass alle einen Ort für ihre Auslage vorfinden und Zweiergespräche führen können, ohne sich gegenseitig zu stören.

Für dieses Spiel brauchst du:

- Bildmaterial aus deinem Materialfundus
  (Postkarten, Ausschnitt aus Zeitschriften und Magazinen)
- ggf. Moderationskarten
- ggf. Stifte

Du kannst alle Spielmaterialien von Anfang an bereitlegen.

23.2 Spielablauf

Schritt 1: Die Waren beschaffen

Du bittest alle, sich vorzustellen, dass sie sich auf einem magischen Marktplatz befinden, umgeben von Marktständen, an denen ganz besondere Dinge gehandelt werden: Talente und Fähigkeiten. Dann lenkst du ihre Aufmerksamkeit auf die Kreativmaterialien, die du im Raum bereits vorab verteilt hast. Bitte alle, herumzugehen und sich Bilder zu suchen, die für ihre eigenen Talente und Fähigkeiten stehen. Diese Fragen können dabei helfen:

- Welche Talente und Fähigkeiten kannst du anbieten?
- Was zeichnet dich besonders aus?
- Was hast du im Überfluss?

Alternativ können die Talente und Fähigkeiten auch auf Moderationskarten geschrieben werden.

Schritt 2: Die Auslage einrichten

Im nächsten Schritt richten sich alle einen kleinen Stand mit ihren Waren ein. Dazu dienen die Tische und Stühle, die du zuvor im Raum verteilt hast.

Schritt 3: Tauschen und Handeln

Wenn alle eingerichtet sind, beginnt der Handel. Die Spielenden ziehen nun umher, stellen sich gegenseitig ihre Waren vor und tauschen ihre Talente und Fähigkeiten untereinander. Es dürfen auch Teile einer Fähigkeit getauscht werden – dazu kann der Tauschgegenstand, also das Bild, z. B. halbiert oder geviertelt werden.

Tische nummerieren

Bei sehr großen Gruppen kannst du den Marktbesuch etwas geordneter ablaufen lassen. Dazu verteilst du auf den Marktständen vorher Nummern. Zuerst wandern die Menschen hinter den Ständen mit den ungeraden Nummern umher, danach die Menschen hinter den Ständen mit den geraden Nummern.

Ende des Spiels

Das Spiel ist zu Ende, wenn alle mit ihren Tauschgeschäften fertig sind. Du kannst natürlich auch eine Timebox setzen.

23.3 Auswertung

Zur Auswertung bietet sich eine Reflexion in zwei Runden an.

Zuerst individuell:

- Welche Rolle ist dir leichter gefallen: Fähigkeiten anzubieten oder zu erhalten?
- Welchen Eindruck machte der Handel mit Fähigkeiten auf dich?
- Welche Fähigkeiten wurden eingetauscht, und was bedeuten sie?

Und danach im Team:

- Was war besonders begehrt?
- Über welchen Tauschhandel hast du dich besonders gefreut?
- Was hatten viele/wenige?
- Was fehlt im Team?
- Was könnt ihr im Team mit den neu entdeckten Fähigkeiten anfangen?

23.4 Hinweise für die Spielleitung

Sorge durch aufmerksames Zuhören und Nachfragen dafür, dass sich innerhalb des Teams ein Gespräch entwickelt. Versuche dabei, dass vor allem der Schatz an Fähigkeiten sichtbar wird, den dieses Team sein Eigen nennt. Während des Tauschens geht es nicht um richtige oder falsche Fähigkeiten. Vielmehr steht im Mittelpunkt, sich erst der eigenen Fähigkeiten bewusst zu werden, dann die Fähigkeiten der anderen im Team zu entdecken und schließlich herauszufinden, wo es Ergänzungen gibt.

Bei Rollenspielen ist es wichtig, dass du zum Abschluss immer die Rolle mit allen gemeinsam abschüttelst. Dies geht gut mit einem symbolischen Abschütteln oder Abstreifen an den Armen oder mit einem Drehen um die eigene Körperachse.

Unterschiedliches Zeitempfinden beachten

Während der Reflexionsphasen ist es wichtig, ausreichend Zeit für die Beantwortung der Fragen zu lassen. Gerade wenn du mit dieser Vorgehensweise bisher wenig gearbeitet hast, ist die Tendenz vorhanden, im Prozess zu schnell voranzuschreiten. Wenn du eine Frage gestellt hast, dann kann es helfen, wenn du sie dir im Stillen selbst beantwortest. So bekommst du ein Gefühl dafür, wie lange die Menschen, die sich auf den Reflexionsprozess eingelassen haben, für die Beantwortung der Frage brauchen. Eine weitere Möglichkeit ist, im Stillen die Sekunden zu zählen und erst nach 30 Sekunden wieder zu sprechen. Das kommt dir als Spielleitung anfangs vielleicht lang vor, aber die Menschen, die noch dabei sind, Antworten auf die Fragen zu finden und zu formulieren, benötigen oftmals diese Zeitspanne.

Entstehung

Der MAGISCHE MARKTSTAND ist dem Zauberladen entlehnt. Der wiederum ist eine verbreitete Methode aus dem Psychodrama. Das Psychodrama wurde Anfang des 20. Jahrhunderts von Jacob Levy Moreno entwickelt. Diese Beschreibung geht zurück auf Gabriele Stiegler (2013) und wurde von Julia und Lars Büsing für die Agile Beyond IT auf den agilen Kontext angepasst.

Kapitel 24
Merk's dir fix

»Merk's dir fix« ist ein Begriff-Legespiel. Du kannst damit den Einstieg in das agile Vokabular mit seinen Anglizismen erleichtern oder Begriffe aus einem Training wiederholen.

Steckbrief

Funktion: Kommunikation verbessern, Wissen vermitteln

Spielidee: Begriffspaare bilden

Zeitbedarf: 15 Minuten

Teamgröße: 6, gern in mehreren parallelen Gruppen

Schwierigkeitsgrad Team/Spielleitung: leicht/leicht

Aufwand für die Vorbereitung: gering

Remote: nein

Spielmaterial zum Download: ja

Wer anfängt, agil zu arbeiten, muss sich von jetzt auf gleich ein kompaktes Begriffsvokabular aneignen. Da schwirren *Dailys* und *Retros* aus dem Scrum herum, da ist von *Soziokratie*, *Bienenstöcken* und *Thumb Vote* die Rede, gemischt mit *Servant Leadership*, *New Work* und vielen weiteren bunten Anglizismen. Wenn du einem Team den Einstieg in diese Welt der Anglizismen erleichtern möchtest und vor allem auch für Klärung der Begrifflichkeiten sorgen willst, denk doch über eine Partie MERKFIX (das du vielleicht auch als MEMORY kennst) nach. Unser MERK'S DIR FIX hat allerdings zwei Besonderheiten: Die Spielenden erstellen ihre Karten selbst, und es gibt nicht unbedingt Paare.

24.1 Vorbereitung

Ein klassisches MERKFIX hat 20 bis 30 Bilderpaare. Du brauchst also für jede Vierergruppe einen Stapel von 40 bis 60 Pappkarten im Format 5 × 5 cm, die mit agilen Begriffen versehen sind.

Du kannst:

- dir die Begriffe selbst ausdenken (bitte keine Paare!)
- deine Teilnehmenden bitten, dir vorab je fünf Begriffe zu senden, die sie selbst bereits kennen (wenn du das Spiel z. B. in einem Training einsetzt)
- jede Gruppe bitten, sich zu Beginn des Spiels ihre eigenen Steine herzustellen, indem sie Begriffe auf die leeren Karten schreiben

Für dieses Spiel brauchst du:

- pro Gruppe einen Stapel Begriffskarten
- Stifte

Du kannst alle Spielmaterialien von Anfang an bereitlegen.

Es ist hilfreich, die Karten bereits im Voraus an den Spieltischen auszulegen.

24.2 Spielablauf

Schritt 1a: Spielregeln erläutern

Du bildest Gruppen und sorgst dafür, dass allen eine geeignete Fläche und ein Set Karten und ggf. Stifte zum Spielen zur Verfügung steht.

»Auf den Tischen findet ihr einen großen Stapel mit Karten. Auf jeder Karte befindet sich ein Begriff aus dem Themenfeld Agiles Arbeiten. Nun mischt ihr alle Karten und legt sie in einem Rechteck – wie beim ›Merkfix – aus. Ab jetzt spielt ihr mit den Regeln von ›Merkfix‹. Mit einem Unterschied: Es gibt keine Paare, die genau gleich sind. Ihr müsst sie selbst finden, indem ihr argumentiert, weshalb zwei Begriffe besonders gut zusammenpassen. Wenn ihr z. B. ›Daily‹ und ›Retro‹ aufdeckt, wäre das Argument »Beide sind Meetings aus dem Scrum, die der Zusammenarbeit dienen«. Gelingt euch das und legt niemand sein Veto ein, dürft ihr das Kartenpaar behalten und weiterspielen. Gelingt es nicht, bleiben die Karten im Spiel, und die nächste Person ist dran. Achtet darauf, dass ihr die Begriffe kurz für alle erläutert, bevor ihr ein Paar bildet.«

Schritt 1b (optional): Karten vor Spielbeginn selbst schreiben

Die Spielenden können auch ihre eigenen Spielkarten erstellen. Gehe zwischen den Tischen umher und ermuntere alle, indem du auf mögliche Quellen verweist – insbesondere bei Neulingen zum Thema: *»Was hast du in der Kantine gehört … im Intranet gesehen … im Bekanntenkreis mitbekommen?«* Die Spielenden müssen den Begriff zu diesem Zeitpunkt (noch) gar nicht selbst definieren können.

»Auf den Tischen findet ihr einen großen Stapel mit leeren Karten. Teilt die leeren Karten dazu bitte gleichmäßig in der Gruppe auf. Dann schreibt ihr auf eure Karten Begriffe, die euch zum Thema Agiles Arbeiten einfallen.

Notiert nur einen Begriff pro Karte und schreibt bitte leserlich. Nun mischt ihr alle Karten und legt sie in einem Rechteck – wie beim ›Merkfix‹ oder Memory – aus. Ab jetzt spielt ihr mit den Regeln von ›Merkfix‹.«

Schritt 2: Begriffspaare finden

Die Karten werden verdeckt ausgelegt und nach den Regeln von MERKFIX aufgedeckt. Da es vermutlich nur wenige echte Paare gibt, müssen die Spielenden argumentieren, weshalb Begriffe zusammengehören. Wer überzeugend und stimmig argumentiert, erhält das Paar.

Ende des Spiels

Das Spiel endet, wenn alle Karten aufgedeckt sind.

Variante: »gitMatch«

Natürlich kannst du ein Merkfix zu jedem beliebigen Themenfeld herstellen und eigene Begriffe verwenden, wie unser Spiel GITMATCH zeigt.

Git ist ein Werkzeug, mit dem du verschiedene Versionen von Dateien verwalten kannst. Es ermöglicht Teams das gemeinsame, nicht lineare, verteilte Arbeiten an Dateien.

GITMATCH ist ein Merkfix, mit dem die Git-Befehle und -Konzepte gelernt werden. Dazu schreibst du auf die eine Hälfte der Karten jeweils die Git-Befehle und auf die andere ihre Auswirkung. Der Befehl und die Auswirkung müssen anschließend richtig zugeordnet werden, also z. B. *git add* und *fügt den Inhalt der Dateien dem Index hinzu*.

Git ist freie Software und wird häufig in der Softwareentwicklung eingesetzt, kann aber auch für andere Zwecke eingesetzt werden. Wir haben z. B. dieses Buch mithilfe von Git geschrieben und zum Start eine Runde GITMATCH gespielt, damit alle die wichtigsten Befehle kennenlernen konnten.

24.3 Hinweise für die Spielleitung

Das Spiel richtet sich an Personen, die sich zum ersten Mal intensiv mit neuen Begriffen beschäftigen. Deswegen ist es wichtig, als Spielleitung präsent zu sein und Begriffe erläutern zu können. Wenn du dich dabei selbst noch unsicher fühlst, erstelle das MERK'S DIR FIX mit deinen eigenen Begriffen oder indem du die Teilnehmenden vorab danach fragst. So kannst du dich auf die Begriffe vorbereiten.

24.4 Auswertung

Eine intensive Auswertung ist hier nicht erforderlich, es könnte aber gefragt werden, ob es Begriffe gibt, die noch einer weiteren Erläuterung bedürfen.

Entstehung

Julia hat dieses Spiel mit Stefan Zörner ursprünglich für einen Abend zur Entwicklung von Microgames erdacht und seitdem vielfach adaptiert.

Kapitel 25
Mutter, Mutter, was darf die PeOh?

»Mutter, Mutter, was darf die PeOh?« ist ein Aktionsspiel. Die Spielenden setzen sich mit der Product-Owner-Rolle auseinander und vergleichen sie mit ihrer eigenen Rolle, z. B. als Projektleitung oder Führungskraft.

Steckbrief

Funktion: Aufwärmen, Rollen klären, Selbstreflexion anregen

Spielidee: durch eine zurückgelegte Strecke im Raum anzeigen, wie viel Erfahrung mit der Product-Owner-Rolle vorliegt

Zeitbedarf: 10 Minuten

Teamgröße: 4–20

Schwierigkeitsgrad Team/Spielleitung: leicht/leicht

Aufwand für die Vorbereitung: gering

Remote: ja

Spielmaterial zum Download: ja

Agile Master, agile Product Manager, Team Owner – viele Unternehmen haben sich die Rollen Scrum Master, Product Owner und Entwicklungsteam »ausgeliehen« und an ihre eigenen Bedürfnisse angepasst. Ganz gleich, ob du es mit den echten Scrum-Rollen zu tun hast oder mit Varianten davon – in agilen Transformationen müssen Menschen die neuen Rollen erst einmal kennenlernen, bevor sie in diese hineinwachsen können. In dieser Situation kannst du MUTTER, MUTTER, WAS DARF DIE PEOH? (gesprochen: *pe-oh*) benutzen. Dieses Spiel eignet sich gut, um während eines Trainings herauszufinden, wer wie viel Vorerfahrung zu den Aufgaben der Product-Owner-Rolle mitbringt. Es hilft auch, die Tätigkeiten, die dieser Rolle zugeordnet sind, erstmals kennenzulernen oder zu wiederholen.

Das Spiel erinnert vom Aufbau an MUTTER, MUTTER, WIE WEIT DARF ICH REISEN? Du kennst es vielleicht noch aus Kindertagen.

25.1 Vorbereitung

Als Spielleitung brauchst du einen Zettel, auf der acht bis zehn Aufgaben und Verantwortlichkeiten der Product-Owner-Rolle stehen (siehe Abbildung 25.1).

Abbildung 25.1 Aufgaben der Product-Owner-Rolle

Außerdem brauchst du viel Platz: Die Spielenden sollten sich in einer Reihe nebeneinander aufstellen können, und es sollte ein Abstand von etwa zehn großen Schritten zwischen ihnen und dir liegen.

Für dieses Spiel brauchst du:

- ausreichend Platz, sodass alle eine größere Distanz im Raum in mehreren Schritten überwinden können
- Zettel mit den Aufgaben und Verantwortlichkeiten der Product-Owner-Rolle

Du kannst alle Spielmaterialien von Anfang an bereitlegen.

»Mutter, Mutter« remote

Für MUTTER, MUTTER, WAS DARF DIE PEOH? brauchst du ein Tool, auf dem sich alle mit Avataren bewegen können, z. B. Miro oder auch eine geteilte Präsentation im Bearbeitungsmodus. Darauf zeichnest du ein großes Rechteck und eine Ziellinie ein und bittest alle, ihre Avatare vorzurücken.

Das Spiel an andere Rollen anpassen

Natürlich kannst du das Spiel an alle möglichen Rollen anpassen, indem du acht bis zehn Aspekte dieser Rolle abfragst.

25.2 Spielablauf

Schritt 1: Die Spielregeln erläutern

»Wir spielen jetzt eine Abwandlung des Kinderspiels ›Mutter, Mutter, wie weit darf ich reisen?‹. Bitte stellt euch dort hinten im Raum auf, sodass ihr alle in meine Richtung blickt.

Ich lese euch gleich eine Aussage vor. Ist diese Aussage etwas, bei der ihr sagt: ›Ja, das ist Teil meines Jobs‹, dann geht ihr einen Schritt nach vorn. Stimmt ihr dieser Aussage als Teil eures Jobs nicht zu, dann bleibt einfach stehen.«

Schritt 2: Aussagen vorlesen und Schritte machen

Jetzt liest du jede Aussage von deinem Zettel nacheinander vor. Gib den Leuten immer einen kurzen Moment, um zu überlegen, ob sie weitergehen oder stehen bleiben möchten. Dann lies den nächsten Punkt auf der Liste vor, bis du alle Punkte komplett vorgelesen hast.

Schritt 3: Austausch anstoßen

Wenn du alle Aussagen vorgelesen hast, stehen die Spielenden jetzt im Raum verteilt, vermutlich in kleinen Gruppen mit ähnlichem Erfahrungsumfang. Bitte sie, sich zu zweit oder zu dritt zusammenzutun und sich im Stehen fünf Minuten darüber auszutauschen, was sie an der Product-Owner-Rolle herausfordernd finden.

Ende des Spiels

Das Spiel ist nach dem Austausch in den Kleingruppen zu Ende.

25.3 Hinweise für die Spielleitung

Halte das Spiel leicht und kurz. Es ist eher zum Aufwärmen gedacht. Wenn du eine tiefergehende Beschäftigung mit der Product-Owner-Rolle ermöglichen möchtest, kannst du im Anschluss FANG DEN PEOH! (siehe Kapitel 19) spielen.

Es ist hilfreich, wenn du als Spielleitung Beispiele für die Aussagen parat hast und sie explizit mit den agilen Artefakten verknüpfen kannst. Zum Beispiel, wenn du beim Thema »Orientierung geben« auf die Funktion von Backlog und Produktvision verweist. So wird das Zusammenspiel von Artefakten und Verantwortlichkeiten in der Product-Owner-Rolle noch greifbarer.

25.4 Auswertung

Hol dir ein kurzes Fazit aus der Runde und bitte um ein bis zwei Herausforderungen, über die in den Kleingruppen gesprochen wurde.

Entstehung

Jan und Julia haben dieses Spiel als Warm-up für FANG DEN PEOH! entwickelt und zum ersten Mal auf der Manage Agile mit einer Gruppe gespielt.

Kapitel 26
Prinzipien-Mau-Mau

»Prinzipien-Mau-Mau« basiert auf dem bekannten gleichnamigen Kartenspiel. Die Agilen Prinzipien werden dabei zu Spielkarten, und wer seine Karten erfolgreich ablegen will, sollte die Prinzipien auch erläutern können.

Steckbrief

Funktion: agiles Konzept begreifen, Arbeitsprozess verbessern, Zusammenarbeit stärken

Spielidee: Die Agilen Prinzipien bewerten und damit Mau-Mau spielen

Zeitbedarf: 45–60 Minuten

Teamgröße: 3–5 pro Spielgruppe

Schwierigkeitsgrad Team / Spielleitung: leicht / leicht

Aufwand für die Vorbereitung: gering

Remote: nein

Spielmaterial zum Download: ja

Wenn du ein agiles Team begleitest, sollte eine Leitfrage sein: »Werden wir den Agilen Prinzipien gerecht, mit der Art und Weise, wie wir etwas tun?« Damit du dir diese Frage nicht allein stellst, hilft dir dieses kleine Spiel, um alle mit den Agilen Prinzipien (siehe Abschnitt 2.3) vertraut zu machen sowie zu schauen, welche Prinzipien noch besser verankert werden könnten.

PRINZIPIEN-MAU-MAU eignet sich prima für Retrospektiven oder auch gleich zum Projektstart, gemeinsam mit allen Stakeholdern.

26.1 Vorbereitung

Drucke für jede Person, die mitspielt, einen eigenen Kartensatz aus. Die Karten werden während des Spiels beschriftet, und häufig nehmen die Spielenden am Ende ihre Karten mit. Entscheide selbst, ob du deshalb die Karten ganz individuell gestaltest und auf einem hochwertigeren Karton ausdruckst oder ob du darauf bewusst verzichten möchtest.

Nutze unsere Vorlage oder entwirf eigene Karten mit den Agilen Prinzipien und einem freien Feld, um sie mit einer Zahl zu beschriften. Wir haben bei unseren Karten die Agilen Prinzipien jeweils im Original und in einer Abwandlung für Personen, die nicht aus dem IT-Kontext kommen. Das macht das Zusammenspielen einfacher.

Für dieses Spiel brauchst du:

- pro Person einen unbeschrifteten Kartensatz mit den Agilen Prinzipien
- ggf. Stifte zum Beschriften der Karten
- für jede Gruppe einen Tisch oder einen anderen Platz, an dem sie gut spielen kann

Du kannst alle Spielmaterialien von Anfang an bereitlegen.

26.2 Spielablauf

Schritt 1: Spielidee erklären und Karten mit Werten versehen

Verteile die Kartensets an alle Mitspielenden und bilde Gruppen mit jeweils drei bis fünf Personen. Erläutere kurz die Idee des Spiels – PRINZIPIEN MAU-MAU zu spielen, um sich (wieder) mit den Agilen Prinzipien vertraut zu machen – und was vor dem Start jetzt noch zu tun ist.

»Ihr habt alle einen Stapel Karten mit den Agilen Prinzipien bekommen. Die Karten haben noch keine Werte, denn die müsst ihr jetzt für euren Kartensatz jeweils selbst vergeben, und zwar so: Ihr verwendet die Zahlen von 1 bis 12, jede Zahl dürft ihr nur ein Mal vergeben. Die Karte mit dem Agilen Prinzip, von dem ihr denkt, dass ihr es aktuell in eurem Umfeld am besten umsetzt und lebt, bekommt die 12. Das Prinzip, das ihr im Verhältnis zur 12 schlechter, aber immer noch besser als die anderen etabliert habt, bekommt die 11 usw. In Richtung der 1 gedacht, müsst ihr euch eventuell die Frage stellen, wie schwer es euch fällt, euch vorzustellen, das Prinzip jemals anzuwenden. Je schwerer anwendbar, desto niedriger sollte der Wert der Karte sein.«

Gib deiner Gruppe etwa 15 Minuten Zeit, die Karten zu lesen und alle Werte auf ihren Karten zu vergeben (siehe Abbildung 26.1).

Eine Timebox für die Vergabe der Kartenwerte

Setze ein festes Zeitlimit für die Vergabe der Kartenwerte. Es fällt den Spielenden oft nicht leicht, sich zu entscheiden, welches Prinzip bereits gut oder schlecht in ihrem Umfeld funktioniert. Für das eigentliche Spiel sind die Werte im Grunde aber völlig egal.

Die Vergabe der Werte dient dazu, dass die Spielenden sich Gedanken über die Bedeutung der Prinzipien machen und auf welche Art diese in ihrem Umfeld gelebt werden oder eben nicht. Solange das passiert, lohnt es sich aber auch nicht, sich weiter allzu viele Gedanken darüber zu machen, welchem Prinzip jetzt der Wert 6 und welchem der Wert 7 zugewiesen wird.

Abbildung 26.1 Die Prinzipien-Mau-Mau-Karten sind bewertet – das Spiel kann beginnen.

Schritt 2: Karten aufnehmen und den Start erklären

Im Gegensatz zum echten MAU-MAU behalten und spielen alle mit ihrem eigenen Kartenstapel. Erläutere daher zunächst, wie alle ihre Karten mischen und zu ihrer ersten Kartenhand kommen:

»Mischt jetzt bitte euren eigenen Kartenstapel gründlich durch und legt ihn anschließend vor euch auf dem Tisch ab. Nehmt dann die oberen fünf Karten vom Stapel auf die Hand. Die restlichen Karten sind euer persönlicher Nachziehstapel.

Entscheidet nun noch, wer bei euch in der Gruppe anfangen soll. Wer anfängt, deckt die oberste Karte vom eigenen Stapel auf und legt sie in die Mitte. Ab jetzt geht es dann im Uhrzeigersinn weiter.«

Schritt 3: Das Spiel starten

Jetzt kann es losgehen. Erläutere nochmals die Mau-Mau-Regeln und die Bedeutung der speziellen Karten »Persönliche Treffen«, »Einfachheit« und »Veränderungsbereitschaft«.

- Das »Persönliche Treffen« darf auf jede Karte gelegt werden. Die nächste Person in der Reihe darf den Wert frei wählen.
- Wer die »Einfachheit« ausspielt, darf gleich noch eine Karte ausspielen.
- Bei der »Veränderungsbereitschaft« wird die Spielrichtung gewechselt.

Wer jetzt am Zug ist, kann eine Karte von seiner Hand ablegen, wenn diese mit dem Prinzip oder dem Wert der Karte in der Mitte des Tischs übereinstimmt. Die Karte kommt oben auf den Ablagestapel in der Mitte. Dabei ist jede abgelegte Karte eine Einladung zu einem Gespräch über das Prinzip oder warum der Kartenwert für die Person so hoch oder niedrig ist.

Wer keine Karte ablegen kann, muss eine neue Karte vom persönlichen Nachziehstapel aufnehmen.

Ende des Spiels

Gewonnen hat, wer zuerst keine Karten mehr auf der Hand hat und laut »Mau-Mau« ruft.

Sollte niemand mehr eine Karte ausspielen oder nachziehen können, hat gewonnen, wer die wenigsten Karten auf der Hand hat.

26.3 Auswertung

Kläre zum Abschluss noch einmal, welche Prinzipien schwierig einzuordnen oder zu verstehen waren und ob noch Fragen offen sind.

Insbesondere wenn du das Spiel als Teil einer Retrospektive nutzt, lohnt es sich, mit allen über die folgenden Punkte zu sprechen:

- Wo waren sich alle sehr einig in der Wertung? Wo gab es große Unterschiede in der Einschätzung, und was könnte dahinterstecken?
- Was ist mit den Prinzipien, die sehr niedrig gewertet wurden? Was könnte die Gruppe tun, um auch diese Prinzipien im Alltag besser umzusetzen?

26.4 Hinweise für die Spielleitung

Als Spielleitung bist du in erster Linie am Anfang gefordert, denn dann braucht es häufig noch Unterstützung dabei, die Prinzipien zu interpretieren. Kläre Fragen, aber versuche tiefergehende Diskussionen erst in der Auswertung nach dem Spiel zu führen. Vieles klärt sich bereits im Dialog der Spielenden untereinander, und dein Ziel im ersten Schritt ist vor allem, bereit für den Spielstart zu sein.

Entstehung

Julia und Jan haben das Spiel ursprünglich für einen geselligen Teamabend entworfen. Es sollte schnell erklärt sein und auch spät am Abend noch Spaß bringen. Das tut es auch!

Kapitel 27
PrioRunde

»PrioRunde« ist ein strategisches Denkspiel. Teams nutzen es, um gemeinsam Anforderungen oder Aufgaben nach ihrer Priorität zu sortieren und dabei die Knackpunkte zu erkennen.

Steckbrief

Funktion: Arbeitsprozess verbessern, Backlog verfeinern, Zusammenarbeit stärken

Spielidee: Anforderungen oder Aufgaben priorisieren

Zeitbedarf: 20 Minuten

Teamgröße: 6–9

Schwierigkeitsgrad Team/Spielleitung: leicht/leicht

Aufwand für die Vorbereitung: mittel

Remote: ja

Spielmaterial zum Download: nein

Anforderungen zu priorisieren und zu sortieren ist eine wiederkehrende Aufgabe für agile Teams. Die Kunst besteht darin, zügig einen Überblick zu bekommen, die Perspektiven von allen Beteiligten angemessen zu berücksichtigen und dabei nicht in eine endlose Diskussion zu geraten. Mit dem Spiel PRIORUNDE löst du diese Aufgabe auf spielerische Weise. Du kannst es nutzen, wann immer ein Team gemeinsame Prioritäten setzen will – ganz gleich, ob das Anforderungen, Aufgaben, Themen oder ganze Projekte sind.

27.1 Vorbereitung

Zur Vorbereitung erstellst du für jede Anforderung (oder Aufgabe/Thema/Projekt) eine Spielkarte, auf der die Anforderung für alle gut lesbar in großer Schrift notiert ist. Am einfachsten ist es, wenn du die Anforderungen in Stichworten mit einem dicken schwarzen Filzstift in Moderationsschrift auf Haftnotizzettel schreibst.

Für dieses Spiel brauchst du:

- einen Stapel mit den Anforderungen – am besten auf Haftnotizzetteln
- eine Wand/Pinnwand, an der die Haftnotizzettel gut sichtbar aufgehängt werden können. Das Spiel funktioniert übrigens am besten, wenn alle im Halbkreis um die Wand stehen können.
- ggf. dicke schwarze Filzstifte und Haftnotizzettel, um Erkenntnisse zu sichern

Du kannst alle Spielmaterialien von Anfang an bereitlegen.

»PrioRunde« remote

PrioRunde lässt sich leicht per Videokonferenz mit einem digitalen TeamBoard wie Jira, Trello oder Meistertask spielen. Du musst nur vorher die Gruppe durchnummerieren, damit die Zugreihenfolge eingehalten werden kann.

27.2 Spielablauf

Schritt 1: Spielregeln erläutern und die erste Karte aufhängen

Du erläuterst das Ziel des Spiels – Anforderungen zu sortieren – und die Spielregeln. Du erklärst, was sich genau in dem Stapel befindet. Dann liest du die oberste Karte vor, klärst Verständnisfragen und hängst die Karten gut sichtbar an die Wand.

»In diesem Stapel befinden sich die Anforderungen, die ihr gleich gemeinsam nach ihrer Priorität sortieren werdet. Dazu könnt ihr einen von drei Spielzügen ausführen: Erstens, ihr nehmt eine Karte vom Stapel und hängt sie jeweils über, unter oder zwischen die bereits sortierten Karten. Je weiter oben, desto höher die Priorität. Zweitens, ihr tauscht die Plätze von zwei Karten, die bereits aufgehängt wurden. Drittens, ihr setzt aus. Ihr dürft euren Spielzug mit einem Satz kurz erläutern. Es wird nicht diskutiert. Ich lese jetzt die erste Karte vor und hänge sie als Bezugspunkt für euch auf ...«

Schritt 2: Die zweite Karte aufhängen

Du bittest ein Teammitglied, die zweite Karte laut vorzulesen und aufzuhängen. Über die erste Karte bedeutet »höhere Priorität«. Unter die erste Karte bedeutet »niedrigere Priorität«. Die Botschaft ist: einfach machen, ggf. kurz erläutern, nicht diskutieren.

Schritt 3: Alle Karten der Reihen nach aufhängen, tauschen oder aussetzen

Jetzt geht es reihum weiter. Du bittest das nächste Teammitglied in der Runde, entweder eine weitere Karte vom Stapel aufzuhängen, die Plätze von zwei bereits hängenden Karten zu tauschen und den Grund kurz zu erläutern oder eine Runde auszusetzen.

Setzt die Runde im Uhrzeigersinn immer weiter fort.

Wenn Karten getauscht werden oder inhaltliche Fragen geklärt werden müssen, schreibt die Information dazu einfach mit auf die Karten.

> **Karten, die keinen festen Platz finden**
>
> Achte darauf, ob bestimmte Karten immer wieder angefasst werden, aber keinen festen Platz finden. Dies ist oft ein Hinweis darauf, dass das Team noch kein gemeinsames Bild von der auf dieser Karte notierten zu leistenden Aufgabe hat. Frag nach, welche zusätzlichen Informationen der Gruppe für eine gute Beurteilung fehlen.
>
> Es ist dann sinnvoll, diese Karte einfach an der Seite zu »parken«.

Ende des Spiels

Das Spiel ist zu Ende, wenn die letzte Karte vom Stapel an der Wand hängt und die Karten nicht mehr bewegt werden. Um das zu prüfen, lässt du die laufende Runde pro forma zu Ende spielen und stellst sicher, dass alle Teammitglieder aussetzen und keine Karten mehr tauschen wollen.

27.3 Auswertung

Mit dem Spiel PRIORUNDE erzielt dein Team konkrete Arbeitsergebnisse. Deswegen ist es sinnvoll, nach dem Spiel kurz in die Runde zu fragen:

- Wie zufrieden seid ihr mit dem Ergebnis?
- Wie zufrieden seid ihr mit der Art des Vorgehens zur Priorisierung?

27.4 Hinweise für die Spielleitung

Der Erfolg des Spiels hängt davon ab, wie aktiv du den »Diskussions-Modus« verhinderst. Denk an ein gut moderiertes Daily. Hier werden die Themen ja auch nur kurz vorgestellt und im Rahmen der Vorstellung nicht weiter diskutiert. Ermuntere die Teammitglieder also dazu, schnell und spontan zu spielen und, wenn überhaupt, nur kurz zu erläutern, weshalb sie eine Karte so oder so einordnen. Diskussionen unterbindest du am besten charmant mit dem Verweis auf die Spielregeln.

Für das Tempo ist es wichtig, dass ihr im Stehen spielt. Wenn sich zehn Menschen in einem engen Besprechungsraum um einen klobigen Konferenztisch drängen und dabei auch noch Stühle rücken, kann das euer Spiel arg verlangsamen. Die Energie, die du erzeugen willst, ist ungefähr so wie »Rundlauf« beim Tischtennis – daher auch der Name.

In den agilen Alltag einbauen

Dieses Spiel kannst du einfach in den agilen Teamalltag einbauen, da Priorisierung ein wiederkehrendes Thema ist und es damit schnell Nutzen stiftet. Spiele dieser Art eignen sich häufig für Menschen, die dem Thema Spielen bei der Arbeit gegenüber skeptisch sind und es für Zeitverschwendung halten. Die Kopplung aus Spaß und Effizienz macht ihnen den Zugang dazu leichter.

Entstehung

Dieses Spiel ist eine Variante des TEAM ESTIMATION GAME, dessen Entwicklung wiederum Steve Bockmann zugeschrieben wird. Julia hat es für die inhaltliche Priorisierung im Team angepasst, z. B. während eines Planungstreffens.

Kapitel 28

Projekt und Linie

»Projekt und Linie« ist ein Aktionsspiel. Es macht auf einfache Weise deutlich, was passiert, wenn Projekt- und Linienarbeit gleichermaßen Aufmerksamkeit fordern, und regt an, Auswege zu finden.

28

Steckbrief

Funktion: Arbeitsprozess verbessern, Kommunikation verbessern, Zusammenarbeit stärken

Spielidee: Stifte und Bälle in einem guten Rhythmus im Kreis weiterreichen

Zeitbedarf: 10 Minuten

Teamgröße: 6–12, ggf. im Fishbowl spielen (siehe unten)

Schwierigkeitsgrad Team/Spielleitung: leicht/leicht

Aufwand für die Vorbereitung: gering

Remote: nein

Spielmaterial zum Download: nein

Eines der Agilen Prinzipien lautet: *»Agile Prozesse fördern nachhaltige Entwicklung. Die Auftraggeber, Entwickler und Benutzer sollten ein gleichmäßiges Tempo auf unbegrenzte Zeit halten können.«* Klingt gesund, lässt sich in der Praxis allerdings häufig nur schwer durch- und umsetzen. Es stehen vermeintlich zu viele Tätigkeiten gleichzeitig an, um Projektteams auf ein Projekt zu fokussieren und von der Linienarbeit freizustellen. Das Aktionsspiel PROJEKT UND LINIE eignet sich sehr gut, um diese Problematik ans Licht zu holen und Ideen zu entwickeln, wie ein Ausweg aussehen kann.

28.1 Vorbereitung

Die Vorbereitung für dieses Spiel ist äußerst simpel. Du brauchst eine Handvoll Stifte, ein paar Bälle und genügend Platz, damit sich alle mit einem kleinen Abstand im Kreis aufstellen können. Spielst du mit einer sehr großen Gruppe, kannst du im *Fishbowl* spielen. Hierzu lässt du zwei Kreise bilden. Der innere Kreis spielt dabei das Spiel, und der äußere beobachtet das Ganze und gibt später Rückmeldung. Sorge dafür, dass alle Stolperfallen aus dem Weg geräumt sind und auch keine Getränke umkippen können. Das Spiel kann turbulent werden.

Für dieses Spiel brauchst du:

- fünf Stifte
- drei Tennisbälle o. Ä. (zur Kugel zusammengeknülltes Papier tut es zur Not auch)

Du kannst alle Spielmaterialien von Anfang an bereitlegen.

28.2 Spielablauf

Schritt 1: Spielregeln erläutern

Du erläuterst das Ziel des Spiels – Projekt- und Linienarbeit in Einklang bringen – und startest das Spiel.

»Ich habe ein kurzes Spiel mitgebracht, mit dem wir uns das Wechselspiel zwischen Projekt- und Linienarbeit ansehen können. Stellt euch bitte in einem Kreis auf, sodass ihr noch bequem eure Arme bewegen könnt.«

Schritt 2: Stifte im Kreis herumreichen

Du reichst einen Stift zu der Person neben dir und bittest sie darum, den Stift weiterzugeben. Der Stift muss mit der rechten Hand angenommen und mit der linken Hand abgegeben werden. Das erklärst du, während du es tust. Du lässt die Runde dies vollenden, und dann bringst du nach und nach alle Stifte ins Spiel und ziehst gleichzeitig das Tempo an.

»Die Stifte stehen für die Linientätigkeit, die wir regelmäßig zu erledigen haben.«

Schritt 3: Bälle werfen und fangen

Nun bringst du zusätzlich die Bälle ins Spiel. Sie stehen für die Projektarbeit. Die Bälle werden kreuz und quer einer beliebigen Person zugeworfen (Projekte sind einfach viel dynamischer). Sie dürfen den Boden nicht berühren. Du beginnst wieder zunächst mit einem Ball und legst dann weitere nach.

»Prima! Projektarbeit ist etwas komplexer, aber wir haben das auch bestens im Griff, wie es scheint!«

In Wahrheit entsteht normalerweise an dieser Stelle schnell ein Durcheinander, in dem Stifte und Bälle zu Boden fallen und die Runde immer wieder stockt. Falls nicht, füge einfach einen weiteren Ball hinzu.

Ende des Spiels

Du beendest das Spiel, wenn du entweder bemerkst, dass die Spielenden den Dreh raushaben, oder wenn du siehst, dass sie das entstandene Durcheinander nicht ohne eine kurze Reflexion auflösen können.

> **Barrierefrei spielen**
>
> Achte vor allem bei Aktionsspielen darauf, dass du die besonderen Fähigkeiten oder Bedürfnisse von allen berücksichtigst. Kläre die Gegebenheiten ggf. im Vorfeld ab, damit du das Spiel entsprechend anpassen kannst. Dazu gibt es viele Möglichkeiten. Du kannst z. B. beobachtende Rollen einführen, du kannst mit Assistenz oder im Tandem arbeiten lassen, du kannst für Sitz- und Stehgelegenheiten sorgen.

Lösungen

Es gibt verschiedene »Lösungsstrategien«:

- sehr gut aufeinander achten
- die Bälle ankündigen
- die Stifte verlangsamen
- Nein zu Stiften und/oder Bällen sagen
- zwei Kreise bilden, einen für Stifte, einen für Bälle

28.3 Hinweise für die Spielleitung

Projekt und Linie ist ein sehr simples Spiel, das schnell ins Durcheinander führen kann. An diesen Punkten friere das Spiel kurz ein, reflektiere mit den Spielenden, was gerade falsch läuft und was sie besser machen möchten.

28.4 Auswertung

Du kannst das Spiel in mehreren Runden spielen und zwischen diesen kleine Retrospektiven einbauen:

- Wie hast du die anderen wahrgenommen?
- Was hätte dir geholfen?
- Was hätte anderen geholfen?
- Was wollt ihr in der nächsten Runde anders machen/ausprobieren?

Das Spiel bietet sich auch als Einstieg in einen Praxistransfer an:

- Was von dem gerade Erlebten kennst du aus deiner Berufspraxis/dem Teamalltag?
- Was davon erlebst du als hilfreich und was als problematisch?
- Was würdest du gern anders machen/ausprobieren?

Entstehung

Wir haben das Spiel mit einer Gruppe auf der Manage Agile spielen wollen. Zufällig war Anne Hoffmann mit dabei, und es stellte sich heraus: Sie hat es erfunden.

Kapitel 29
Rollenpuzzle

»Rollenpuzzle« ist ein Puzzle, das im Team gelöst wird. Die Spielenden ordnen verschiedene Aufgaben den Scrum-Rollen zu und besprechen Unklarheiten über Zuständigkeiten.

Steckbrief

Funktion: Kommunikation verbessern, Rollen klären, Zusammenarbeit stärken

Spielidee: vorgegebene Aufgaben richtig den Scrum-Rollen zuordnen

Zeitbedarf: 15 Minuten

Teamgröße: 6–10, in zwei parallelen Gruppen

Schwierigkeitsgrad Team/Spielleitung: leicht/leicht

Aufwand für die Vorbereitung: mittel

Remote: ja

Spielmaterial zum Download: ja

Die Projektmanagement-Methode Scrum kommt mit einem ungewöhnlichen Rollenkonzept um die Ecke. Das Besondere daran ist die Aufteilung der Führungsrolle. Darin liegt für viele Unternehmen, insbesondere in der Anfangsphase, eine Herausforderung. Führung wird einfach sehr oft individualisiert, und wer kennt nicht die Frage: »Wen können wir dafür ›verhaften‹?«

Das ROLLENPUZZLE kannst du gut einsetzen, um dieses Rollenkonzept inhaltlich zu vermitteln und Unklarheiten zu beseitigen. Es eignet sich auch für Retrospektiven, wenn im Team ein Rollen-Kuddelmuddel entstanden ist.

29.1 Vorbereitung

Für dieses Spiel stellst du zwei Sätze Puzzlesteine her. Die Puzzlesteine sind rechteckige Pappkarten, auf denen jeweils eine Aufgabe steht, die ein Scrum-Team abdecken muss. Manche Karten gibt es mehrfach, weil bestimmte Aufgaben ja von mehr als einer Rolle wahrgenommen werden. Das Spiel wird übersichtlicher, wenn du zwei Farben für die Karten nutzt, eine für die primäre und eine für die sekundäre Verantwortung (siehe Abbildung 29.1).

Für dieses Spiel brauchst du:

- zwei Sets an Karten – jeweils in zwei Farben, eine für die primäre und eine für die sekundäre Verantwortung
- zwei Poster mit drei Spalten. Jede Spalte trägt dabei als Überschrift eine der Scrum-Rollen Entwicklungsteam, Scrum-Master-Rolle, Product-Owner-Rolle
- zwei große Tische, auf denen jeweils die Poster liegen, sodass die Puzzleteile den Spalten zusortiert werden können

Du kannst alle Spielmaterialien von Anfang an bereitlegen.

Rollenpuzzle remote

ROLLENPUZZLE lässt sich leicht per Videokonferenz mit einem digitalen TeamBoard wie Jira, Trello oder Meistertask oder auch einer Präsentation im Bearbeitungsmodus spielen. Du musst nur die Spalten und Karten dazu anlegen und die Karten kräftig durcheinanderbringen.

Einmal erstellen – mehrfach benutzen

Es lohnt sich bei manchen Spielen, von vornherein ein ordentliches Set zu erstellen. Dieses Spiel ist ein Beispiel hierfür. Wenn du die Karten auf dickerem Papier ausdruckst, kannst du sie später immer wieder benutzen, und die Vorbereitungszeit für das Spielsetup verkürzt sich dadurch deutlich.

29.2 Spielablauf

Schritt 1: Spielregeln erläutern und zwei Gruppen bilden

Du teilst alle in zwei gleich große Teams ein und händigst jedem Team einen Stapel Karten aus.

»Ihr bringt gleich Ordnung in die Verantwortlichkeiten der verschiedenen Scrum-Rollen. Bitte teilt euch dazu in zwei gleich große Gruppen auf. Jede Gruppe bekommt jeweils zwei verschiedenfarbige Kartensets. Bitte mischt sie gründlich durch und verteilt sie gleichmäßig in der Gruppe. Versucht, die Karten entsprechend den Scrum-Rollen Entwicklungsteam, Scrum-Master-Rolle und Product-Owner-Rolle zu sortieren. Dazu findet ihr Poster mit entsprechenden Spalten auf den Tischen. Manche der Begriffe gibt es auf mehreren

Karten und in unterschiedlichen Farben. Hierbei steht die Farbe Grün für die Rolle, die primär die Verantwortung für diese Tätigkeit hat, und Gelb für die Rolle, die sekundär die Verantwortung für diese Tätigkeit trägt. Für das Sortieren der Karten zu den Rollen habt ihr zwei Minuten Zeit. Dabei gilt als besondere Hürde, dass ihr nicht miteinander sprechen dürft. Danach tauscht ihr euch aus, um eventuelle Unstimmigkeiten zu beheben und Fragen zu klären.«

Schritt 2: Karten schweigend sortieren

Jede Gruppe mischt ihre Karten und teilt die Karten anschließend gleichmäßig aus. Nun legen alle in mehreren Runden schweigend ihre Karten jeweils in die Spalte ab, die ihrer Meinung nach zutreffend ist – bis keine Karten mehr vorhanden sind.

Schritt 3: Karten als Team sortieren

Wenn alle Karten gelegt sind, gibst du noch fünf Minuten Zeit, sich innerhalb der Gruppen auszutauschen, um Unstimmigkeiten zu beheben oder Fragen zu klären.

Schritt 4: Tische tauschen

Im letzten Schritt tauschen die Gruppen den Tisch und markieren bei der jeweils anderen Gruppe, welche Karten sie anders einsortiert haben.

Ende des Spiels

Führt abschließend ein Gespräch, in dem ihr Unstimmigkeiten auflöst und du ggf. als Spielleitung selbst noch einmal nachsteuern kannst.

Das Spiel ist zu Ende, wenn alle Karten richtig sortiert und alle Fragen geklärt sind.

> **Weitere Rollen einbeziehen**
>
> Du kannst das Spiel noch erschweren, indem du auch Aufgaben traditioneller Rollen mit aufnimmst, die es in agilen Zusammenhängen so nicht gibt. Diese Karten müssen dann aussortiert werden. Noch schwieriger wird es, wenn du das vorher nicht ankündigst.

Lösungen

Für die Lösung hältst du am besten einen Spickzettel bereit, den du am Ende auch an alle austeilen kannst.

29.3 Hinweise für die Spielleitung

Als Spielleitung ist es wichtig, in der Lage zu sein, alle Karten richtig einzusortieren und auch erläutern zu können, weshalb bestimmte Aufgaben bei bestimmten Rollen liegen.

Schaue den Gruppen beim Sortieren über die Schulter und schreibe auf, bei welchen Karten sie sich uneinig sind.

WER MACHT WAS IM SCRUM-TEAM?

Spickzettel

PRIMÄRE VERANTWORTUNG

- Am Sprint Planning teilnehmen - ET, SM, PO (3x)
- Am Sprint Review teilnehmen - ET, SM, PO (3x)
- An der Backlog Pflege teilnehmen - ET, SM, PO (3x)
- Am Daily teilnehmen - ET, (SM) (2x)
- An der Retrospektive teilnehmen - SM, PO, ET (3x)
- Qualität sicherstellen - ET
- Design - ET
- Build - ET
- Testen - ET
- Software integrieren - ET
- Software verteilen / deployen - ET
- Prozesse verbessern - ET
- Technische/fachliche Praxis verbessern - ET
- Das Product Backlog priorisieren - PO
- Mit Stakeholdern sprechen - PO
- Den Fortschritt des Sprints verfolgen - PO
- Das Product Backlog für alle sichtbar machen - PO
- Product Backlog Items erstellen - PO
- Technische Hemmnisse beseitigen - DT
- Organisatorische Hemmnisse beseitigen - SM
- Scrum Ereignisse begleiten/moderieren - SM
- Beachten der Scrum Regeln sicherstellen - SM
- Das Team coachen - SM
- Den Fortschritt des Release verfolgen - PO

SEKUNDÄRE VERANTWORTUNG

- Qualität sicherstellen - PO, SM (2x)
- An der Retrospektive teilnehmen - PO
- Am Daily teilnehmen - PO
- Product Backlog Items erstellen - DT
- Prozesse verbessern - PO
- Technische/fachliche Praxis verbessern - PO

ET - Entwicklungsteam, SM - Scrum-Master-Rolle
PO - Product-Owner-Rolle

Abbildung 29.1 Ein Spickzettel für die Rollen im Scrum-Team

29.4 Auswertung

Für die Auswertung bietet es sich an, über die Karten zu sprechen, die nicht sofort in der richtigen Spalte gelandet sind:

- Welche Unklarheit gibt es bezüglich dieser Aufgaben?
- Wo gibt es eventuell große Unterschiede zu bestehenden Rollen im Unternehmen?

Entstehung

Dieses Spiel stammt aus der agilen Spielesammlung Tasty Cupcakes (*https://www.tastycupcakes.org*). Es wurde 2014 als SCRUM ROLES AND RESPONSIBILITIES GAME von Andrew Rusling unter einer CC-BY-4.0-Lizenz entwickelt.

Kapitel 30
Sag's und nimm's

»Sag's und nimm's« ist ein kreatives Würfelspiel. Es ermöglicht den Spielenden, viele Anknüpfungspunkte zu ihren Erfahrungen in einem Themenfeld zu finden

Steckbrief

Funktion: Kommunikation verbessern, Wissen vermitteln, Zusammenarbeit stärken

Spielidee: Improvisieren, was sich mit den agilen Konzepten konkret tun lässt

Zeitbedarf: 15 Minuten

Teamgröße: 4, gern in parallelen Gruppen

Schwierigkeitsgrad Team/Spielleitung: leicht/leicht

Aufwand für die Vorbereitung: mittel

Remote: nein

Spielmaterial zum Download: ja

Wer anfängt, agil zu arbeiten, lernt viele neue Konzepte kennen. Neue Rollen, neue Meetings, neue Artefakte. Nicht immer ist gleich klar, wozu sie dienen und was sie bewirken. SAG'S UND NIMM'S hilft dir dabei, diese Konzepte interaktiv einzuführen. Und zwar aus der Perspektive einer Person, die diese Konzepte anwenden will: Was kann ich mit dem Konzept tun? Dazu werden die Konzepte von einem Kartenstapel gezogen, und es werden Actions mit den Rory's Story Cubes (siehe Abschnitt 38.2, »Tätigkeiten, die Spaß bringen ...«) ausgewürfelt (siehe Abbildung 30.1).

Wer zuerst eine passende, clevere oder lustige Idee hat, macht den Punkt.

30.1 Vorbereitung

Erstelle ein Spielkartenset mit 20 Begriffen eines Themenfelds, das du mit der Gruppe erkunden willst. Drucke diese auf dickerem Papier aus und schneide sie aus. Du kannst dafür die Vorlagen aus dem Downloadbereich benutzen. Jede Gruppe spielt mit einem eigenen Set.

Zusätzlich braucht jede Gruppe die Möglichkeit, per Zufall Tätigkeiten zu bestimmen. Wir nutzen für das Spiel das Action Set von den Rory's Story Cubes. Dies sind Würfel, die anstelle von Augenzahlen Symbole für Tätigkeiten zeigen. Es gibt sie sowohl als physische Würfel als auch als App.

Für dieses Spiel brauchst du:

- ein Spielkartenset pro Gruppe
- ein Aktions-Würfelset, die App oder eine andere Möglichkeit, um zufällig Tätigkeiten bestimmen zu können (wir sprechen im Folgenden immer vom »Würfelset«)
- einen Tisch oder eine feste Unterlage pro Gruppe zum Spielen
- eine Tischdecke o. Ä. zur Geräuschdämmung

Du kannst alle Spielmaterialien von Anfang an bereitlegen.

30.2 Spielablauf

Schritt 1: Den Spieltisch vorbereiten

Du verteilst die Spielkartensets an die Gruppen und erläuterst das Ziel des Spiels sowie die Regeln.

»Ihr bekommt als Gruppe je ein Spielkartenset. Bitte mischt als Erstes das Kartenset gründlich durch und legt es als verdeckten Stapel in die Mitte.

Ziel des Spiels ist es, möglichst viele Karten zu sammeln, indem ihr geschickte Verbindungen zwischen den Begriffen auf den Spielkarten und zufälligen Tätigkeiten herstellt.«

Schritt 2: Das Spiel starten

Du bringst das Würfelset oder die App ins Spiel und erläuterst, wie das Spiel funktioniert:

»Ihr deckt die oberste Karte vom Stapel auf, und die erste Person würfelt mit allen Würfeln. Auf den Würfeln/in der App ist eine Reihe von Symbolen für Tätigkeiten zu sehen. Ihr wählt eines der Symbole und damit eine der Tätigkeiten aus und erklärt, wie der Begriff auf der Karte und die Tätigkeit auf dem Würfel zusammenpassen.

Wer es schafft, den anderen am Tisch die Verbindung schlüssig zu erläutern, erhält die Karte. Diese Person entfernt daraufhin einen Würfel aus dem Spiel, und die nächste Person ist an der Reihe, eine Karte aufzudecken und mit den verbleibenden Würfeln zu würfeln. Je weniger Würfel im Spiel sind, desto schwieriger wird es natürlich für die nächste Person. Wenn nur noch ein Würfel vorhanden ist, bleibt dieser bis zum Ende im Spiel.

Gelingt es einer Person nicht, die Verbindung herzustellen, wird die Karte wieder verdeckt unter den Stapel gelegt. Es wird wieder ein Würfel hinzugefügt, falls ihr noch nicht mit der vollen Anzahl spielt. Die nächste Person am Tisch darf ihr Glück versuchen und hat es mit dem zusätzlichen Würfel jetzt wieder etwas leichter, eine Verbindung zu finden.«

Abbildung 30.1 »Sag's und nimm's«: Was kannst du alles mit einem Backlog machen? Du kannst es sortieren, darauf verweisen (zeigen), zuhören, was darin für die nächste Etappe steht.

An Geräuschdämmung denken

Wenn mehrere Teams gleichzeitig in einem Raum mit Würfeln spielen, ist es hilfreich, Tischdecken oder etwas anderes zu haben, das die Würfelgeräusche dämmt. Je lauter es in der Umgebung wird, desto lauter werden auch die Spielgruppen selbst, um sich untereinander noch verstehen zu können. Das strengt manche Menschen sehr an und nimmt ihnen die Spielfreude.

Ende des Spiels

Das Spiel ist zu Ende, wenn der Kartenstapel leer ist. Gewonnen hat die Person mit den meisten Karten.

30.3 Auswertung

Nach dem Ende des Spiels rufst du alle Gruppen zurück in eine große Runde und eröffnest den gegenseitigen Austausch mit einer Frage wie: »*Was waren die lustigsten Verbindungen, die ihr entdeckt habt?*«

30.4 Hinweise für die Spielleitung

Wenn du eigene Kartensets entwickelst, teste diese immer vorab mit einer kleinen Gruppe von Menschen. So stellst du sicher, dass sich Begriffe und Tätigkeiten gut miteinander verbinden lassen.

Entstehung

Julia hat dieses Spiel zusammen mit Stefan Zörner für einen Spieleabend mit der GOTO Community in Berlin entwickelt.

Kapitel 31
Schuh-Tausch

»Schuh-Tausch« ist ein taktisches Legespiel. Die Spielenden versetzen sich in verschiedene Stakeholder hinein und versuchen die Arbeit des Teams aus deren Perspektive zu betrachten.

Steckbrief

Funktion: Ideen entwickeln, Perspektiven wechseln, Stakeholder einbeziehen

Spielidee: Schuhe als Stellvertreter für verschiedene Stakeholder positionieren

Zeitbedarf: 45 Minuten

Teamgröße: 6–10

Schwierigkeitsgrad Team/Spielleitung: leicht/mittel

Aufwand für die Vorbereitung: gering

Remote: nein

Spielmaterial zum Download: nein

Wie heißt es so schön? Kein Team arbeitet auf der grünen Wiese. Gemeint ist damit, dass es immer Impulse oder auch Zwänge im Umfeld gibt, die aufgenommen und beantwortet werden wollen. In agilen Teams und Projekten kommt dem durch die enge Einbindung von Stakeholdern aller Art nochmals eine besondere Bedeutung zu. Ein ganz wesentlicher Teil der agilen Arbeit besteht nämlich darin, konsequent die Außenperspektive einzunehmen, sich in Personen, die das Produkt nutzen, und in andere Stakeholder hineinzuversetzen und daraus kluge Rückschlüsse für die Produktentwicklung und Wertschöpfung zu ziehen.

Der SCHUH-TAUSCH ist eine spielerische Variante der Stakeholder-Analyse. Du kannst ihn nutzen, um deinem Team zu helfen, die Perspektive nicht nur im Kopf zu wechseln, sondern sich wirklich in andere Menschen und ihre Anliegen hineinzuversetzen.

31.1 Vorbereitung

Für dieses Spiel musst du nur ein paar Bastelmaterialien aus deinem Materialfundus heraussuchen.

Für dieses Spiel brauchst du:

- DIN-A4-Papier
- dicke bunte Filzstifte
- Moderationskarten

Du kannst alle Spielmaterialien von Anfang an bereitlegen.

31.2 Spielablauf

Schritt 1: Spielregeln erläutern

Du erläuterst das Ziel des Spiels – in die Schuhe der Stakeholder zu schlüpfen, um ihre Sichtweise besser zu verstehen – und die Spielregeln:

»Ihr sammelt jetzt gleich als Erstes die Stakeholder zu eurem Projekt/Produkt. Stakeholder sind all die Personen, die ein starkes und berechtigtes Interesse an eurem Thema haben. Diese bekommen einen von euch selbst gemalten Schuh, der sie im Folgenden repräsentiert. Wir legen unser Vorhaben in die Mitte des Raums, und ihr positioniert die Schuhe relativ dazu. Ihr verschiebt die Schuhe so lange, bis ihr ein gemeinsames Bild gefunden habt, das sich passend anfühlt. Anschließend testen wir noch, wie es ist, in den Schuhen eurer Stakeholder auf euer Vorhaben zu schauen.«

Schritt 2: Stakeholder sammeln

Du bittest das Team, dir Stakeholder zuzurufen, also Personen, die ein starkes und berechtigtes Interesse an eurem Thema haben: Schreibe die Namen und ggf. Funktionen der genannten Personen auf Moderationskarten, eine Person pro Karte.

»Welche Stakeholder sollten heute unbedingt vertreten sein und einen Schuh bekommen?«

Schritt 3: Stakeholder auslosen

Du verlost die Stakeholder, z. B. indem jedes Teammitglied/jede Kleingruppe blind eine Karte zieht.

Schritt 4: Schuhe basteln

Jetzt sind alle gefordert, zu der gezogenen Karte einen Schuh zu malen, den die Stakeholder anhaben könnten, sowie einen Satz zu finden, den die Person zu eurem Vorhaben sagen könnte.

»Schreibt noch einen Satz dazu, den diese Person aktuell wohl über unser Vorhaben sagen würde.«

Schritt 5: Schuhe positionieren

Du rufst die Spielenden in einen großen Kreis zusammen und legst eine Karte mit eurem Vorhaben in die Mitte. Nun bittest du alle, ihre selbst gemalten Schuhe nacheinander relativ zu eurem Vorhaben zu positionieren (siehe Abbildung 31.1).

- Wie nah steht die Person dem Vorhaben? (Distanz des Schuhs zum Thema)
- Ist sie dem Vorhaben zugeneigt? Oder lehnt sie es eher ab, geht vorbei oder sogar weg? (Richtung, in die die Schuhspitze zeigt)

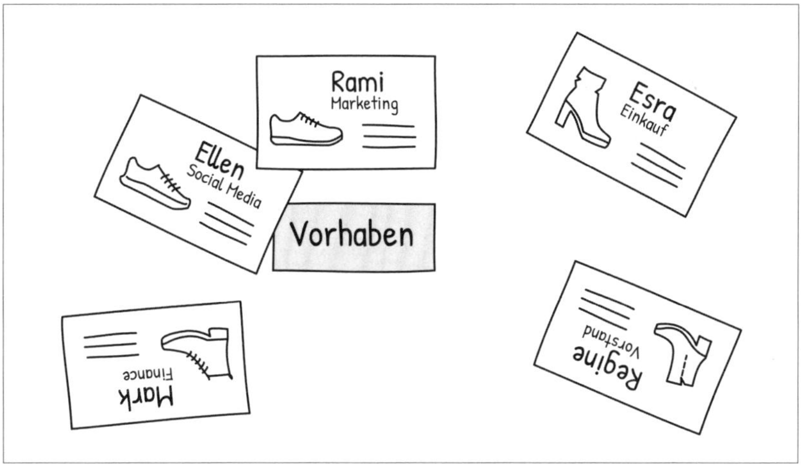

Abbildung 31.1 Rami und Ellen stehen dem Vorhaben beispielsweise nahe – Esra will wohl noch überzeugt werden. So ähnlich könnte das Bild nach Schritt 5 aussehen.

Schritt 6: Schuhe sortieren

Im nächsten Schritt werden die Schuhe so lange umpositioniert, bis ein gemeinsames Bild entstanden ist. Geht der Reihe nach im Uhrzeigersinn herum, wer dran ist, darf einen von drei Zügen ausführen:

- die Distanz eines Schuhs ändern
- die Richtung eines Schuhs ändern
- aussetzen

Der Spielzug darf kurz von der ausführenden Person kommentiert werden, wird aber ansonsten nicht weiter diskutiert.

Schritt 7: In die Schuhe schlüpfen

Wenn sich das Bild sortiert hat, gibst du der Gruppe einen Moment Zeit, das Gesamtbild zu betrachten. Dazu bittest du die Gruppe, über diese Frage nachzudenken:

»Wie wäre es jetzt, tatsächlich in diesen Schuhen zu stehen?«

Ende des Spiels

Das Spiel endet, wenn die Schuhe nicht mehr bewegt werden und die Spielenden gemeinsam das Gesamtbild betrachtet haben.

31.3 Auswertung

Zur Auswertung bieten sich Fragen an, deren Antworten ihr in Anforderungen für eurer Produkt/Projekt/Thema oder auch in Kommunikationsmaßnahmen übersetzen könnt:

- Was motiviert die Menschen, die in den Schuhen stecken, zu ihrer Sicht auf euer Produkt/Projekt/Thema?
- Was sind ihre Sorgen, Nöte und Zwänge? Ihre Wünsche und Träume?
- Welche Anforderungen ergeben sich daraus für euer Produkt/Projekt/Thema?

31.4 Hinweise für die Spielleitung

SCHUH-TAUSCH funktioniert am besten in einer ruhigen, eher nachdenklichen Atmosphäre. Es gibt keinen Grund zur Eile, vielmehr sollen sich die Spielenden Zeit nehmen, um sich tief in die Stakeholder einzufühlen und ihre Perspektive zu verstehen. In sehr lebendigen Gruppen bietet es sich daher an, die Schritte 4 bis 6 schweigend zu spielen. Ansonsten reicht es auch schon, wenn du selbst versuchst, Ruhe auszustrahlen und durch kleine Handzeichen oder Impulse beruhigend auf die Gruppe einwirkst.

Gruppen vergessen manchmal so wichtige Stakeholder wie die eigene Kundschaft. Du kannst in diesem Fall nach Schritt 2 der Gruppe auf die Sprünge helfen und noch einmal nachfragen, ob ein Personenkreis vergessen wurde. Alternativ lässt du das Spiel durchlaufen und greifst das Thema in der Auswertung auf. Der Schock sitzt dann oft noch tiefer und kann so noch wirkungsvoller sein.

Psychodrama

Das Spiel dient dazu, die Beziehungen in einer Gruppe zu untersuchen und bedient sich der Soziometrie als einer Schlüsselmethode aus dem Psychodrama. Psychodrama ist eine handlungsorientierte Therapie- und Beratungsmethode. Sie wurde im frühen 20. Jahrhundert von dem Arzt Jacob Levy Moreno aus dem Stegreiftheater entwickelt und zielt u. a. darauf ab, Kreativität und Empathie zu aktivieren und durch spielerisches Durchleben auf der »Bühne« (d. h. im geschützten Raum) die eigene Rollenflexibilität in der tatsächlichen Welt (also z. B. dem beruflichen Kontext) zu erhöhen.

Entstehung

Die Schuh-Soziometrie hat Julia bei Dr. Marén Burrack und Alfred Hinz während ihrer Psychodrama-Ausbildung am Institut für soziale Interaktion in Hamburg kennengelernt und für die Stakeholder-Analyse vereinfacht.

Kapitel 32
Spielentwicklungsmaschine

»Spielentwicklungsmaschine« ist ein Brettspiel, mit dem Teams selbst Spiele oder spielerische Lern- und Workshop-Formate entwickeln können.

32

Steckbrief

Funktion: Ideen entwickeln, Perspektiven wechseln, Themen bearbeiten

Spielidee: anhand der Spieltypen von Bartle ein eigenes Spiel entwickeln

Zeitbedarf: 60 Minuten

Teamgröße: beliebig, die Anzahl sollte durch 4 teilbar sein

Schwierigkeitsgrad Team/Spielleitung: leicht/mittel

Aufwand für die Vorbereitung: mittel

Remote: nein

Spielmaterial zum Download: ja

Workshops und Meetings gibt es in allen Unternehmen, um Informationen auszutauschen und gemeinsam gezielt an Themen zu arbeiten. Auch in der agilen Welt gehören regelmäßige Rituale wie Review, Retro oder Planning fest dazu. Trotz aller durchaus gewollten Routine bleibt es eine Kunst, diese Meetings abwechslungsreich zu gestalten, sodass alle engagiert und mit Energie dabei sind.

Mit der SPIELENTWICKLUNGSMASCHINE bekommst du ein Spiel an die Hand, mit dem du schnell und einfach eigene spielerische Formate entwickeln kannst – von einem kurzen Spiel für die nächste Retro bis zu unternehmensweiten Spielen für große Change-Vorhaben.

32.1 Vorbereitung

Die SPIELENTWICKLUNGSMASCHINE ist ein Brettspiel, für das die Spielenden die Materialien selbst herstellen. Um den spielerischen Charakter zu unterstützen, ist es wichtig, dass du die Tische, an denen gespielt wird, wie für einen Spieleabend herrichtest. Dazu belegst du jeden Tisch mit einem Flipchart-Bogen (als Spielbrett) und stellst leere Karten und Würfel bereit. Der Rest entsteht durch die Fantasie und Kreativität der Spielenden.

Für dieses Spiel brauchst du:

- Übersicht über die Spieltypen nach Bartle (als Poster für alle sichtbar oder als Merkblatt auf den Tischen, siehe Abschnitt 40.1)
- Für alle je ein Set Spielkarten, die von 1 bis 6, also entsprechend den Augenzahlen eines Würfels, durchnummeriert sind. Du kannst dazu die Vorlage aus dem Downloadbereich verwenden oder die Spielenden bitten, ihre Karten selbst durchzunummerieren.
- leere Spielkarten zum Beschriften (in einer anderen Farbe, z. B. Blau)
- Flipchart-Papier oder ein anderes großes Papier auf dem Tisch mit ausreichend Platz zum Schreiben und Kritzeln
- Stifte zum Beschriften der Karten und zum Mitschreiben von Ideen
- pro Gruppe einen Würfel

Du kannst alle Spielmaterialien von Anfang an bereitlegen.

32.2 Spielablauf

Schritt 1: Spielregeln erläutern

Du erläuterst das Ziel des Spiels – ein eigenes Spiel entwickeln – und gibst einen Überblick über die Schritte des Spiels:

»Mit der Spielentwicklungsmaschine könnt ihr in kurzer Zeit Ideen für eigene Spiele entwickeln. Im ersten Schritt setzt ihr euch dafür mit verschiedenen Spieltypen auseinander und entwickelt für diese ein Spielkartenset mit Dingen, die sie gern tun. Ihr findet euch dann in Vierergruppen zusammen und entwickelt Spielideen. Teilt euch bitte jetzt zunächst in vier gleich große Gruppen auf und verteilt euch im Raum.«

Schritt 2: Spieltypen erkunden

Du teilst jeder Gruppe einen Spieltyp zu und bittest alle, sich in diesen Typ hineinzuversetzen und die Eigenschaften dieses Typs zu besprechen. Dazu können das Poster, die Merkblätter oder auch eine Recherche im Internet verwendet werden.

»Stellt euch vor, ihr seid einer dieser Spielertypen. Stellt euch folgende Fragen:

- *Was sind eure Haupteigenschaften?*
- *Was motiviert euch?*

- *Was mögt ihr nicht?*
- *Was macht euch neugierig?*
- *Was tut ihr, um eure Ziele zu erreichen?«*

Die Spieltypen nach Bartle

Das Geheimnis liegt wie bei jeder Maschine in der Mechanik. Unsere Maschine nutzt die *Spieltypen nach Bartle*, die auf die Erforschung von Spielverhalten in Multiplayer Online Games zurückgehen. Nach Bartle (1996) gibt es vier Typen von Spielern: Killer, Achiever, Socializer und Explorer. Er klassifizierte sie nach ihrer Freude an Aktion/Interaktion im spielerischen Umfeld und ihrem Interesse an der Spielwelt/den anderen Mitspielenden und Akteuren. Jeder Spieltyp wird durch unterschiedliche Aspekte motiviert, am Spiel teilzunehmen, agiert mit den anderen Menschen in mehr oder weniger starker Abhängigkeit und verfolgt für sich andere Ziele im Spiel.

Mehr dazu findest du in Abschnitt 40.1, »Die vier Spieltypen nach Bartle«

Vor allem Menschen, die sich (insgeheim) mit der Killer-Gruppe identifizieren, könnten hier Vorbehalte haben. Ermuntere alle, sich auf das Experiment einzulassen. Nur, weil ich weiß, was die Killer-Rolle im Spiel macht, muss ich selbst noch lange nicht dazugehören.

Schritt 3: Spielkarten erstellen

Wenn alle ihren Spieltyp verinnerlicht haben, lenkst du die Aufmerksamkeit auf das Thema Lernen.

»Wenn ihr euren Typ verinnerlicht habt, stellt euch folgende Frage: Was tue ich als (...), um zu lernen? Schreibt die Ideen auf sechs Karten mit je einer anderen Augenzahl.«

Nach diesem Schritt hat jede Person sechs verschiedene Karten zu ihrem Spieltyp auf der Hand. Auf jeder Karte steht eine Aktivität, die derjenige Typ unternimmt, um zu lernen, z. B.:

- Killer: sucht Schwächen bei anderen, um diese im richtigen Moment angreifen zu können
- Achiever: formuliert messbare Lernziele anhand eines Rankings/Punktvergabesystems
- Socializer: hört aufmerksam zu
- Explorer: puzzelt verschiedene Teile zusammen

Die Gruppe muss sich hier nicht einigen, d. h., alle können ihre eigene Liste von Aktivitäten auf ihre eigenen Karten schreiben. Es ist aber auch in Ordnung, wenn alle mit dem gleichen Set an Aktivitäten ins Spiel gehen.

Schritt 4: Konkrete Lernvorhaben sammeln

Nun beginnt die nächste Phase des Spiels. Alle teilen sich neu in Gruppen auf, sodass am Ende jeder Spieltyp an einem Tisch vertreten ist. Eine Gruppe besteht also aus mindestens vier Personen. Anschließend bittest du alle, für sich selbst noch eine blaue Karte zu erstellen. Auf dieser Karte wird ein möglichst konkretes eigenes Vorhaben (wie etwa Vortrag, Projekt Roll-out, Führungskräftetraining o. Ä.) notiert. Dieses wird im Anschluss durch die SPIELENTWICKLUNGSMASCHINE geschickt. Alle blauen Karten werden nun gemischt und verdeckt in einem Stapel in die Mitte des Tischs gelegt. Die Spieltypkarten behalten alle verdeckt auf ihrer eigenen Hand.

Schritt 5: Die Spielentwicklungsmaschine anwerfen

Du prüfst noch einmal, ob alle Tische spielbereit sind:

- Haben alle die sechs Karten mit je einer Lernaktivität in der Hand?
- Sind alle Spieltypen am Tisch vertreten?
- Liegt ein großes leeres Blatt Papier auf dem Tisch?
- Liegen mindestens vier Lernvorhaben verdeckt in der Mitte des Tischs?
- Hat jeder Tisch einen 6er-Würfel zur Hand?

Dann erläuterst du den Ablauf einer Spielrunde:

»Ihr zieht ein Lernvorhaben vom Stapel. Bittet die Person, die das Vorhaben eingebracht hat, es kurz zu erläutern.

Würfelt, sucht aus den Karten auf eurer Hand die der Augenzahl entsprechenden Spielkarten heraus und legt sie offen auf den Tisch.

Erläutert euch gegenseitig kurz, was der jeweilige Spieltyp gern tut, um zu lernen.

Kombiniert nun all eure Karten zu einer Spielidee für das gezogene Lernvorhaben: Wie könnte ein Spiel aussehen, das gut zum Lernvorhaben passt und die erwürfelten Lernaktivitäten der Spieltypen integriert? Denkt quer, denkt laut, malt, schreibt oder kritzelt eure Ideen auf das große Blatt Papier.

Spielt weitere Runden, bis ihr zu allen Vorhaben Ideen auf der Tischdecke (aufgemalt) habt.«

Ende des Spiels

Das Spiel ist zu Ende, wenn an jedem Tisch zu jedem Lernvorhaben Ideen entwickelt worden sind. Im Teil IV, »Spiele entwickeln«, erfährst du mehr darüber, wie ihr die Ideen weiter zu einem Prototyp und bis zum fertigen Spiel entwickeln könnt.

32.3 Hinweise für die Spielleitung

Fordere anfangs häufiger auf, die »Tischdecke« zu beschriften. Die Erfahrung zeigt, je mehr gekritzelt, gemalt und geschrieben wird, desto mehr Verbindungen und Ideen entstehen und auch die Ideen von stilleren Menschen werden so leichter mit aufgenommen.

Am Anfang tun sich Menschen oft schwer damit, »auf die Tischdecke zu schreiben«. Brich das Eis, indem du sie zu Beginn beispielweise aufforderst, zunächst einmal ihren Namen auf die »Tischdecke« zu schreiben.

32.4 Auswertung

Im Anschluss kannst du eine kurze Abschlussrunde moderieren und fragen, wer Lust hat, ihr bzw. sein neues Lernformat kurz vorzustellen.

Entstehung

Julia hat dieses Spiel mit Inga Wittneben für das AugenhöheCamp 2016 entwickelt und es seither auf vielen Camps und Workshops gespielt.

Kapitel 33
Sprint-Safari

»Sprint-Safari« ist ein Aktionsspiel. Teams können es nutzen, um während eines Sprints Wissen zu einem bestimmten Thema zusammenzutragen. In dieser Variante geht es um die Anliegen der Kundschaft.

33

Steckbrief

Funktion: Ideen entwickeln, Perspektiven wechseln, Stakeholder einbeziehen

Spielidee: Rückmeldungen der Kundschaft zum Produkt sammeln

Zeitbedarf: 1 Sprint und 1 Stunde für die Auswertung

Teamgröße: flexibel mit dem gesamten Team

Schwierigkeitsgrad Team/Spielleitung: leicht/leicht

Aufwand für die Vorbereitung: gering

Remote: ja

Spielmaterial zum Download: ja

Agiles Vorgehen zielt u. a. darauf ab, früh und häufig Feedback einzuholen, um sicherzustellen, dass das Produkt, an dem gearbeitet wird, funktioniert, Nutzen stiftet und wirtschaftlich hergestellt werden kann. Die Sicht der Kundschaft, also der Menschen, die das Produkt nutzen und dafür bezahlen, wird dabei leider immer noch zu häufig ausgeblendet. Dabei steckt in ihr echtes Innovationspotenzial.

Die SPRINT-SAFARI ist eine unkomplizierte Möglichkeit, diese wichtige Sichtweise während eines Sprints zusammenzutragen. Das ganze Team hat dabei den Auftrag, sich in die freie Wildbahn zu begeben und zu sammeln, was die Kundschaft zum Produkt sagt, denkt oder schreibt.

33.1 Vorbereitung

Für die Sprint-Safari brauchst du eine Liste von Artefakten, die dem Team helfen, die Sicht der Kundschaft besser zu verstehen. Hier sind ein paar Beispiele:

- eine Beschwerdemail
- ein Feature, an das wir noch nicht gedacht haben
- ein dickes Lob
- eine negative Bewertung aus dem Internet
- eine interessante Statistik über die Zielgruppe
- das Produktdatenblatt eines vergleichbaren Produkts
- ein YouTube-Video, das eine Situation zeigt, in der unser Produkt eingesetzt werden könnte
- ein Termin mit unserem Kundenservice
- ein Telefonat mit einer Kundin (in protokollierter Form)
- ein Foto von einer typischen Person, die unser Produkt kauft oder anwendet

Du kannst deine Variante der Liste als Poster für alle sichtbar aufhängen oder jedem Team, das mitspielt, einen Ausdruck oder eine Online-Variante zur Verfügung stellen.

Für dieses Spiel brauchst du:

- eine Suchliste, z. B. als Poster
- ggf. einen Schatz zur Belohnung

Du kannst alle Spielmaterialien von Anfang an bereitlegen.

Sprint-Safari remote

SPRINT-SAFARI lässt sich ohne Weiteres remote spielen – solange ihr einen gemeinsamen Ablageort oder Social Media Stream für die Fundstücke habt.

33.2 Spielablauf

Schritt 1: Spielregeln erläutern

»In diesem Sprint lade ich euch zu einer Schatzsuche rund um die Anliegen unserer Kundschaft ein. Haltet die Augen auf und findet alle Artefakte, die auf dieser Liste stehen.«

Schritt 2: Schätze finden

Alle Teammitglieder suchen während des Sprints nach den Artefakten, die auf der Liste stehen, und tragen sie an einem Ort für alle sichtbar zusammen (Pinnwand, gemeinsames Laufwerk, Social Media Stream).

Ende des Spiels

Das Spiel endet, wenn alle Elemente aus der Liste zusammengetragen wurden.

33.3 Hinweise für die Spielleitung

Das Spiel lebt davon, dass alle Lust haben, nach den Artefakten zu suchen. Das kannst du fördern, indem du

- die Sammelwand ansprechend gestaltest,
- im Daily immer wieder zwischendurch auf neue Fundstücke hinweist,
- selbst mit einem witzigen Artefakt startest oder
- mehrere Gruppen gegeneinander antreten lässt und Preise auslobst.

33.4 Auswertung

Die Auswertung findet im Anschluss an den Sprint statt, wenn alle Artefakte gefunden wurden. Du kannst dafür entweder einen Extra-Termin einstellen oder das Review dafür nutzen. Besprecht dabei Fragen wie diese:

- Was haben wir über die Menschen, die unser Produkt nutzen, erfahren?
- Was hat uns überrascht?
- Was hat sich bestätigt?
- Was bedeutet das für unsere Produktstrategie?

Entstehung

Die Idee für die Schatzsuche ist auf einem internen Open Space entstanden. Julia hatte die Idee, spielerisch vorzugehen, als es darum ging, die Außenwirkung ihres damaligen Arbeitgebers zu ermitteln. Seither hat sie dieses Spielkonzept an viele Fragestellungen angepasst.

Kapitel 34
Team Responsibility Game

»Team Responsibility Game« ist ein Aktionsspiel. Die Spielenden erleben, was es heißt, Verantwortung gemeinsam zu tragen, entdecken negative Teamdynamiken und lernen, ihre Zusammenarbeit zu verbessern.

Steckbrief

Funktion: Kommunikation verbessern, Zusammenarbeit stärken

Spielidee: im Team einen Ball in einem selbst geflochtenen Netz ausbalancieren

Zeitbedarf: 75 Minuten

Teamgröße: 5–8, gern in mehreren parallelen Gruppen

Schwierigkeitsgrad Team/Spielleitung: mittel/mittel

Aufwand für die Vorbereitung: gering

Remote: nein

Spielmaterial zum Download: nein

Selbstorganisiert zu arbeiten ist für Teams kein Selbstläufer. Es ist ungewohnt, Verantwortung gemeinsam zu übernehmen, die Teamdynamik zu reflektieren oder auch sich selbst einzubringen, wenn es Konflikte zur Arbeitslast gibt. Spiele wie das TEAM RESPONSIBILITY GAME helfen hier auf zweierlei Art. Zum einen ist das Spiel selbst eine Art sicherer Raum, in dem dein Team diese Fähigkeiten erwerben und ausprobieren kann. Zum anderen kannst du es einsetzen, um überhaupt auf diese Themen aufmerksam zu machen. Du kannst es z. B. als Einstieg in eine längere Retrospektive nutzen.

34.1 Vorbereitung

Die Vorbereitung des Spiels ist sehr einfach. Du brauchst ein Seil (pro Team) und ein paar leichte Bälle. Vor allem musst du dafür sorgen, dass der Raum, in dem du spielen willst, frei von Stolperfallen ist, denn das Team kommt gleich so richtig in Bewegung.

Für dieses Spiel brauchst du:

- pro Gruppe ein 6,5 Meter langes dünnes Seil, das an den Enden zusammengeknotet wird, sodass es eine große Schlinge bildet
- Wasserbälle oder andere leichte Bälle (Luftballons o. Ä.) etwa in der Größe eines Fußballs
- viel Platz, sodass die Teams sich frei durch den Raum bewegen können

Du kannst alle Spielmaterialien von Anfang an bereitlegen.

34.2 Spielablauf

Das Spiel eignet sich am besten für Teams, die wirklich zusammenarbeiten und ein gemeinsames Ziel haben. Das Spiel ist hier für ein Team beschrieben. Natürlich kannst du es auch mit mehreren Gruppen parallel spielen.

Schritt 1: Das gemeinsame Ziel festlegen

Bitte das Team, sich ein paar Minuten Zeit zu nehmen und sich vor Augen zu führen, welches Ziel es als Team verfolgt. Im Spiel wird dieses Ziel später durch einen Ball symbolisiert.

»Bitte führt euch kurz vor Augen, welches gemeinsame Ziel ihr als Team verfolgt.«

Schritt 2: Die Spielenden miteinander verbinden und ein Netz formen

Jetzt legst du das Seil in die Mitte des Raums und bittest alle, das Seil mit beiden Händen anzufassen. Lass die Spielenden einmal durchzählen und bitte sie, sich zu merken, wer Teammitglied 1, Teammitglied 2 usw. ist. Diese Information brauchst du in Schritt 5.

Nun lassen alle das Seil nacheinander mit einer Hand los und greifen mit der freien Hand nach einem freien Teil des Seils, sodass ein Netz entsteht.

Schritt 3: Den Ball ins Spiel bringen

Als Nächstes holst du den Ball und platzierst ihn auf dem Netz:

»Dieser Ball hier repräsentiert euer gemeinsames Ziel <Hier sprichst du mit bedeutsamer Stimme das Teamziel laut aus>. Eure Aufgabe ist es, euch gut umeinander und um euer Teamziel zu kümmern. Für unser Spiel bedeutet das, dass ihr gemeinsam verhindert, dass der Ball runterfällt, was schnell passieren kann.«

Schritt 4: Das Team in Bewegung bringen

Jetzt bittest du das Team, sich durch den Raum zu bewegen, um ein erstes Gefühl für das Spiel mit Netz und Ball zu bekommen (neutrales Szenario).

»Bewegt euch gemeinsam durch den Raum, denn Projekte sind ja auch immer in Bewegung.«

Schritt 5: Szenarien durchspielen

Als Spielleitung führst du das Team nun durch einige Szenarien. Zwischen den einzelnen Szenarien ist es gut, immer kurz zurück ins neutrale Szenario zu wechseln. In allen Szenarien sollte das Team immer in Bewegung sein. Wenn du mit mehreren Teams parallel spielst, sind die Szenarien 6 und 7 besonders spannend.

Szenario	Worum du das Team bittest	Was du zusätzlich sagst
Neutral	Geht im Raum umher	*»Projekte sind immer in Bewegung, immer lebendig, also bleibt in Bewegung.«*
1	Teammitglied Nr. 1 übernimmt zu 130 % die Verantwortung und zieht fester am Seil.	*»Du denkst, du musst alles machen. Ohne dich fällt alles auseinander.«*
2	Teammitglied Nr. 2 gibt Verantwortung ab, indem es das Seil nicht mehr so fest hält.	*»Du hast keine Lust mehr zu arbeiten und hast innerlich bereits gekündigt.«*
3	Teammitglieder 3 und 5 haben einen Konflikt und versuchen, einander aus dem Weg zu gehen, während sie gleichzeitig das Seil festhalten.	
4	Teammitglied 9 arbeitet remote, schließt daher bitte alle eure Augen.	
5	Teammitglieder 4 und 7 tauschen die Plätze.	*»Ihr tauscht die Rollen im Team.«*
6	Teammitglied 8 arbeitet in zwei Teams (Multitasking)	*»Du hast eine bestimmte Expertise, und wir brauchen dich sogar in zwei Teams.«*

Szenario	Worum du das Team bittest	Was du zusätzlich sagst
7	Teammitglied 6 verlässt das ursprüngliche Team und sucht sich nach einer Weile ein neues Team.	*»Du hast eine bestimmte Expertise, und deine Fähigkeiten werden anderswo benötigt, verlass daher dein Team ...«* *»Du kommst von deinem Einsatz zurück, aber dein Team hat sich inzwischen mit deinem Weggang arrangiert, daher teilen wir dich einem neuen Team zu.«*

Ende des Spiels

Das Spiel endet, wenn alle Szenarien durchgespielt sind.

34.3 Hinweise für die Spielleitung

Wenn du das Spiel in einer Retrospektive nutzt, ist es wichtig, dass mit den Ergebnissen weitergearbeitet wird und ihr daraus Aktionen und Experimente ableitet.

Wenn du mit mehreren Teams parallel gespielt hast, ermögliche erst die Auswertung in den Spielteams, bevor du alle gemeinsam in einen großen Kreis für die Auswertung holst.

34.4 Auswertung

Dies ist ein wirklich kraftvolles Spiel, um Menschen erleben zu lassen, wie es ist, wenn Einzelne aus dem Team vom gemeinsamen Ziel abgelenkt sind oder wenn Teams kein gemeinsames Ziel mehr verfolgen. Diese Fragen bieten sich zur Auswertung an:

- Inwieweit spiegelt das eure Arbeitsweise im Team wider?
- Welche Elemente dieses Spiels spiegeln eure Arbeitsweise wider? Welche eher nicht?
- Was symbolisiert das Seil für euch?
- Ist das Geben und Nehmen in eurem Team gut ausbalanciert? Sind alle auf die Art und Weise präsent im Team, wie ihr euch das wünscht und es förderlich für euer Ziel ist?
- Wie gelingt es euch, euch um euer gemeinsames Ziel zu kümmern? Was würdet ihr gern ändern?

- Welche schmerzhaften Beobachtungen in eurer aktuellen Arbeitsweise werden so sichtbar? Welche Ideen habt ihr, um dies zu ändern?

Schön ist auch, kleine Auswertungen zwischendurch einzubauen. Nachdem zwei oder drei Szenarien gespielt wurden, mach eine kurze Pause und ermuntere dazu, den eigenen Gefühlen nachzuspüren und was die aktuelle Situation im Spiel mit Gegebenheiten aus dem Teamalltag zu tun hat.

Entstehung

Markus Wittwer hat die Grundidee des Spiels von Gregg Kendrick übernommen und es um Teamdynamiken erweitert. Viele Menschen in Unternehmen und vor allem auf der Play4Agile (*https://play4agile.wordpress.com*) und dem Global Scrum Gathering (*https://www.scrumalliance.org/events/regional*) haben dazu wertvolles Feedback gegeben.

Kapitel 35

Würfel die Persona

»Würfel die Persona« ist ein Rollenspiel. Die Spielenden schlüpfen in zufällig ausgewählte Personen aus der Zielgruppe eines Produkts und geben Auskunft über deren Wünsche, Bedürfnisse und Nöte.

35

Steckbrief

Funktion: Backlog verfeinern, Ideen entwickeln, Stakeholder einbeziehen

Spielidee: sich in zufällig erstellte Personen aus der Zielgruppe hineinversetzen

Zeitbedarf: 2 × 15 Minuten

Teamgröße: in Paaren

Schwierigkeitsgrad Team/Spielleitung: leicht/leicht

Aufwand für die Vorbereitung: gering

Remote: ja

Spielmaterial zum Download: ja

Eine gute Frage in der Produktentwicklung lautet: Für wen machen wir das hier eigentlich? Natürlich für die Menschen, die unser Produkt nutzen oder künftig nutzen wollen! Schließlich heißt es im ersten Agilen Prinzip nicht umsonst: *»Unsere höchste Priorität ist es, den Kunden durch frühe und kontinuierliche Auslieferung wertvoller Software zufriedenzustellen.«*

WÜRFEL DIE PERSONA kannst du einsetzen, wenn du die Perspektive deines Teams auf die Sicht der Menschen lenken willst, die eure Ergebnisse weiterverwenden. Die Spielenden erstellen dabei *Personae*, also Profile repräsentativer Personen, die euer Produkt nutzen. Diese Personae helfen allen im Projekt, (Design-)Entscheidungen mit Blick auf die Nutzungsperspektive zu treffen. Du findest im Internet unter dem Stichwort *Persona* eine Vielzahl an Vorlagen dazu, die du an die Anforderungen deines Teams anpassen kannst.

Für dieses Spiel legst du zunächst ein Würfelraster an, das Informationen zu typischen Kundinnen und Anwendern enthält. Das können Namen, demografische Daten, Zugehörigkeit zu Zielgruppen, Anliegen usw. sein.

In unserem Beispiel in Tabelle 35.1 handelt es sich um Menschen, die ein unternehmensweites Lernmanagementsystem nutzen. Mit der Würfelkombination 1-4-4-6 beispielsweise würde Susanne (1) ausgewählt werden. Susanne ist 23 Jahre alt (4). Sie möchte ein Seminar zur Gesprächsführung (4) belegen und arbeitet in der Softwareentwicklung (6).

Augenzahl	Name	Alter	Seminar	Funktion
1	Susanne	47	Prozessmanagement	Leitung Personal
2	Tom	28	Projektmanagement	Sachbearbeitung
3	Martina	45	Vertrieb	Azubi
4	Eike	23	Gesprächsführung	Controlling
5	Chang	52	Englisch	Forschung & Entwicklung
6	Gökçe	64	Konfliktmoderation	Softwareentwicklung

Tabelle 35.1 Würfelraster für ein Lernmanagementsystem

Für dieses Spiel brauchst du:

- einen Würfel für jedes Paar
- ein Würfelraster als Poster oder Präsentation
- eine Vorlage für eine Persona oder Empathy Map – zum Abzeichnen oder in ausreichender Menge
- ggf. Stifte zum Ausfüllen der Vorlagen

Du kannst alle Spielmaterialien von Anfang an bereitlegen.

»Würfel die Persona« per Telefon

WÜRFEL DIE PERSONA kann auch am Telefon gespielt werden, die Spielaktivität beruht ausschließlich auf einem Gespräch.

35.1 Spielablauf

Schritt 1: Spielregeln erläutern und Paare bilden

Du bittest alle, sich in Paaren zusammenzufinden, und erläuterst das Spiel:

»In diesem Spiel habt ihr die Gelegenheit, einen Blick von außen auf euer Produkt zu werfen. Ziel ist es, gut zu verstehen, was Menschen dazu bewegt, unser Produkt zu nutzen: Was

sind ihre Wünsche, Bedürfnisse und Nöte? Dazu laden wir uns gleich eine Reihe von Personen ein, die unser Produkt nutzen, und interviewen sie. Welche das sein werden, bestimmt der Zufall. Tut euch zu zweit zusammen und nehmt euch jeweils einen Würfel. Würfelt bitte viermal und wählt dementsprechend eine Eigenschaft aus dem Würfelraster aus: Das ist der Mensch, den ihr gleich spielen bzw. interviewen werdet.«

Schritt 2a: Personae auswürfeln und interviewen

Die Paare würfeln jeweils eine Persona aus. Eine Person aus dem Paar schlüpft in deren Rolle und wird von der anderen interviewt. Wer interviewt, hält die gewonnenen Information in der Vorlage fest, die du dafür bereitgestellt hast.

Schritt 2b (optional): Personae auswürfeln und interviewen

Je nachdem, wie viel Zeit du investieren willst, können die Paare noch eine weitere Runde spielen. Dazu würfeln sie eine neue Person aus und tauschen ihre Rollen.

Ende des Spiels

Das Spiel endet, wenn alle Fragen aus der Vorlage gestellt sind.

35.2 Hinweise für die Spielleitung

Wichtig ist, dass die Spielenden die Auswahl der Person, die sie interviewen, wirklich dem Zufall überlassen, auch wenn ihnen die Person nicht zu passen scheint. Sonst passiert es leicht, dass sie sich eine Person zurechtlegen, die ihren Vorstellungen entspricht. Dann bestätigt sich nur, was alle schon wissen, und es kommen keine neuen Erkenntnisse hinzu.

35.3 Auswertung

Für die Auswertung trägst du die Erkenntnisse aus den Interviews zusammen. Diese Fragen können dabei unterstützen:

- Was haben wir über die Menschen, die unser Produkt nutzen, erfahren?
- Was hat uns überrascht?
- Was hat sich bestätigt?

- In welchen Situationen wird unser Produkt genutzt?
- Welchen Job erledigt es für die Menschen, die es nutzen?
- Welche Funktionen, Services oder Angebote wünschen sie sich (darüber hinaus)?
- Was bedeutet das für unsere Entwicklungsarbeit?

Es ist sinnvoll, die Ergebnisse im Anschluss ins Product Backlog zu übersetzen und die Poster für alle sichtbar aufzuhängen (oder abzulegen). So bleibt diese wichtige Außenperspektive immer im Blick.

Entstehung

Die Idee, mit Personae zu arbeiten, haben wir von Marc Stickdorn übernommen. Weil in Trainingssettings oft keine Kundschaft zum Interviewen greifbar war, hatten Julia und Jan die Idee mit den Würfeln.

Kapitel 36
Zahlenkreis

»Zahlenkreis« ist ein ruhiges Aktionsspiel. Es hilft, Ruhe in eine Situation zu bringen, und stärkt das gegenseitige Achtgeben aufeinander im Team.

Steckbrief

Funktion: Kommunikation verbessern, Selbstreflexion anregen, Zusammenarbeit stärken

Spielidee: gemeinsam bis zu einer vorgegebenen Zahl zählen

Zeitbedarf: 5 Minuten

Teamgröße: 6–20

Schwierigkeitsgrad Team/Spielleitung: leicht/mittel

Aufwand für die Vorbereitung: gering

Remote: ja

Spielmaterial zum Download: nein

Manchmal geht es einfach hoch her im Team. Während eines Workshops reden alle aneinander vorbei, oder aber es haben im letzten Sprint alle vor sich hin gewerkelt, ohne sich untereinander abzustimmen.

ZAHLENKREIS ist in dieser Situation ein schönes Spiel, um herunterzukommen und spielerisch das gegenseitige Achtgeben aufeinander zu üben.

36.1 Vorbereitung

Du brauchst Platz, damit sich alle in einen großen Kreis setzen oder stellen können.

»Zahlenkreis« remote

Der ZAHLENKREIS funktioniert auch gut, um sich remote aufeinander einzustellen – wahlweise mit ein- oder ausgeschalteten Kameras.

36.2 Spielablauf

Schritt 1: Spielregeln erläutern

Du erläuterst das Ziel des Spiels – gemeinsam bis zu einer vorgegebenen Zahl zählen – und die Spielregeln.

»Wir zählen jetzt gemeinsam ohne Augenkontakt bis <zweimal Anzahl der Spielenden> hoch. Eine Person fängt an, die nächste schließt daran an usw. Dabei gibt es ein paar Regeln: Alle schließen die Augen. Es darf nicht im oder gegen den Uhrzeigersinn gezählt werden. Alle müssen mindestens eine Zahl sagen. Sprechen zwei gleichzeitig oder wird die falsche Zahl genannt, geht es von vorn los.«

Schritt 2: Zählen

Du bittest alle, die Augen zu schließen und mit dem Zählen anzufangen. Während des Spiels stellst oder setzt du dich mit in den Kreis und achtest auf die Einhaltung der Regeln.

Ende des Spiels

Das Spiel ist zu Ende, wenn nach den Regeln bis zur vorgegebenen Zahl gezählt wurde.

Den Schwierigkeitsgrad erhöhen

Du kannst den Schwierigkeitsgrad erhöhen, indem du Zahlenfolgen vorgibst, die etwas komplizierter sind, z. B. Zweierpotenzen oder Quadratzahlen.

36.3 Auswertung

In der Auswertung kannst du verschiedene Aspekte hervorheben, die dir während des Spiels aufgefallen sind:

- Wie seid ihr mit Fehlversuchen umgegangen?
- Gab es Schuldzuweisungen?
- Ab welchem Moment hat es funktioniert? Was genau habt ihr da getan?
- Wie hat es sich angefühlt, auf die anderen zu achten?
- Was habt ihr bei euch wahrgenommen? Ruhe/Unruhe, Geduld/Ungeduld, Vertrauen/Misstrauen ...

36.4 Hinweise für die Spielleitung

Die meisten Teams bewältigen das Hochzählen nach zwei oder drei Versuchen. Sollte es jedoch gar nicht klappen, kannst du das Spiel kurz einfrieren und eine Mini-Retrospektive machen:

- Was läuft gut?
- Was funktioniert noch nicht?
- Was könntet ihr in der nächsten Runde ausprobieren?

Wichtig ist, dass das Team es schafft, ruhiger zu werden und auf kleine Impulse zu achten, z. B. dass Menschen kurz einatmen, bevor sie anfangen zu sprechen.

Entstehung

ZAHLENKREIS ist auch als Durchzählen oder Countdown in der Erlebnispädagogik vielfach beschrieben.

TEIL IV

Spiele entwickeln

Kapitel 37
In neun Schritten zum eigenen Spiel

Vielleicht hast du inzwischen so richtig Lust bekommen, ein eigenes Spiel zu entwickeln? Oder du findest einfach keines, was zu deiner Fragestellung passt? Dann tu es selbst, entwickle dein eigenes Spiel!

Ein eigenes Spiel zu entwickeln ist gar nicht so schwer. Wir haben im Laufe der Jahre ein Vorgehen entwickelt, mit dem wir schnell und zuverlässig aus einer ersten Spielidee einen *Prototyp* und diesen zum fertigen Spiel entwickeln. Dieses Vorgehen stellen wir dir in den nächsten Kapiteln vor. Du durchläufst dabei neun Schritte (siehe Abbildung 37.1), die aufeinander aufbauen und dabei alle wichtigen Aspekte der Spielentwicklung beleuchten.

Deiner Spielidee sind dabei nahezu keine Grenzen gesetzt. Du kannst ein kurzes Spiel wie MUTTER, MUTTER WAS DARF DIE PEOH? genauso entwickeln wie ein interaktives Lernspiel über mehrere Tage und Wochen. Mit allen Spielenden in einem Raum, remote in einer Videokonferenz oder asynchron über eine gemeinsame Plattform.

Die nachfolgenden Kapitel sind allesamt ähnlich aufgebaut. Neben den Artefakten geht es um Modelle und Techniken, die du auch anderweitig in agilen Zusammenhängen nutzen kannst, z. B.:

- User Stories, um Anforderungen aufzunehmen und zu analysieren
- Empathy Maps, um Bedürfnisse besser zu verstehen
- Feedback-Systeme, um die Interaktion mit einer Softwareanwendung zu verbessern
- Prototyping und Testen

Außerdem möchten wir dir ganz nebenbei eine agile Haltung für Entwicklungsaufgaben vermitteln. Dazu gehört, Dinge auszuprobieren, verschiedene Perspektiven einzunehmen, fassbare (Zwischen-)Produkte herzustellen, Feedback einzuholen und kontinuierlich dazuzulernen, was funktioniert und Freude macht.

Und jetzt laden wir dich ein, alles auszuprobieren und an deinem eigenen Spiel zu arbeiten.

Auf geht's!

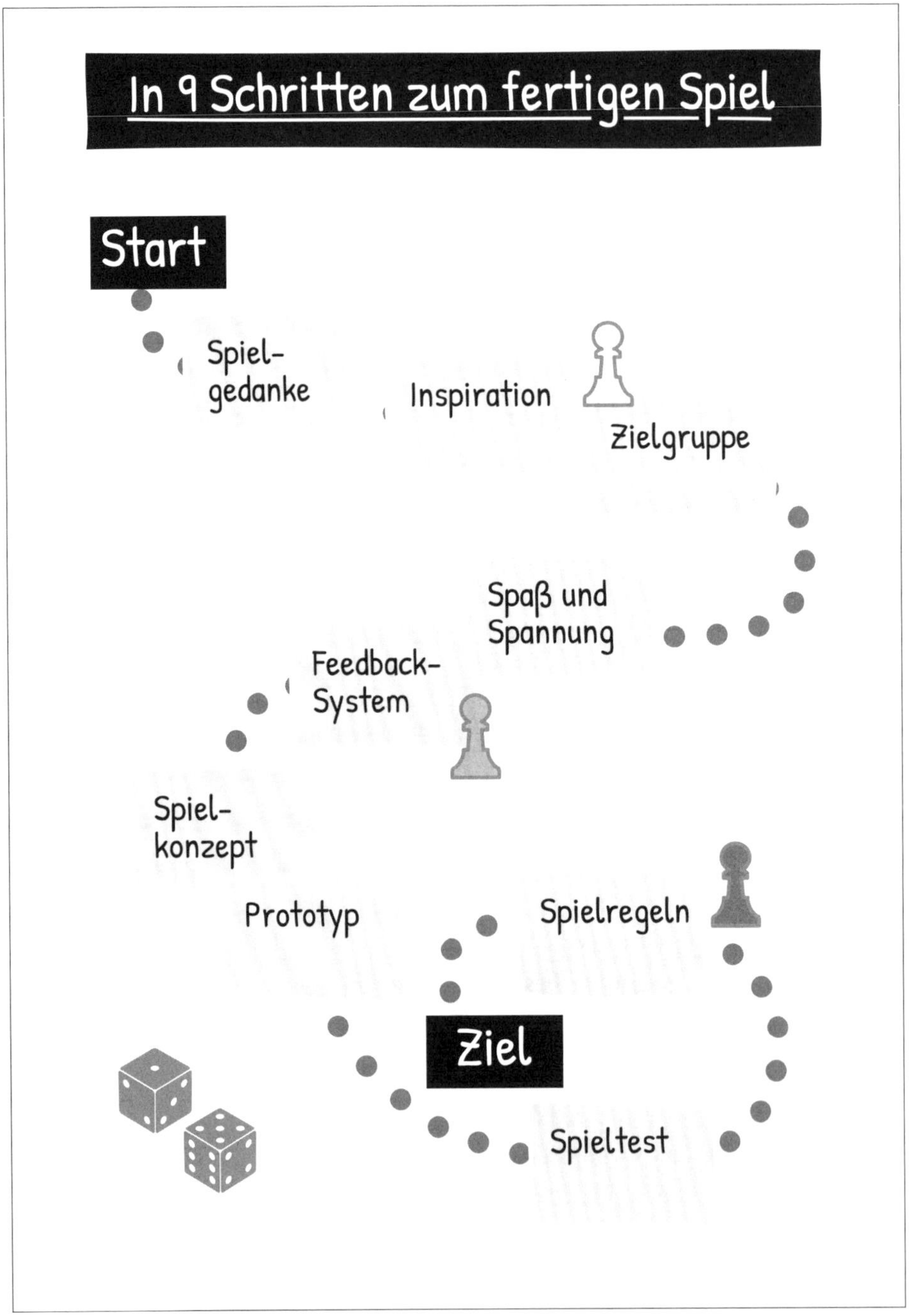

Abbildung 37.1 In neun Schritten zum fertigen Spiel

Kapitel 38
Wieso, weshalb, warum: der Spielgedanke

Du willst ein agiles Spiel entwickeln und damit anderen helfen, agiles Vorgehen oder Aspekte davon besser zu verstehen. Der erste Schritt dahin ist, den Spielgedanken deines Spiels zu formulieren und aufzuschreiben.

Der Spielgedanke hilft dir, den Fokus zu halten, während du dein Spiel entwickelst. Er beinhaltet die Idee deines Spiels und beschreibt, weshalb du es überhaupt entwickeln möchtest. Du kannst daran abgleichen, ob Spielelemente in dein Spielkonzept passen, und entscheiden, ob du Einfälle verfolgen oder verwerfen möchtest. Wenn dein Spiel fertig ist und du es in Workshops, Retrospektiven oder Schulungen einsetzt, hilft er dir, das Spiel so anzumoderieren, dass die Teilnehmenden verstehen, worum es geht, und motiviert mitspielen können.

Der *Spielgedanke* (auch die *Spielabsicht*) ist eine kurze Formulierung über das Wesen deines Spiels. Du beschreibst darin, was die Spielenden durch dein agiles Spiel erreichen wollen, und stellst einen Zusammenhang zu ihren beruflichen Aufgaben her. Der Spielgedanke stellt also den Sinn des Spiels dar, und zwar für alle, die das Spiel künftig einsetzen wollen.

Wenn du das Spiel auch der agilen Community zur Verfügung stellen möchtest, etwa über deinen Blog oder Plattformen wie *Tasty Cupcakes* (*https://www.tastycupcakes.org*), können andere dem Spielgedanken zügig entnehmen, ob dein Spiel sie in ihrer Situation weiterbringt.

38.1 Spielgedanken finden und formulieren

Eine einfache Methode, um den Spielgedanken für ein Spiel zu finden und zu formulieren, sind User Stories. Du kennst sie vermutlich schon aus der Softwareentwicklung. Eine User Story beschreibt eine Anforderung an ein (Software-)System aus Sicht einer anwendenden Person. Sie erfasst,

- in welcher Rolle diese Person das System (in diesem Fall also dein Spiel) nutzt,
- was sie dabei zu tun gedenkt und
- welchen Nutzen sie sich dabei erhofft.

Damit liefert die User Story wiederum den Personen, die das System entwickeln, einen anschaulichen Einblick in das, was Menschen, die das System künftig nutzen werden, wirklich brauchen könnten. Auf diese Art wird das System häufig leistungsfähiger und die Entwicklung schlanker. Dieses Vorgehen kannst du auch wunderbar einsetzen, um ein Spiel zu entwickeln.

Eine User Story besteht wie schon gesagt in der Regel aus drei Aspekten: einer Rolle, dem Wunsch nach einer Aktivität und deren Auswirkung. Diese Aspekte werden häufig in einer Satzschablone zusammengefasst.

Diesen Sachverhalt könntest du in einer User Story so zusammenfassen:

In meiner Rolle als <...>

möchte ich <tun ...>,

um <zu bewirken ...>.

Du kannst diese Schablone sehr gut nutzen, um den Spielgedanken für ein Spiel zu formulieren. Dazu stellst du dir zunächst ein paar Fragen:

- Für wen entwickelst du das Spiel? Wer soll es spielen?
- In welcher Rolle sind diese Menschen in ihrem Beruf unterwegs?
- Was wollen (oder müssen) sie lernen?
- Welche Aktivitäten (oder Tätigkeiten) sind dabei von Bedeutung?
- Was soll mit diesen Aktivitäten bezweckt werden?
- Mit welchen Ergebnissen oder Artefakten ist zu rechnen?

Ein Beispiel illustriert das: Stell dir vor, du bist dabei, eine Scrum-Schulung für die Product-Owner-Rolle zu entwickeln. Die Teilnehmenden an der Schulung sind neu in der Rolle und zuständig für verschiedene Komponenten eines Online-Shops. Sie wollen lernen, wie sie die Arbeit ihrer Teams mit einem Product Backlog organisieren können. Dabei ist eine ganze Reihe von Aktivitäten von Bedeutung, die ggf. erst erlernt werden wollen: Gespräche mit Anwendenden führen, Anforderungen beschreiben, Anforderungen sortieren, Schwerpunkte benennen, Ziele formulieren u.v.m. Alle diese Aktivitäten haben zum Ziel, ein gut verständliches und sortiertes Backlog hervorzubringen, damit die Teams ihre Fähigkeiten wertschöpfend einsetzen können und gute Lösungen entwickeln für diejenigen, die den Shop nutzen werden. Am Ende steht ein physisches oder auch ein digitales Product Backlog.

Diesen Sachverhalt könntest du in einer User Story so zusammenfassen:

In meiner Rolle als angehende Product Ownerin

möchte ich mein Product Backlog sortieren,

um den Überblick zu behalten und meine Prioritäten ans Team zu vermitteln.

Das ist ein guter Spielgedanke für eine Schulungssituation und bietet eine Menge Anknüpfungspunkte, um daraus ein Spiel oder eine spielerische Workshop-Einheit zu entwickeln.

User Stories für die Moderation nutzen

Wenn du einen Workshop oder eine Schulung anhand von User Stories planst, erzielst du einen schönen Nebeneffekt. User Stories geben ja sprechend wieder, wozu eine Anforderung dient. In einem Workshop oder einer Schulung lässt sich das natürlich auch für die Schritte und Übungen im Ablauf nutzen. Nebenbei schreibt sich dein Sprechzettel ganz von selbst, du kannst dann jeden Schritt im Ablauf mit der entsprechenden User Story einleiten. Für deine Teilnehmenden stellt sie die Verbindung her zwischen

- ihrer eigenen Rolle,
- dem, was sie lernen, bearbeiten oder ausprobieren werden, und
- dem, was sie sich davon erhoffen können.

Das sorgt für Klarheit, eine gute Motivation und verringert Widerstände, weil es zeigt, dass du dir über den Sinn der einzelnen Schritte im Ablauf wirklich Gedanken gemacht hast.

38.2 Tätigkeiten, die Spaß bringen ...

Du hast es vielleicht schon bemerkt: Tätigkeiten spielen eine wichtige Rolle bei der Entwicklung von Spielen. Was naheliegend ist, weil es bei Spielen darum geht, Dinge durchs Tun und Ausprobieren zu begreifen. Oder schlau ausgedrückt: Spielen ist eine handlungsorientierte Lern- und Arbeitsmethode. Auch bei der Formulierung von User Stories stehen Tätigkeiten an zentraler Stelle. Wenn es ums Spielen geht, kommen noch zwei Anforderungen an die Tätigkeiten hinzu: Sie sollen Spaß bringen und beobachtbar sein.

Zum Glück musst du bei der Suche nach solchen Aktivitäten nicht bei null anfangen. Die Spielentwickler Gabe Zichermann und Christopher Cunningham haben z. B. in ihrem Buch »Gamification by Design« eine Sammlung von Tätigkeiten zusammengestellt, die Menschen gern tun. Darunter finden sich Tätigkeiten wie: Muster erkennen, sammeln, organisieren, schenken oder führen.

Die »Spielentwicklungsmaschine«

Auch ihr Kollege Jon Radoff hat in seinem Buch »Game On« eine Liste von *42 Dingen, die Spaß bringen*, veröffentlicht und auch beschrieben, wie du sie spielerisch nutzen kannst: Per Würfel sollen drei dieser Tätigkeiten ausgewählt und zu einer Spielidee kombiniert werden. Diese Idee haben wir in der SPIELENTWICKLUNGSMASCHINE (siehe Kapitel 32) aufgenommen.

Wirf die Maschine an, um innerhalb kürzester Zeit ein eigenes Spiel zu einem Anliegen von dir oder deinem Team zu entwickeln.

38.3 ... und die sich gut beobachten lassen

Tatsächlich lohnt es sich, die Tätigkeitswörter an dieser Stelle noch etwas genauer unter die Lupe zu nehmen. Spiele leben nämlich von Erfolgen, und Erfolge müssen sich beobachten lassen, damit wir sie mit Punkten versehen oder anderweitig messen können. Deswegen ist es sinnvoll, nach Aktivitäten Ausschau zu halten, die entweder selbst beobachtbar sind oder zu beobachtbaren Ergebnissen führen.

Sharon Bowman, die Autorin von »Training from the Back of the Room«, hat dazu eine wunderbare Liste angefertigt. Einige der Tätigkeiten eignen sich auch unmittelbar für die Entwicklung von Spielen, z. B. Auswählen, Identifizieren, Aufzählen, Bestehen eines Tests oder Erzeugen eines Gegenstands oder einer Aktion.

Rory's Story Cubes als Inspiration nutzen

Eine spielerische Variante, um gute beobachtbare Tätigkeiten zu finden, bieten Rory's Story Cubes (siehe Abbildung 38.1, *https://www.storycubes.com/de/die-spiele/actions*). Die Story Cubes sind eine Reihe von Würfelspielen, bestehend aus neun Würfeln. Auf jedem Würfel sind sechs verschiedene Symbole dargestellt, die jeweils zu einem Motto passen, z. B. *Reisen*, *Astro* oder *Actions*. Die Symbole regen zum Geschichtenerzählen an. So enthält die Actions-Sammlung 54 beobachtbare Tätigkeiten, die sich wunderbar für unseren Zweck einsetzen lassen. Der Fantasie und der Interpretationslust sind dabei keine Grenzen gesetzt. Die Story Cubes gibt es auch als App.

Abbildung 38.1 Die 54 Aktivitäten auf den Story Cubes inspirieren zu eigenen Ideen: An-die-Hand-Nehmen, Erklimmen, Fallen, Auf-etwas-Zeigen, Werfen.

38.4 Klassifikation von Spielen

Du hast vielleicht schon bemerkt, dass es eine große Vielfalt von Spielgedanken gibt. Jedes Spiel bezieht seinen Reiz aus einem anderen Mechanismus: Mal geht es darum, geschickt zu kombinieren und zu denken, dann wieder überwiegt das pure Karten- oder Würfelglück. In dem einen Spiel sitzt du gemütlich in deinem Zuhause oder im Büro, bei dem nächsten kommst du in Bewegung und bist vielleicht sogar an der frischen Luft oder in der freien »Unternehmenswildbahn« unterwegs.

Das Deutsche Spielearchiv hat seit den 1970er-Jahren eine Klassifikation von Spielen entwickelt, die dem Rechnung trägt: Sie sortiert die Spiele nach ihrem Spielreiz und ist z. B. auf der Webseite des bekannten Spieleautors Wolfgang Kramer zu finden. Wenn du sie mit der Klassifikation der Kartenspiele des Deutschen Spielkartenmuseums kombinierst, erhältst du sechs Kategorien, die dir beim Ideenfinden helfen können:

- Würfel- und Glückspiele
- Legespiele
- Denkspiele und abstrakte Spiele
- Rollenspiele
- Quiz- und Kommunikationsspiele
- Geschicklichkeits- und Aktionsspiele

Und ganz nebenbei hast du auch wieder ein paar Tätigkeiten gefunden, die du in deinem Spiel nutzen kannst: Würfeln, Anlegen, Quizzen, Kommunizieren, in Rollen Schlüpfen.

Abbildung 38.2 ist eine Übersicht über alle beobachtbaren Tätigkeiten, die Spaß machen und die wir allein in diesem Kapitel verwendet haben.

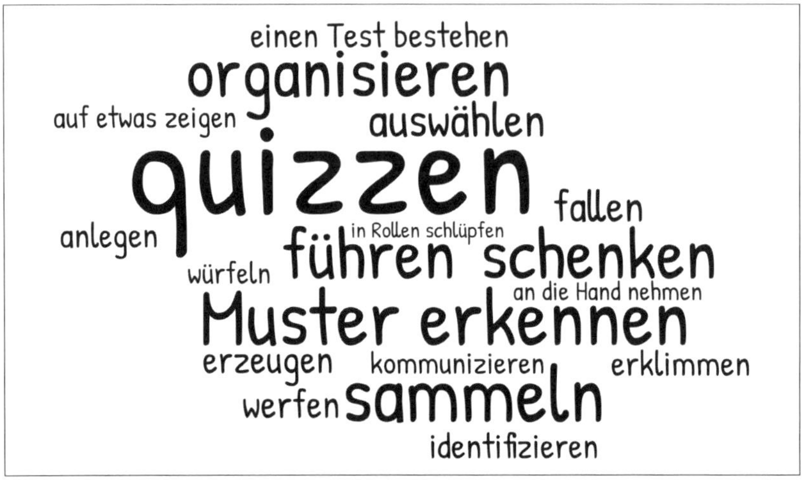

Abbildung 38.2 Eine kleine Auswahl von Tätigkeiten, die du in deinen Spielen nutzen kannst

38.5 Offener und verdeckter Spielgedanke

Der Spielgedanke kann offen oder verdeckt sein. Nehmen wir das Beispiel der angehenden Product Ownerin vom Anfang des Kapitels. Hier haben wir es mit einem offenen Spielgedanken zu tun. Wir wollen ein Spiel entwickeln, in dem es darum geht, das Sortieren eines Backlogs zu erlernen. Spielgedanke und Spielzweck (also das Lernziel des Spiels) sind offenkundig und haben eng miteinander zu tun. Die Fähigkeit, die im Spiel erworben wird, lässt sich eins zu eins auf den Arbeitskontext übertragen.

Bei einem verdeckten Spielgedanken ist das anders. Hier hat das Spiel mehrere Ebenen, und es mag vordergründig um etwas anderes gehen als hintergründig. Lernspiele für Kinder sind oft in dieser Art aufgebaut. Vordergründig geht es um einen Bauernhof mit vielen Tieren, hintergründig sollen Fertigkeiten wie Lesen oder Rechnen vermittelt werden. Auch Schach ist ein Spiel mit einem vielschichtigen Spielgedanken. Hier überlagern sich u. a. das Erlernen von Strategien, das logische Denken und das Memorieren von Spielzügen.

Spiele mit verdecktem Spielgedanken sind entweder sehr, sehr gut oder aber sehr, sehr schlecht. Einerseits vertieft die Vielschichtigkeit des Spielgedankens das Spielerlebnis.

Unter Umständen gibt es immer wieder neue Ebenen zu entdecken, während sich das Spiel entwickelt, oder es entsteht eine ansprechende oder spannende Symbolik. Andererseits ist es schwierig, diese Vielschichtigkeit entstehen zu lassen. Was eigentlich verdeckt sein sollte, kann schnell banal oder zu offensichtlich wirken.

Als Faustregel gilt deswegen: Wenn du ein Spiel für einen bestimmten Zweck entwickelst und es bald fertig werden soll, verfolge einen offenen Spielgedanken. Wenn du eine längere Entwicklungszeit einplanst und z. B. auch Zeit für ausgiebige Spieltests hast, kannst du ruhig offene und verdeckte Spielgedanken miteinander verknüpfen. Das Spiel wird dadurch sicher langlebiger und interessanter.

Kapitel 39
Abgucken erlaubt – Inspiration für eigene Spiele

Es gibt viele Arten von Spielen. Wenn du selbst Spiele entwickelst, hilft es, ein Repertoire von bekannten und beliebten Spielen zu haben. Du kannst sie abwandeln oder neu kombinieren, um auf neue Spielideen zu kommen.

Deine Inspiration trägt dich durch die Entwicklung deines Spiels. Sie motiviert dich, deine Spielidee zu verfolgen, verschiedene Ansätze auszuprobieren oder eine Fragestellung spielerisch zu bearbeiten. Wenn du dich regelmäßig mit Spielen und Arten von Spielen beschäftigst, wirst du immer wieder neu angeregt und findest sicher innovative Ansätze für deine Spiele.

Die *Inspiration* für ein Spiel ist im Grunde nur ein Gedanke oder Geistesblitz. Sie entsteht durch deine Beschäftigung mit dem Spielgedanken und dem (gedanklichen) Durchspielen von verschiedenen Arten von Spielen, mit denen du den gewünschten Spielzweck erfüllen könntest.

39.1 Klassiker nutzen

Wenn du noch keine Vorstellung davon hast, welche Spielidee oder gar welches Spiel dir konkret vorschwebt, fang mit einem bestehenden Spiel an. Häufig lassen sich schnell Varianten aus bekannten Spielen entwerfen, um den eigenen Spielgedanken gezielt in Szene zu setzen. Das Praktische dabei ist, dass du niemandem die Regeln erklären musst: Die meisten Menschen kennen MAU-MAU oder DOMINO, haben schon einmal bei einem Quiz wie JEOPARDY! im Fernsehen mitgeraten oder als Kinder FISCHER, FISCHER – WIE TIEF IST DAS WASSER? gerufen. Die Anleitung zu deiner Variante ist dann nur noch eine Kleinigkeit, und das Spiel kann unkompliziert starten. Schauen wir uns also ein paar Klassiker an:

Scharade

SCHARADE ist ein Rate- und Quizspiel. Eine Person mimt einen geheimen Begriff, die anderen müssen ihn erraten. Varianten von SCHARADE arbeiten damit, den Begriff zu malen oder ihn zu erläutern, wobei bestimmte Worte tabu sind (so heißt dann auch das entsprechende Spiel).

Scharaden lassen sich bereits so, wie sie sind, wunderbar in agilen Teams einsetzen. So könnte dein Team z. B. während einer Retrospektive bedeutsame Situationen aus dem letzten Sprint in Form von Scharaden inszenieren, die ihr dann gemeinsam auswertet.

Räuber und Gendarm

RÄUBER UND GENDARM ist ein Aktionsspiel. Zwei Gruppen spielen gegeneinander: Die erste versteckt sich mit Vorsprung, die andere versucht, die Versteckten zu fangen und sie ins Gefängnis zu stecken. Das Gefängnis ist ein zuvor markierter Ort.

Wenn ich die Regeln lese, kommt mir sofort eine Idee für ein Spiel in den Sinn, dass du mit deinem Team spielen kannst, wenn ihr in einem nicht agilen Umfeld agiert. Dein Team bildet die agilen Gendarmen, die Räuber sind alle nicht agilen Aktionen aus eurem Umfeld, die Zeit und Nerven rauben. Du malst ein Gefängnis auf ein Whiteboard. Dort sammelt das Team während eures Sprints alle Anfragen, Anmerkungen oder Eindrücke aus dem Teamumfeld, die das agile Vorgehen schwer machen. Wenn etwas in diesem Gefängnis hängt, wird es während des nächsten Sprints so lange ignoriert, bis ihr aus dem Umfeld mindestens zwei Nachfragen dazu bekommen habt. Dann erst reagiert jemand und streicht nach der Reaktion das Thema durch. In der nächsten Retrospektive lässt sich dann anhand der Themen im Gefängnis auswerten, wie viel Schall und Rauch das Team umgibt und welche Stakeholder ihre Anliegen tatsächlich ernsthaft vertreten.

Mau-Mau

MAU-MAU ist ein Kartenspiel. Gewonnen hat, wer nach bestimmten Regeln zuerst keine Karten mehr auf der Hand hält: Karten dürfen abgelegt werden, wenn entweder Farbe oder Wert übereinstimmen. Bei der 7 muss man zwei ziehen, bei der 8 muss die nächste Person aussetzen, beim Buben darf man sich eine neue Farbe wünschen.

In unserer Variante PRINZIPIEN-MAU-MAU, die du auch in diesem Buch findest (siehe Kapitel 26), basteln alle ihre Karten aus den Agilen Prinzipien selbst und versehen sie anhand der Wichtigkeit für ihr Team mit Kartenwerten. Wer eine Karte spielt, erläutert kurz, weshalb sie mit diesem Wert versehen wurde. So entsteht durch das Spiel ein Gespräch über die unterschiedliche Wichtigkeit der Agilen Prinzipien für die aktuelle Situation im Team.

Merkfix

MERKFIX (oder MEMORY) ist ein Gedächtnisspiel. Paarweise gleichartige Karten werden verdeckt auf einem Tisch verteilt. Wer die meisten Paare richtig aufdeckt, hat gewonnen.

Diese Spielidee ist schlicht und universell. Sie lässt sich auf so gut wie jedes Thema übertragen, bei dem paarweise Beziehungen zwischen zwei Aspekten eines Themas abgeleitet werden können. Das Spiel GITMATCH (siehe Kapitel 24) greift das auf: Auf einer Karte steht ein Git-Befehl, auf der anderen, was er bewirkt. Wer Befehl und Wirkung zusammenbringt, gewinnt.

Spiel des Lebens

SPIEL DES LEBENS ist ein Gesellschaftsspiel. Die Spielenden drehen ein Glücksrad, um auf einem linear angeordneten Lebensentwurf voranzukommen (oder auch nicht): Schule, Ausbildung, Heiraten, Kinder, Rente – alles wird bestimmt vom Glück.

Das kannst du aufgreifen, wenn du Prozesse und Abläufe vermitteln willst. Durch das Element Glücksrad löst du z. B. Störungen aus oder vermittelst, was passiert, wenn ein Ablauf ins Stocken gerät oder gänzlich stoppt.

Domino

DOMINO ist ein Legespiel. Auf den Spielsteinen sind mindestens zwei Elemente abgebildet. Beim Auslegen müssen gleiche oder gleichartige Elemente aneinandergereiht werden.

Ähnlich wie bei MERKFIX lässt sich auch dieser Spielgedanke universell nutzen, wann immer zwei Dinge in Beziehung gesetzt werden können. So kannst du auf diese Art und Weise z. B. am Ende eines Trainings überprüfen, ob alle Teilnehmenden die durchgenommenen Themen in den richtigen Zusammenhang setzen können, indem du sie Brücken zwischen Begriffen bauen lässt. Das AGILE DOMINO (siehe Kapitel 21) zeigt dir, wie das schnell und einfach geht.

Das Schwarze Auge

DAS SCHWARZE AUGE ist ein Fantasy- und Science-Fiction-Rollenspiel. Darin werden die Spielfiguren mit Charaktereigenschaften, Talenten und Erfahrungen versehen, um so ausgestattet in einer fiktiven Welt nach bestimmten Regeln mit- und gegeneinander zu kämpfen.

Rollenspiele wie DAS SCHWARZE AUGE oder DUNGEONS & DRAGONS bieten eine Fülle von Ideen, die sich zur Spielentwicklung im agilen Jobkontext nutzen lassen. Allein das Ausstatten eines Charakters mit Eigenschaften bietet dir einen spielerischen Zugang zum Thema Teamzusammensetzung und -entwicklung. Und warum nicht für ein größeres Trainingsprogramm eine zweite Realität im Unternehmen schaffen, in der gewünschtes Verhalten ohne Konsequenzen erlebt und erprobt werden kann?

Malefiz

MALEFIZ ist ein Würfelspiel. Der Reiz des Spiels besteht darin, dass du deinen Mitspielenden Steine in den Weg legst und so zu verhindern versuchst, dass sie das Spielziel vor dir erreichen.

Auch die Spielidee von MALEFIZ lässt sich gut auf komplexe Situationen übertragen und bietet viele Spielideen. Es ist ja keine Seltenheit, dass in Teams gewollt oder ungewollt konkurriert wird und Leute sich gegenseitig Steine in den Weg legen. Oder dass eine Aufgabe, die einfach klingt, durch unerwartete Entwicklungen immer komplizierter wird.

Hanami

HANAMI ist ein kooperatives Kartenspiel. Die Spielenden versuchen dabei gemeinsam, ein möglichst schönes Feuerwerk zusammenzustellen. Der Charme des Spiels besteht darin, dass alle ihr eigenes Blatt nicht sehen können, dafür jedoch das der Mitspielenden. Die Karten werden nämlich mit der Rückseite zu der Person gehalten, die sie ausspielen kann. Dieser Ansatz bietet dir viele Möglichkeiten in Bezug auf Kommunikation, den Blick fürs gemeinsame Ganze oder auch den Umgang mit unvollständigen Informationen.

Fertige Spiele mit Teams spielen

Natürlich kannst du auch bekannte Spiele umwidmen und mit Teams spielen. Ein großes Puzzle im Team herzustellen kann dir z. B. schon eine ganze Reihe von Anknüpfungspunkten für die Teamentwicklung liefern. Besonders wichtig sind hier aus unserer Erfahrung zwei Dinge:

1. Das Spiel sollte unbedingt mit dem Thema das Teams zu tun haben. Überlege genau, welches Spiel sich aus welchem Grund eignen könnte, und baue dem Team eine gute Brücke.
2. Lege besonderen Wert auf die Auswertungsfragen: Was genau hat das Erlebte mit dem Arbeitsalltag zu tun? Wo lässt es sich übertragen? Und wo hat das Grenzen?

39.2 Mit der Wortschablone zum eigenen Spiel

Ganz praktisch kannst du ein bestehendes Spiel mit einem einfachen Trick an deinen Bedarf anpassen. Dazu nutzt du deinen als User Story formulierten Spielgedanken, also z. B. so:

In meiner Rolle als angehende Product Ownerin

möchte ich **mein Product Backlog sortieren,**

um den Überblick zu behalten und meine Prioritäten ans Team zu vermitteln.

Anschließend ergänzt du ihn um eine weitere Satzschablone:

Ein **Product Backlog zu sortieren**

ist wie <ein bekanntes Spiel>,

und zwar, weil es <eine kurze Begründung>.

Mit dieser Schablone sammelst du dann fünf bis zehn Ideen, und zwar so:

Ein Product Backlog sortieren ist wie

- ein PUZZLE – du musst erst einmal alles sortieren, bevor du was Schönes bauen kannst.
- PATIENCE – manchmal dauert es, bis die richtige Karte oben liegt.
- RÄUBER-ROMMÉ – manchmal musst du bestehende Zahlenreihen zerlegen, bevor etwas Neues entstehen kann.
- JENGA – wenn du die Risiken nicht im Griff hast, fällt alles zusammen.
- POKER – du weißt nie, was deine Stakeholder noch in der Hinterhand haben.

Im nächsten Schritt klopfst du diese Spiele systematisch ab. Was könnten die Spielenden

- sortieren und bauen?
- abwarten?
- zerlegen?
- stapeln und ins Wackeln bringen?
- beziffern, verbergen, mit Spieleinsatz versehen?

Möglicherweise entsteht jetzt in deinem Kopf ein Spiel, das dem bekannten TEAM ESTIMATION GAME von Steve Bockmann schon ziemlich nahekommt. Bei diesem Spiel werden User Stories mit Schätzwerten versehen und dann von allen Teammitgliedern der Reihe nach in eine passende Reihenfolge gebracht. Das Spiel implementiert Sortieren,

Abwarten, Zerlegen, Stapeln, Ins-Wackeln-Bringen und Beziffern. Das kann kein Zufall sein.

Die Erfahrung zeigt, dass du Inspiration für deine Spiele am leichtesten findest, wenn du selbst mit deinen ersten Ideen spielst und dabei auch versuchst, ungewöhnliche Elemente zu verbinden. Meistens kristallisiert sich dabei eine interessante Idee heraus, die du weiterverfolgen möchtest.

Insbesondere in Workshop-Situationen ist es sinnvoll, auf bewährte Spielmechanismen zu setzen. Die meisten Menschen innerhalb eines Kulturkreises erkennen so nämlich die Regeln intuitiv und verbinden mit diesen Spielen gute Gefühle.

Spielen mit Menschen aus der ganzen Welt

Viele Spiele haben sich so oder ähnlich in verschiedenen Kulturkreisen entwickelt. Wenn ich mit einer Gruppe arbeite, die interkulturell zusammengesetzt ist, dann recherchiere ich gern vorab, wie das von mir gewählte Spielkonzept in anderen Sprachen oder Ländern genannt wird. Häufig entdecke ich dabei auch neue Spiele, die hierzulande völlig unbekannt sind.

Gerade bei Spielen, die dir seit Kindesbeinen vertraut sind, ist jedoch Vorsicht geboten. Sie kommen dir so selbstverständlich vor, dass du denkst, jedes Kind kennt sie, nur das ist häufig ein Trugschluss.

Kapitel 40
Lerne deine Zielgruppe kennen

Menschen haben unterschiedliche Motivationen, sich auf ein Spiel einzulassen. In diesem Kapitel lernst du deine Zielgruppe kennen und nutzt deine Erkenntnisse, um auch bunt gemischte Zielgruppen gut abzuholen.

Deine Zielgruppe zu kennen ist ein wesentlicher Erfolgsfaktor für dein Spiel. Ihre Motivation, ihre Eigenschaften und ihre Zusammensetzung spielen eine wichtige Rolle bei allen Entscheidungen, die du während der Spielentwicklung triffst. Die Erkenntnisse, die du bei der Auseinandersetzung mit deiner Zielgruppe gewinnst, helfen dir auch, wenn du das Spiel einsetzen willst. Denn wenn du mit Teams spielerisch arbeiten möchtest, ist es wichtig, deine Spiele so zu gestalten, dass alle gut mitmachen können und wollen – auch und gerade an ihrem jeweiligen Arbeitsplatz.

Die *Zielgruppe* ist die Gruppe von Menschen, an die sich dein agiles Spiel richtet und die von deinem Spiel profitieren möchte. Diese Personen können ganz ähnliche Eigenschaften haben (z. B. alle neu in der Scrum-Master-Rolle sein) oder auch bunt gemischt sein (wie z. B. die unterschiedlichen Stakeholder eines Vorhabens).

40.1 Die vier Spieltypen nach Bartle

Der Computerspiel-Designer Richard Bartle hat ein anschauliches System entwickelt, mit dem du sehr gut für die unterschiedlichen Spielinteressen in deinem Team sorgen kannst. (Zichermann und Cunnigham, 2011)

Er hat die Motivation von Menschen untersucht, die in sehr großen Gruppen im Internet Computer-Rollenspiele spielen. Demnach ordnet er Menschen, die spielen, in mindestens eine von vier Gruppen ein (siehe Abbildung 40.1):

1. Der *Wettbewerbs-Typ* (im Original: *Achiever*) möchte im Spiel nach objektiven Maßstäben möglichst viel erreichen (über Levels, Gegenstände, Punkte, Ranglisten usw.).
2. Der *Entdeckungs-Typ* (*Explorer*) versucht möglichst viel zu entdecken oder zu erkunden. Dazu zählen sowohl Gegenden in der Spielwelt, Extra-Abenteuer oder auch die Funktionsweise der Spielmechanik.

3. Der *Geselligkeits-Typ* (*Socializer*) strebt eine gute Zeit, nette Kontakte und Interaktion mit Mitspielenden an.
4. Der *Zerstörungs-Typ* (*Killer*) sucht den Wettbewerb, Wettkampf und Konflikt mit anderen Spielern. Personen aus dieser Gruppe wollen nicht nur gewinnen, sondern ihr Gegenüber verlieren sehen.

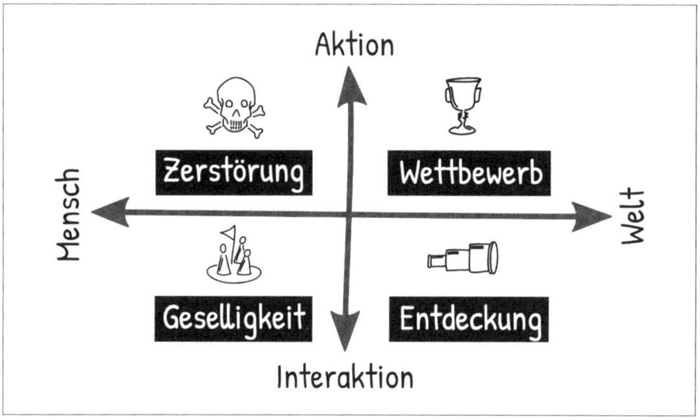

Abbildung 40.1 Bartle hat herausgefunden, dass Menschen aus unterschiedlichen Gründen spielen.

Diese Spieltypen richten ihr Verhalten unterschiedlich aus: Mehr Interesse an Mitspielenden versus mehr Interesse an Dingen, mehr Wunsch nach Interaktion versus mehr Wunsch zum eigenen Handeln. Bartle fand heraus, dass spielende Menschen zwar dazu tendieren, zu einer primären Kategorie zu gehören, aber je nach Stimmung und Situation durchaus mehrere Typen in sich vereinen. Die Mischung verteilt sich statistisch grob so:

- 80 % spielen aus Geselligkeit.
- 50 % entdecken gern Neues.
- 40 % sind auf Wettbewerb aus.
- 20 % wollen den Gegner besiegen und verlieren sehen.

Diese Spieltypen lassen sich auch für andere Spiele als Computerspiele nutzen, um die Vorlieben der verschiedenen Typen gezielt anzusprechen und Lern- oder Arbeitsformate spannender zu gestalten.

In der SPIELENTWICKLUNGSMASCHINE (siehe Kapitel 32) wird diese Idee verwendet, um Spiele zu entwickeln: Zu Beginn erstellen alle Spielparteien ihre eigenen Spielkarten.

Gefordert sind jeweils sechs Karten zu jedem Spieltyp. Auf jeder Karte steht eine Tätigkeit, die der jeweilige Typ gern tut, um zu lernen:

Spieltyp	Beispiele für Lernaktivitäten
Achiever	Kriterien analysieren, Pläne aufstellen, Lernfortschritt messen
Explorer	Themen recherchieren, Informationen sammeln, konkrete Aufgaben lösen
Socializer	Diskutieren in der Gruppe, Informationen teilen, um Rat bitten
Killer	Debattieren, Vorgaben neu interpretieren, die Arbeit anderer diskreditieren

Bei der SPIELENTWICKLUNGSMASCHINE gilt es nun, diese Aktivitäten per Zufall zu kombinieren und eine Spielidee daraus zu entwickeln. Wie könnte ein Spiel aussehen, bei dem

- Fortschritte gemessen,
- konkrete Aufgaben gelöst,
- Informationen geteilt und
- Vorgaben neu interpretiert werden?

Wer weiß, vielleicht ist die BOOTFABRIK (siehe Kapitel 15) auf diese Art und Weise entstanden?

40.2 Kompetenzmodell nach Dreyfus

Wenn du ein Spiel entwickelst, in dem Menschen etwas lernen sollen, hilft dir unter Umständen auch das Kompetenzmodell der Gebrüder Dreyfus aus den 1980er-Jahren. Es beschreibt, auf welche Art und Weise Erwachsene neue berufliche Kompetenzen erwerben und wie sie dabei verschiedene Entwicklungsstufen durchlaufen. (Dreyfus, 1987 in Hunt, 2008)

Mit jeder dieser Stufen ändert sich die Sicht der Lernenden auf den Lerngegenstand grundlegend. Sie nutzen andere Lern- und Lösungsstrategien, und auch ihre Zielvorstellung verändert sich. Wir haben das Modell im Folgenden etwas vereinfacht und die Stufen zusammengefasst.

Neulinge und Fortgeschrittene

Stehst du noch am Anfang, dann kommt es dir vor allem darauf an, schnell zum Ziel zu kommen und erste Erfolge zu genießen. Du willst noch nicht nach links und rechts schauen. Hauptsache, jemand sagt dir, wie es geht, und du kannst es unkompliziert ausprobieren. Nachmachen ist das Gebot der Stunde. Und wenn dabei etwas schiefläuft, gerätst du schnell aus dem Konzept. Vielleicht kennst du das vom Sprachunterricht. Du hast dir mühevoll ein paar Sätze in der Sprache des Urlaubslandes angeeignet, bestellst vor Ort freudig Kaffee und Kuchen – und kannst mit der ausschweifenden Antwort der Fachkraft im Restaurant so gar nichts anfangen.

Kompetente

Wenn du dich etwas besser auskennst, sieht die Situation schon anders aus. Du bist nun in der Lage, selbst Strategien für bekannte Probleme zu entwerfen. Sicherheitshalber entwirfst du dazu vorab Konzepte und Pläne und holst dir Rat von außen, wenn du nicht weiterkommst. Manchmal verlierst du dabei noch den Überblick und hältst dich länger als nötig mit Details auf. Hast du etwas verstanden oder begriffen, gibst du es sehr gern an andere weiter. Ein wesentlicher Teil des YouTube-Erfolgs ist diesem Phänomen zuzuschreiben: Du weißt ungefähr, wie etwas genäht/gebaut/programmiert wird. Wenn du nicht weiterweißt, schaust du ein Video dazu an. Wenn du die Aufgabe dann selbst gut lösen kannst, postest du ein Video und erklärst anderen, wie es geht.

Profis und Koryphäen

Bist du wirklich erfahren, kannst du mit Anleitungen und Ratschlägen nicht mehr viel anfangen. Du orientierst dich vor allem an Prinzipien und Leitsätzen und bist intuitiv auf der Suche nach Mustern, die hinter den Dingen stehen. Du hast die Fähigkeit entwickelt, dein eigenes Vorgehen in deinem Fachgebiet zu reflektieren und innovative Schlüsse daraus zu ziehen. Unter Umständen verlierst du mit der Zeit sogar deine Fähigkeit, zu erklären, was du eigentlich genau machst – deine Intuition leitet dich dennoch sicher.

Ein Spiel mit den Kompetenzstufen optimieren

Das Spiel FANG DEN PEOH! hatten wir ursprünglich für Menschen entwickelt, die Erfahrung im Umgang mit Stakeholder-Kommunikation haben. Bei dem Spiel geht es darum, Karten zu ziehen und die darauf beschriebenen Gesprächssituationen kurz nachzuspielen. Zwei Personen spielen, eine dritte beobachtet und gibt Feedback. Ziel ist, die Situationen in der Product-Owner-Rolle möglichst agil zu meistern und im Anschluss konstruktives Feedback zu erhalten.

Das hat in Product-Owner-Schulungen bislang sehr gut funktioniert, weil die Teilnehmenden meistens Vorerfahrungen als Führungskraft oder mit der Projektleitung mitbringen und zumindest ein paar agile Grundlagen kennen.

Dann haben wir das Spiel auf einer Konferenz mit einer sehr heterogenen Gruppe gespielt. Und gelernt, dass Menschen ohne Vorerfahrung andere Hilfestellungen brauchen, um Freude und Nutzen aus dem Spiel zu ziehen.

Seither sorgen wir vor dem Spiel dafür, dass alle sich wenigstens kurz mit der Product-Owner-Rolle auseinandersetzen, z. B. mit dem Spiel MUTTER, MUTTER, WAS DARF DIE PEOH? (siehe Kapitel 25). Außerdem haben wir die Spielanleitung um Feedback-Regeln und -Kriterien ergänzt und stellen einen Spickzettel für die Szenarien im Spiel bereit.

40.3 Empathy Map

Du kannst dich deiner Zielgruppe auch offener nähern. Dazu bietet sich ein Werkzeug aus dem *Design Thinking* an: die *Empathy Map*.

Die Empathy Map ist ein visuelles Frageschema. Es wurde ursprünglich von Dave Gray und seinem Team bei XPlane entwickelt und hat sich seitdem in vielen Varianten verbreitet. (Gray, 2017a)

Wir haben diese Idee, sich systematisch mit Fragen in eine Person einzufühlen, die ein Produkt kauft oder nutzt, auf das Spielen übertragen und eigene Fragen entwickelt (siehe Abbildung 40.2).

Die Fragen helfen dir, dich in deine potenziellen Mitspielenden hineinzuversetzen und tiefergehende Erkenntnisse über ihre Motivation und ihr Umfeld zu sammeln. Du kannst dich damit entweder selbst in jemanden hineinversetzen oder Menschen aus deiner Zielgruppe anhand des Frageschemas interviewen. Wichtig ist, dass du die Reihenfolge der Fragen einhältst – von den Zielen über die Wahrnehmungen bis hin zu den Gefühlen und Gedanken. (Gray, 2017b)

Die Antworten geben dir einen guten Eindruck davon, was deine Zielgruppe motiviert, welche Ziele sie verfolgt und wie ein guter Rahmen für spielerisches Handeln aussieht.

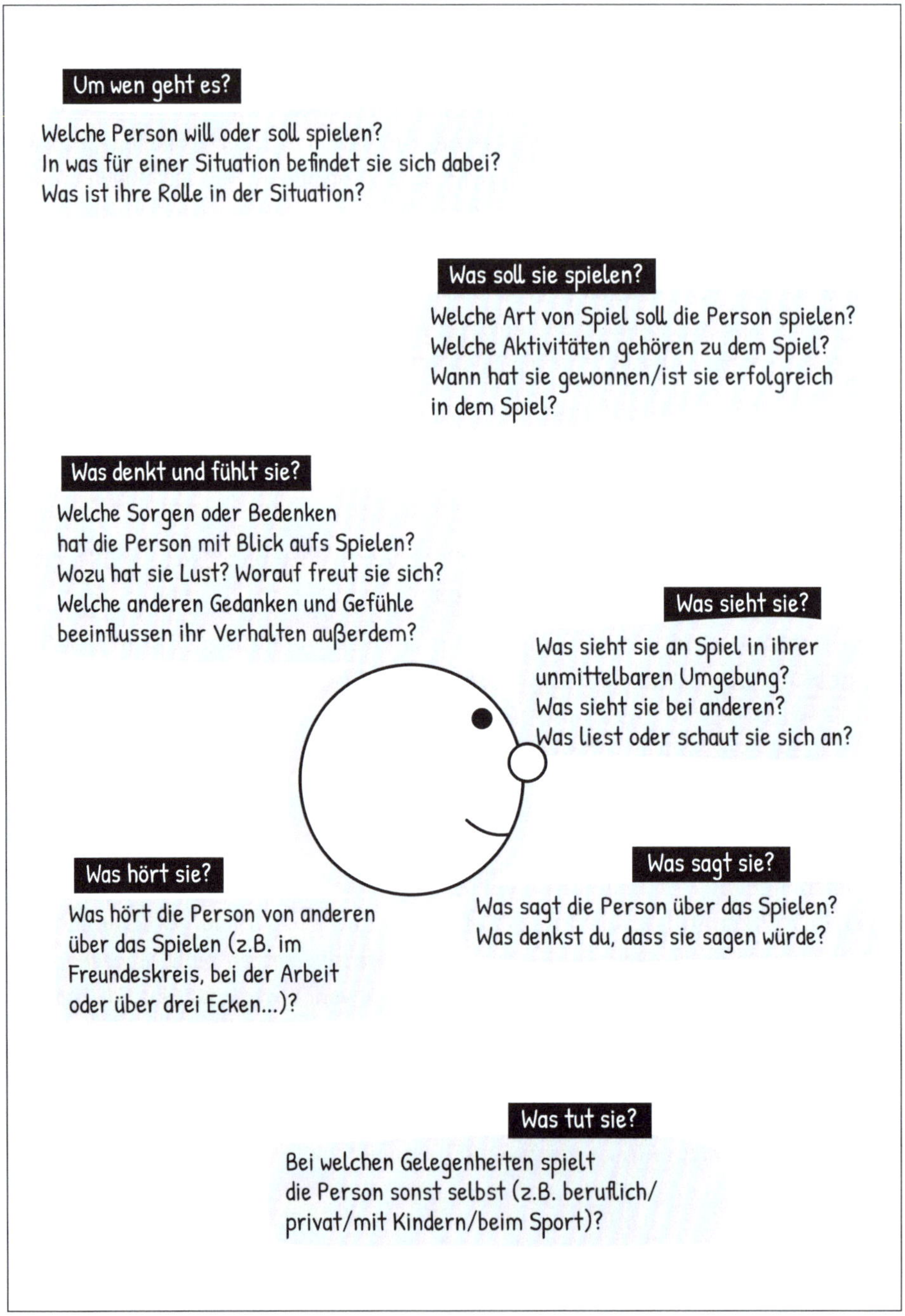

Abbildung 40.2 Die Empathy Map auf das Spielen angewendet: Welche Wahrnehmungen, Gedanken und Gefühle beeinflussen das Verhalten deiner Zielgruppe?

Kapitel 41
Spaß und Spannung erzeugen

Ein Spiel lebt davon, dass unvorhergesehene Dinge passieren, auf die du dich beim Spielen einstellen musst. Diese Ungewissheit sorgt für Spaß und Spannung. Sie weckt die Kreativität und regt zum Improvisieren an.

Hindernisse machen ein Spiel interessanter oder sorgen dafür, dass die Spielenden bestimmte Fertigkeiten entwickeln. Die amerikanische Zukunftsforscherin und Spielentwicklerin Jane McGonigal formuliert es so: »[Ein Spiel] sollte die Kreativität deiner Teammitglieder anfachen und taktisches Denken anregen.« Und nicht zuletzt ist nur ein Spiel, das Spaß bringt, auch ein gutes Spiel.

What is a game?

Der Philosoph Bernard Suits geht sogar so weit, das Spiel an sich über das Hindernis zu definieren: »Ein Spiel zu spielen ist der Versuch, einen bestimmten Zustand zu erreichen, wobei nur Mittel verwendet werden, die durch Regeln erlaubt sind, wobei die Regeln die Verwendung effizienterer zugunsten weniger effizienter Mittel verbieten und wobei die Regeln nur deshalb akzeptiert werden, weil sie eine solche Aktivität ermöglichen.« (Suits, 1978)

Es ist also wichtig, dass du dir für dein Spiel überlegst, wie du bewusst *Ungewissheit* erzeugen kannst und welche *Hindernisse* du dabei einsetzt. Du kannst dich von den Mechanismen bekannter Spiele leiten lassen, wie z. B. Würfeln, Losen, Finden, Ziehen von Ereigniskarten, Am-Glücksrad-drehen oder Errichten von Blockaden. Deiner Fantasie sind hier nahezu keine Grenzen gesetzt.

Du musst nur sicherstellen, dass die Mathematik dir keinen Strich durch die Rechnung macht und du versehentlich einen Mechanismus wählst, der sinnlose Ergebnisse hervorbringt oder nicht gemeistert werden kann. Deshalb ist es wichtig, dein Spiel frühzeitig und regelmäßig zu testen.

41.1 Den Spielgedanken auswerten

Dein Spielgedanke enthält vermutlich schon ein paar Hinweise, wie du Abwechslung und Spannung erzeugen kannst.

Deswegen ist der erste Schritt, sich den Spielgedanken genauer anzusehen und zu überlegen, welche Möglichkeiten es gibt. Hier sind ein paar naheliegende Spielmechanismen, die infrage kommen:

Mechanismus	geeignet, um
Anlegen	Informationen zu verbinden und so zu Erkenntnissen zu gelangen
Mischen	Aspekte überraschend zusammenzustellen und dadurch neue Ideen zu entdecken
Puzzeln	mehrere Elemente zu einem Gesamtbild zusammenzufügen
Quizzen	genaue Antworten abzufragen
Rätseln	logische Zusammenhänge herzustellen
Würfeln	voranzukommen oder die Auswirkung von etwas zu beeinflussen
Ziehen	aus einer Vielzahl an Möglichkeiten auszuwählen und sich auf eine Auswahl davon zu fokussieren

Es ist ratsam, zwei oder drei Mechanismen auszuprobieren. Dazu baust du ganz einfach mit Bleistift, Papier und Schere einen Mini-Prototyp oder widmest vorhandenes Spielmaterial um. Beim Spielen wird dir dann vermutlich viel klarer, was genau du mit dem Spiel bewirken willst und wie du diese Wirkung dann mit den Spielmaterialien und -regeln erzielen kannst.

In vielen Spielen werden ein oder zwei dieser Mechanismen gekoppelt und dann noch um weitere Hindernisse ergänzt. Hier ein paar Beispiele:

Spiel	Mechanismen	Hindernisse
Kniffel	Würfeln und Anlegen	max. drei Würfe pro Runde
Monopoly	Würfeln	Ereigniskarten, Regeln für bestimmte Felder
Mau-Mau	Mischen und Anlegen	Regeln für bestimmte Karten
Glücksrad	Ziehen (per Glücksrad)	Geldbeträge, Sonderregeln

41.2 Hindernisse einbauen

Hindernisse sind Gegenstände, Regeln oder Interaktionen, die be- oder verhindern, dass deine Spielenden das Ziel des Spiels direkt erreichen können. Hindernisse sorgen für Abwechslung im Spiel, indem du die Spielenden ins Ungewisse führst, was als Nächstes passieren oder wie das Spiel insgesamt ausgehen wird. (Bewersdorff, 2018) So weckst du die Spielfreude und Kreativität der Spielenden und ziehst sie tiefer ins Spielgeschehen hinein.

Hindernisse finden

Ein Ausgangspunkt für Hindernisse in deinem Spiel sind die User Stories, die du möglicherweise schon an anderer Stelle für deine Teammitglieder formuliert hast. Sie setzen sich zusammen aus:

- der Rolle, die die Spielenden ausüben oder künftig ausüben wollen,
- der beobachtbaren Fertigkeit, die sie dafür erlernen möchten und

Ein Beispiel dafür ist:

In meiner Rolle als Junior-Softwareentwicklerin

möchte ich die Git-Grundbefehle zuverlässig anwenden können,

um störungsfrei mit dem Quellcode zu arbeiten.

Ein gutes Hindernis kannst du jetzt aus jedem der drei Aspekte deines Lernziels ableiten, d. h.,

- du störst die Rolle in ihrer vorgesehenen Ausübung,
- du erschwerst die Fertigkeit unnötig oder
- du verhinderst, dass der Nutzen (vorhersehbar) eintreten kann.

Im Beispiel oben könntest du also

- die Softwareentwicklerin durch Ansprache von außen aus dem Konzept bringen,
- die Git-Grundbefehle so durcheinanderbringen, dass eine erhebliche kognitive Leistung zum Sortieren aufgebracht werden muss,
- das Git-Repository immer wieder durch Zufall durcheinanderbringen und damit eine neue Befehlskette oder Situationsanalyse auslösen.

Bei dem Spiel GITMATCH (siehe Kapitel 24) haben wir uns entschieden, bei der Fertigkeit selbst anzusetzen und durch eine Variante von MERK'S DIR FIX für die kognitive

Erschwernis zu sorgen. Dabei müssen nicht nur zwei gleiche Karten aufgedeckt werden, sondern auch Befehl und Auswirkung zusammengebracht werden.

Eine andere Möglichkeit ist, sich an Hindernissen aus bekannten Spielen zu orientieren, d. h., etwas

- steht dir im Weg, z. B. die Barrikaden beim MALEFIZ
- ist nicht oder nur begrenzt verfügbar, z. B. die Ressourcen bei DIE SIEDLER VON CATAN
- ist unbekannt, z. B. das Lösungswort bei SCHARADE
- ist versteckt, z. B. die Märchen im SAGALAND
- verändert sich unvorhergesehen, z. B. die Wege in DAS VERRÜCKTE LABYRINTH
- passiert unerwartet, z. B. die Ereigniskarten beim MONOPOLY
- ist schlauer oder besser vorbereitet als du, z. B. die Gegenpartei im SCHACH
- ist risikobereiter als du, z. B. die Konkurrenz beim POKER

Ist es nicht interessant, dass diese Spiele gewissermaßen zum Alltag in jedem größeren Unternehmen dazugehören? Mit dieser Erkenntnis lässt es sich doch arbeiten!

Hindernisse auswählen

Du siehst also, es gibt eine ganze Palette von Möglichkeiten, auf gute Ideen für Hindernisse zu kommen. Aber wie bekommst Du es hin, dass sie auch zu deinem Spielgedanken passen und das bewirken, was du dir vorgenommen hast?

Am besten, du startest mit einer Ideensammlung und überlegst dir zu jedem der oben genannten Punkte eine Handvoll Spieltätigkeiten. Es empfiehlt sich, jede dieser Tätigkeiten auf eine Karte zu schreiben. Dann kannst du später selbst mit verschiedenen Varianten spielen. Das Ziel in diesem Schritt ist, möglichst viele Ideen für konkrete Hindernisse zu sammeln. Je mehr du dir ausdenkst, desto besser wird dein Gespür für die Möglichkeiten des Themas. Versuche an dieser Stelle offen zu bleiben und alle Ideen zuzulassen, die dir in den Sinn kommen.

Im nächsten Schritt spielst du selbst mit den Ideen. Das hilft dir dabei,

- abstraktere, also tiefergehende Hindernisse zu entdecken,
- zu verstehen, welche Hindernisse sich ähneln (also Dopplungen wären) und
- welche Hindernisse sich gut ergänzen könnten (also spannend sein könnten).

Du kannst dazu z. B. verschiedene Sortierverfahren anwenden und die Karten wie in einem Backlog sortieren und in eine Reihenfolge bringen,

- die dir am besten gefällt,
- die deinen Teammitgliedern am besten gefallen würde,
- die am leichtesten umzusetzen ist,
- die am schwersten zu verstehen ist,
- die am lustigsten ist,
- die am besten zum Ziel passt,
- die der Zufall will
- usw.

Ideen-Merkfix

Um Hindernisse zu finden, kannst du auch ein kleines IDEEN-MERKFIX aus deinen Karten mit den Spieltätigkeiten improvisieren: Drehe dazu alle deine Hinderniskärtchen um. Dann deckst du immer zwei Karten auf. Wenn dir eine Idee in den Sinn kommt, wie du sie verbinden könntest, legst du sie als Pärchen beiseite und notierst den Gedanken dazu. Wenn nicht, drehst du sie wieder um und suchst nach neuen Pärchen. Du wirst staunen, wie schnell du auf interessante Verbindungen kommst.

Eine andere Möglichkeit ist, die Ideen zu gruppieren und dabei Kriterien wie z. B. die folgenden zugrunde zu legen:

- Zielgenauigkeit
- Machbarkeit
- Spaßfaktor
- Komplexität
- Gemeinschaftsgefühl
- usw.

Durch das Ideensammeln, das Sortieren und Kategorisieren entdeckst du vermutlich zügig eine Zusammenstellung von zwei bis drei Hindernissen, die eine gute Spieldynamik ergeben könnten. Ein gutes Spiel kommt in der Regel mit zwei oder drei Hindernissen aus. Dabei solltest du mindestens eines dieser Hindernisse so gestalten, dass es auf das Spiel bzw. Lernziel einzahlt, und mindestens ein Hindernis für den Spaß- oder Motivationsfaktor einsetzen. Ein gutes Hindernis sollte nicht unüberwindbar, aber auch nicht zu leicht zu knacken sein.

Hindernisse ausarbeiten

Jetzt geht es darum, deine Hindernisse auszuarbeiten und in dein Spiel zu einzubauen. Dazu brauchst du

- einen Feedback-Mechanismus, mit dem deine Teammitglieder messen können, wie gut sie das Hindernis mit Blick auf das Spielziel überwinden,
- Materialien, die eine Interaktion mit dem Hindernis ermöglichen, und
- Regeln, die das Hindernis bzw. den Umgang damit beschreiben.

Wie das geht, erfährst du in den nächsten Kapiteln.

Kapitel 42
Das passende Feedback-System

Jedes Spiel braucht ein Ziel und ein dazu passendes Feedback-System. Nur so können die Spielenden ihren Spielfortschritt messen und ihr Vorgehen entsprechend anpassen. Außerdem stellst du aus Sicht der Spielentwicklung sicher, dass der Spielgedanke erfüllt wird.

Durch das Feedback-System vermittelst du den Spielenden, wo sie im Spielverlauf oder im Vergleich zu anderen stehen und was sie tun können bzw. meistern müssen, um im Sinne des Spiels erfolgreich zu sein. Du kannst das Feedback-System also einsetzen, um das Spielgeschehen zu steuern und gewünschtes Verhalten zu verstärken, indem du es belohnst.

Das *Feedback-System* ist die Gesamtheit aller Mechanismen und Interaktionen, die du einsetzt, um den Spielstand zu erfassen und zu bewerten. Es gibt wieder, ob und wie gut das Spielziel zu jedem Zeitpunkt des Spiels erreicht wird. Das Spielziel wiederum ist genau wie der Spielgedanke eine kurze Formulierung. Im Gegensatz zum Spielgedanken, der sich auf ein weiter gefasstes, berufliches Handeln bezieht, beschreibt die Formulierung des Spielziels einen Zustand, der innerhalb des Spiels erreicht werden soll.

Beim JENGA zählt die Höhe des Turms, beim FUSSBALL die Anzahl der Tore und beim SCHACH der schnellste Weg, den gegnerischen König matt zu setzen. Allen drei Feedback-Systemen ist gemeinsam, dass sie der spielenden Person Auskunft darüber geben,

- wo sie im Spiel steht,
- wie sie im Vergleich zu anderen steht und
- welche Fähigkeit innerhalb des Spiels besonders betont werden sollte: beim JENGA das vorsichtige Schieben und Ausbalancieren, beim FUSSBALL das Erreichen und Treffen des Tors, beim SCHACH eine möglichst raffinierte Kombination der Züge.

42.1 Das Ziel des Spiels formulieren

Um das Ziel deines Spiels zu formulieren, kannst du einfach einen Satz wie diesen vervollständigen:

»Gewonnen hat, wer ...

- *... zuerst den König der gegnerischen Seite schachmatt setzt.*
- *... als erste Person alle Karten von der Hand gespielt hat.*
- *... zwei Punkte Vorsprung vor allen anderen hat.«*

Natürlich muss es in deinem Spiel nicht um das Gewinnen oder den ersten Platz gehen (auch wenn das für die meisten Menschen sehr naheliegende Spielziele sind). Du kannst auch kooperative Spielziele verfolgen und mit Sätzen wie diesen hier arbeiten:

- *»Dazugelernt hat, wer ...*
- *Gut unterstützt hat, wer ...*
- *Zusammengearbeitet hat, wer ...«*

In jedem Fall ist es ratsam, wenn du das Ziel des Spiels anschaulich, messbar und beobachtbar beschreibst.

Beobachtbare Ziele formulieren

Beobachtbare Ziele bewähren sich nicht nur beim Spielen. Sie sind in fast jeder Arbeitssituation hilfreich. Weil sie eben beobachtbar sind, kannst du leicht (und bei Bedarf fortlaufend) prüfen, ob Maßnahmen zum gewünschten Ziel führen und rechtzeitig eingreifen, wenn das nicht der Fall ist. Je klarer sie formuliert werden, desto stärker unterstützen sie auch die Selbstorganisation in einem Team. Denn das Team kann selbst überprüfen, ob es auf dem richtigen Weg ist und braucht keine Kontrolle von außen. Das erhöht die Unabhängigkeit der Teams und die Flexibilität des Unternehmens insgesamt.

42.2 Komplexität schrittweise enthüllen

Je nachdem, wie komplex dein Spiel ist, kann es sinnvoll sein, das Spielziel in mehrere Teilziele herunterzubrechen und den Spielenden z. B. runden- oder levelweise Feedback zu geben. So belohnst du auch kleine Erfolge und kannst vor allem am Anfang des Spiels für einen geschmeidigen Einstieg sorgen. Gerade Neulinge – und das sind deine Spielenden vermutlich sehr häufig – freuen sich, wenn du ihnen früh vermittelst, wo sie stehen und ob sie auf einem guten Weg sind.

42.3 Typische Feedback-Instrumente

Es gibt verschiedene Möglichkeiten, Feedback-Systeme umzusetzen. Sie basieren alle auf der naheliegenden Idee, dass irgendetwas, das während des Spielverlaufs passiert, gemessen, gezählt, erreicht oder beobachtet wird.

Dazu kannst du verschiedene Ansätze wählen (Zichermann und Cunningham, 2011):

- **Punkte vergeben:** *Punkte* stellen das einfachste Feedback-System dar. Die Spielenden zählen dabei bestimmte Ereignisse und addieren diese zu einem Spielstand. Als Variante kannst du verschiedene Punktarten unterschiedlich gewichten oder auch wieder verfallen lassen.
- **Level erreichen:** Während es bei der Punktevergabe um das schlichte Zählen geht, bieten *Level* die Möglichkeit, ein vielschichtiges Feedback-System zu entwickeln. Das ist insbesondere dann interessant für dich, wenn du willst, dass die Menschen, die dein Spiel spielen, sich ihrer eigenen Entwicklung bewusst werden können, etwa wenn du ein Spiel zur Vorbereitung auf eine Zertifizierung einsetzen willst. Wichtig ist hier, dass du die Level so gestaltest, dass sie schlüssig sind, also einer nachvollziehbaren Logik folgen. Das erreichst du, indem du dich z. B. konsequent an den Dreyfus-Kompetenzstufen (siehe Abschnitt 40.1) orientierst.
- **Bestenlisten führen:** *Bestenlisten* bieten sich immer dann an, wenn der Vergleich untereinander eine Rolle spielt, etwa weil du einen Wettbewerb anfachen willst. Ein gutes Beispiel sind unternehmensweite Fitnessspiele, bei denen Teams beim Schrittezählen gegeneinander antreten, um möglichst viele zu motivieren, sich während der Arbeitszeit mehr zu bewegen.
- **Auszeichnungen vergeben:** *Auszeichnungen* (auch *Badges* genannt) erfüllen eine ähnliche Funktion wie Level. Sie machen eine längere Entwicklung sichtbar. Im Unterschied zu einem Level, der immer mit einem höheren Schwierigkeitsgrad einhergeht, kannst du Auszeichnungen auch für Ausdauer und Fleiß vergeben. Bekannte Anwendungsfälle sind Lauf- oder Fitness-Apps, bei denen nach bestimmten Zeiten oder Strecken kleine Medaillen vergeben werden. Du kannst Auszeichnungen während eines Spiels auch zufällig »nur so zum Spaß« vergeben. Richtig eingesetzt, sorgen sie einfach für gute Laune.
- **Sonderaufgaben meistern:** *Sonderaufgaben* sind eine schöne Möglichkeit, um ein Feedback-System für verschieden stark Spielende zu etablieren. Du kannst sie nutzen, um einzelnen Personen besondere Aufgaben zu geben, die ihrem Erfahrungsstand oder ihrer Rolle im Team entsprechen. Dafür kannst du auch gesondert Punkte vergeben. Du kannst einem Spiel auch einen besonderen Twist geben, indem du mit

der Sonderaufgabe bestimmte Anforderungen an die Spielenden in den Vordergrund stellst.

- **Feedback nach Kriterien vergeben:** Neben objektiven Feedback-Systemen kannst du auch individuelle Beobachtung und verbales Feedback einsetzen. Das bietet sich bei Rollen- oder Teamspielen an, wenn es wichtig ist, dass den Spielenden Aspekte ihres Verhaltens gespiegelt werden. Dazu solltest du immer einen Beobachtungsbogen mit Fragen oder Kriterien bereithalten, auf die geachtet werden soll.

42.4 Verbales Feedback in Rollen- und Teamspielen

Insbesondere bei Rollen- oder Teamspielen kommt individuelle Beobachtung gepaart mit verbalem Feedback zum Einsatz. Das ist natürlich nicht so objektiv wie andere Punktsysteme, dafür aber sehr aussagekräftig für die Spielenden. Das Spiel FANG DEN PEOH! (siehe Kapitel 19) setzt diese Art Feedback-System ein. Während zwei Personen im Gespräch üben, agiles Vorgehen einzusetzen, beobachtet eine dritte Person das Geschehen und gibt Feedback. Als Kriterien dienen dabei die fünf Scrum-Werte: Einsatzbereitschaft, Mut, Fokus, Offenheit und Respekt (siehe auch Abbildung 21.2).

Abbildung 42.1 Wahrnehmen – Vermuten – Bewerten hilft dabei, Feedback so zu geben, dass es auch angenommen werden kann.

Bei dieser Art von Spielen bist du gut beraten, wenn du deinen Mitspielenden mit der Spielanleitung auch eine kurze Einführung zu gutem Feedback gibst.

Wahrnehmen-Vermuten-Bewerten (WVB) ist ein Schema aus der Kommunikationspsychologie, das Friedemann Schulz von Thun beschreibt und das genau dabei hilft. Es ermöglicht differenziertes Feedback in allen Lebenslagen, nicht nur im Spiel. Dazu bedient es sich eines Tricks. Es entzerrt das Feedback, indem es die Feedback-Gebenden auffordert, konsequent drei Schritte einzuhalten:

- Was nimmst du wahr?
- Was vermutest du dahinter?
- Und wie bewertest du es?

Diese Art des Feedbacks trennt klar, was objektiv passiert (die Wahrnehmung) und was subjektiv interpretiert wird (die Vermutung und die Bewertung). Dies verlangsamt den Einschätzungsprozess, lässt verschiedene Möglichkeiten offen und bietet auch der Person, die das Feedback bekommt, eine Möglichkeit zur Korrektur: »Du passt schon wieder nicht auf und machst ständig Fehler« klingt dann so wie der Dialog in Abbildung 42.1.

42.5 Feedback-System entwickeln

Um herauszufinden, wie das Feedback-System deines Spiels aussehen könnte, listest du zunächst deine Top 3 bis 5 der Spielaktivitäten auf. Schauen wir uns das am Beispiel von ANSICHTSSACHE (siehe Kapitel 13) einmal etwas näher an:

- Mischen
- Ideen auf Karten schreiben
- Karten auslegen
- Verbindungen zwischen Karten herstellen
- Abstimmen

Dann entscheidest du, welche Aktivitäten du belohnen willst, also welche Aktivitäten dir am wichtigsten sind. Im Falle von Gleich-zu-gleich wäre das das Herstellen von Verbindungen zwischen Karten und das Abstimmen darüber, ob diese Verbindung zulässig ist.

Belohnt wird also, wer eine Karte auslegt und ein besonders gutes Argument parat hat, weshalb sie zu der bereits ausgelegten Karte passt. Darüber entscheidet dann die Einschätzung der Mitspielenden.

Nun kannst du noch entscheiden, wie du Punkte vergibst:

- Zählen die abgelegten Karten von der eigenen Hand?
- Zählt der ganze Stich?
- Zählt die Zahl der Punkte bei der Abstimmung?
- usw.

Du siehst, es ist nicht schwer, verschiedene Feedback-Systeme zu finden. Die Herausforderung besteht darin, das passende auszuwählen und zu kalibrieren.

Gute Namen finden

Die Spielfreude steigt sicher, wenn du dir gute Namen für dein Feedback-System ausdenkst, wie z. B. die Schweregrade bei CANDY CRUSH, die »schwer«, »superschwer« und »albtraumhaft schwer« heißen und für ein Augenzwinkern sorgen. Achte bei der Wahl der Namen darauf, dass die Metaphern, mit denen du arbeitest, einfach zu merken sind, einen nachvollziehbaren Bezug zueinander haben, zum Spielgedanken passen und im Unternehmenskontext nicht schon mit einer anderen Bedeutung aufgeladen sind. (Zichermann und Cunningham, 2011)

Kapitel 43
Bring dein Spielkonzept auf den Punkt

Du hast alle wesentlichen Entscheidungen für dein agiles Spiel getroffen. Jetzt bringst du dein Spielkonzept für die Weiterarbeit auf den Punkt und trägst alle wichtigen Informationen an einer Stelle zusammen.

Mittlerweile hast du alle wichtigen Entscheidungen für dein Spiel getroffen und stehst kurz davor, einen Prototyp zu bauen und das Spiel zu testen. Du hast den Spielgedanken festgelegt, deine Zielgruppe kennengelernt, Elemente eingebaut, die für Spaß und Spannung sorgen, und dir ein Feedback-System ausgedacht.

Das *Spielkonzept* umfasst die Kopplung all dieser Überlegungen und ggf. weiterer Spielelemente. Bei einem umfangreicheren oder komplexeren Spiel ist es sinnvoll, spätestens jetzt innezuhalten und alle diese Informationen auf einem Blatt zusammenzustellen. Damit behältst du den Überblick und kannst auch Informationen aus dem Spieltest ohne großen Aufwand dokumentieren.

43.1 Die Satzschablone für das Spielkonzept

Die Satzschablone für das Spielkonzept bietet sich für einfachere Spiele an oder als Ergänzung zu dem Spielkonzept-Poster, das wir dir im weiteren Verlauf vorstellen werden.

Sie hilft dir dabei, alle wesentlichen Informationen zusammenzutragen. Dabei kannst du auch überprüfen, ob diese stimmig sind oder ob sich noch Lücken auftun.

Der Aufbau der Schablone ist folgender:

Wir spielen heute <Name des Spiels>, *um* <Spielgedanke>.

Das ist <Art des Spiels>.

Es eignet sich für <Zielgruppe>.

Ziel des Spiels ist <Ziel des Spiels>.

Ob das gelingt, entscheidet <Feedback-System>.

Das Spiel ist spannend, weil <Ungewissheit und Hindernisse>.

Ein bekanntes Spiel wie etwa MENSCH, ÄRGERE DICH NICHT stellt sich dann wie folgt dar:

Wir spielen heute MENSCH, ÄRGERE DICH NICHT,

um einen geselligen Abend zu verbringen.

Das ist ein Start-Ziel-Spiel.

Es eignet sich für alle, die zählen können.

Ziel des Spiels ist, das Spielfeld zu umrunden und alle vier eigenen Spielfiguren ins Ziel zu bringen.

Ob das gelingt, wird auf einem farbig kodierten Spielfeld angezeigt.

Das Spiel ist spannend, weil das Würfelglück den Spielverlauf bestimmt und gegnerische Steine aus dem Weg geräumt werden dürfen.

Oder für ein Spiel aus diesem Buch:

Wir spielen heute FANG DEN PEOH!,

um typische Gesprächssituationen der Product-Owner-Rolle kennenzulernen und zu üben.

Das ist ein Rollenspiel.

Es eignet sich für alle, die in der Product-Owner-Rolle arbeiten oder arbeiten wollen.

Ziel des Spiels ist, möglichst viele Menschen, die einem während des Spiels begegnen, von agilem Arbeiten zu überzeugen.

Ob das gelingt, entscheidet eine unabhängige Person anhand der Scrum-Werte.

Das Spiel ist spannend, weil Karten gemischt und gezogen werden und die Reaktionen der Mitspielenden unerwartet sein können. Außerdem sind die Texte auf den Karten zum Teil amüsant oder bewusst verwirrend.

Satzschablone wiederverwenden

Die Satzschablone für dein Spiel kannst du natürlich später wiederverwenden. Du kannst sie sowohl als Einleitung in deiner Spielanleitung verwenden als auch bei der Anmoderation deines Spiels in einem Workshop oder Training.

43.2 Das Spielkonzept-Poster

Für umfangreichere Spiele solltest du etwas mehr Zeit investieren. Dabei hilft dir das *Spielkonzept-Poster*, die vielen wichtigen Aspekte eines Spiels zusammenzufassen und zu überprüfen, ob sie zueinanderpassen (siehe Abbildung 43.1). Erfahrungsgemäß entstehen beim Ausfüllen des Spielkonzept-Posters auch gute Ideen für den Namen deines Spiels.

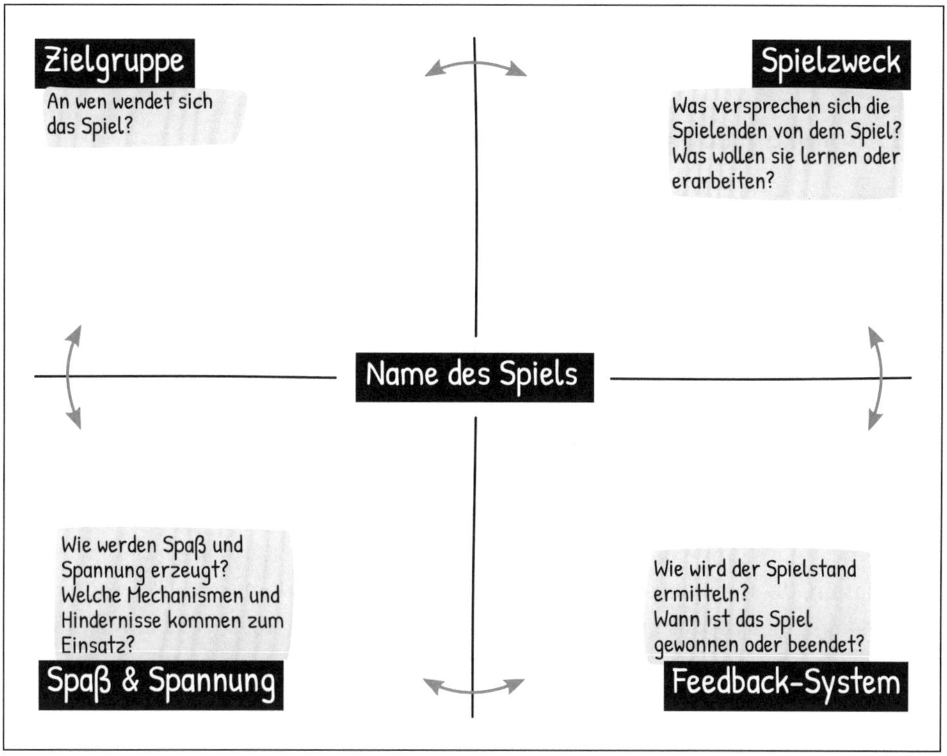

Abbildung 43.1 Trage die Aspekte deines Spiels zusammen und überprüfe, wie sie zusammenpassen. Das Spielkonzept-Poster hilft dir dabei, Lücken zu finden und Unstimmigkeiten aufzudecken.

Ein Poster zum Ausdrucken findest du im Downloadbereich.

Das MDA-Framework

Die Spielentwicklerin Robin Hunicke hat mit Kollegen das *MDA-Framework* entwickelt. Es bietet eine gute Übersicht über alle Elemente, die du während einer Spielentwicklung gestalten musst. Du kannst die Elemente nutzen, um Ideen zu entwickeln, wie du den Spielverlauf kontrollieren willst oder die Gefühlswelt der Spielenden beeinflussen kannst. Im MDA-Framework werden drei Kategorien beschrieben:

- **Mechanik** – alle Funktionselemente, die du nutzen kannst, um den Spielverlauf zu kontrollieren
- **Dynamik** – alle Interaktionen der Spielenden untereinander und mit der Mechanik
- **Ästhetik** – alle Aspekte, die beeinflussen, wie sich die Spielenden während des Spiels fühlen

43.3 Spielkonzept kalibrieren

Zur Überprüfung des Spielkonzepts gehört auch, dass du ein Gefühl für die Dauer des Spiels und die Menge an Spielmaterialien bekommst.

Wenn dein Spielkonzept auf einem bekannten Spiel basiert, kannst du dich an dessen Zeit- und Mengenverhältnissen orientieren. Ein typisches MERKFIX hat z. B. 24–36 Paare, ein Spielzug dauert etwa 15 Sekunden, die Spieldauer liegt bei fünf bis zehn Minuten, optimal sind vier Spielende.

Für eine Neuentwicklung ist diese Einschätzung schon schwieriger. Stell dir vor, du entwickelst ein kurzes Spiel für einen Workshop. Du planst, das Spiel in Kleingruppen von fünf Personen zu spielen und hast dafür vielleicht zehn Minuten vorgesehen. Nehmen wir einmal an, es ginge darum, Karten zu ziehen. Auf jeder Karte steht eine wichtige Information, die die Spielenden brauchen, um eine Fähigkeit zu erlernen, mit der sie während des Spiels etwas umsetzen müssen. Jeder Spielzug dauert etwa zwei Minuten, d. h., im Schnitt wird jede Kleingruppe vier bis fünf Spielzüge machen. Wie viele Karten bereitest du vor?

Diese oder ähnliche Fragen werden dir beim Entwickeln eines Spiels immer wieder in den Kopf kommen. Du möchtest ja sicher, dass der Lern- und Arbeitsinhalt in einem guten Verhältnis zu Unterhaltung und Spannung steht. Deswegen ist es wichtig, kurz abzuschätzen, ob die Statistik auf deiner Seite ist. Keine Sorge, du musst dazu nicht tief einsteigen, aber es ist empfehlenswert, sich ein paar Gedanken zu machen und die Inhalte dann entsprechend anzupassen:

- Wie viel Zeit steht zur Verfügung?
- Wie viele Personen spielen gemeinsam? Oder in parallelen Kleingruppen?
- Wie lange dauert ein Spielzug in etwa?
- Wie viele Ereignisse hast du mindestens eingeplant?

- Wie viele Ereignisse gibt es insgesamt?
- Sind alle Ereignisse gleichwertig? Oder gibt es welche, die auf jeden Fall eintreten müssen?

Vorsicht vor sinnlosen oder endlosen Spielen

Es kann passieren, dass du unbeabsichtigt ein sinnloses oder endloses Spiel entwickelst.

Sinnlose Spiele sind solche, bei denen der Zufall zu viele »Nichtereignisse« hervorbringt, d. h., wer es spielt, zieht vorwiegend Nieten und verliert schnell die Lust am Spiel. Hier musst du nachjustieren, indem du die Wahrscheinlichkeiten der Ereignisse anpasst.

Bei einem endlosen Spiel verhindert die Spielmechanik, dass das Ende des Spiels in einem akzeptablen Zeitrahmen erreicht wird. Auch hier kann eine Anpassung der Wahrscheinlichkeiten oder ein zusätzliches Ausstiegskriterium wie z. B. ein Zeitlimit Abhilfe schaffen.

Beim SCHACH gibt es beispielsweise gleich zwei (Turnier-)Regeln, um Dauerschach, also endlose Spiele, zu verhindern: die 50-Züge-Regel und die Regel zur Stellungswiederholung. In beiden Fällen endet die Partie unentschieden, was für die schwächere Partei sogar attraktiv sein kann.

Kapitel 44
Baue einen Spiel-Prototyp

Jetzt gilt es, das Spiel zu erproben. Dazu brauchst du zunächst einen Prototyp. Der ist mit den Materialien aus deinem Materialfundus schnell und einfach gebaut. Häufig entstehen dabei zusätzlich völlig neue Ideen für dein Spiel.

Dein Spiel-Prototyp ermöglicht dir, dein Spiel frühzeitig zu testen. So kannst du wertvolles Feedback zu deinem Spiel einsammeln und herausfinden, wo du eventuell noch nachbessern musst, damit dein Spiel funktioniert. Er unterstützt dich dabei, Schwachstellen zu identifizieren, und bewahrt dich davor, zu früh Zeit und Geld in Ideen zu investieren, die praktisch nicht umsetzbar sind. (Interaction Design Foundation, 2020)

Du erzielst außerdem noch einen wichtigen Nebeneffekt, wenn du einen Prototyp baust. Es führt dazu, dass du dich sehr intensiv mit deinem Spiel beschäftigst, und zwar auf eine ganz andere, nämlich haptische Weise. Beim Bauen entstehen oft neue Perspektiven und Ideen, die das Spiel unterhaltsamer, spannender, lehrreicher oder einfach nur praktikabler machen. (Dam und Siang, 2020)

Der *Spiel-Prototyp* ist eine erste grobe Ausführung deines Spiels. Er enthält die wichtigsten Spielelemente, sodass du das Spiel spielen und ausprobieren kannst. Er wird wahrscheinlich noch nicht ausgereift oder »schön« gemacht sein, sondern besteht vermutlich aus Papier und Spielmaterialien aus anderen Spielen, die du für diesen Zweck umwidmest. (Usability, 2020)

44.1 Keep it simple!

Die Botschaft für den Prototyp lautet: Halte ihn so einfach wie möglich! Frage dich, was du wirklich brauchst, um Elemente deines Spiels zu testen, und stell ihn möglichst unkompliziert her.

Papier, Schere und Klebstoff bereitlegen

Du wirst erstaunt sein, wie viel du allein mit Papier, Schere und Klebstoff herstellen kannst. Deswegen besteht der erste Schritt oft darin, sich eine Auswahl von Papiersorten unterschiedlicher Größe, Farbe und Stärke zu suchen und Papier und Klebstoff in Form von Klebestiften und Klebeband bereitzulegen.

Materialfundus sichten

Wenn du noch keinen Materialfundus (wie in Kapitel 6 beschrieben) haben solltest, schau einmal kurz in die Schubladen deines Schreibtischs und in die Spielesammlung in deinem Wohnzimmer. Vermutlich findest du dort alles, was du für den Prototyp brauchst. Auch Klemmbausteine eröffnen viele wunderbare Möglichkeiten. Sammle einfach zusammen, was dich spontan anspricht oder inspiriert.

Spielmaterial herstellen

Nun gilt es, das Spielmaterial herzustellen. Fang einfach an, denn richtig gute Lösungen entwickeln sich meistens während des Ausprobierens und Bastelns.

Es bietet sich an,

- einen Spielplan zu zeichnen,
- Spiel- und Ereigniskarten zu beschriften,
- Spielfiguren und -artefakte zu gestalten und
- Zufallsmechanismen zu entwickeln (bzw. geeignete Würfel zu finden).

Zufallsmaschinen bauen

Wir haben in Spiel-Workshops schon oft Zufallsmaschinen bauen lassen, und die Lösungen waren so vielfältig, wie die Menschen, mit denen wir spielen und arbeiten dürfen.

Du kannst es selbst ausprobieren: Stell dir vor, du hast keine Würfel zur Hand, willst aber für dein Spiel eine Zufallszahl zwischen 1 und 18 festlegen. Bau eine kleine Zufallsmaschine, die das leistet. Verwende dazu Materialien, die du auf deinem Schreibtisch findest. Du hast fünf Minuten Zeit.

Hier sind ein paar Beispiele:

- KEGELN
- GLÜCKSRAD drehen
- werfen, also Varianten von DART
- Nummernrätsel anhand von Telefonnummern und Geburtstagen

- Dinge zählen
- durch ein Buch flippen
- würfeln mit Klemmbausteinen/ungewöhnlichen Gegenständen

44.2 Das Ziel im Blick behalten

Wichtig ist, dass du beim Prototyp dein Ziel nicht aus den Augen verlierst. Du möchtest nur eine erste Ausbaustufe von deinem Spiel entwickeln. Sie sollte gerade so viele Aspekte beinhalten, dass du das Spiel mit anderen spielen kannst. Es reicht völlig aus, Dinge von Hand zu beschriften, sie lose zusammenzukleben und manches aus dem Materialfundus einfach symbolhaft zu verwenden. Verschwende keine Zeit mit Sonderlocken, Details oder ausgefuchsten Designs. Es kann sein, dass du vieles nach dem Test wieder verwirfst oder anders machst (siehe Abbildung 44.1).

Abbildung 44.1 So sah das »Agile Domino« aus, kurz nachdem die Idee geboren war.

Freie Spiele

Viele Spiele benötigen gar keine Spielkarten oder Spielbretter. Sie entstehen durch die Interaktion der Spielenden. Ein gutes Beispiel dafür sind Aufwärmspiele in Workshops, Schnitzeljagden oder Teamspiele wie das bekannte BALL POINT GAME (*https://play14.org/games/ball-point-game*) von Boris Gloger. Wenn du ein solches Spiel planst, ist der Prototyp gewissermaßen der erste Testlauf. Trotzdem willst du gut vorbereitet sein. Geh an den Ort des Geschehens und kläre dabei Fragen wie:

- Wie viel Platz steht zur Verfügung?
- Wie viel Bewegungsfreiheit haben die Spielenden – als Gruppe und individuell?
- Wie laut wird das Spiel? Könnte es andere stören?
- Wie gut ist das Spiel von außen einzusehen? Ist der Raum geschützt genug für alle?

Kapitel 45
Teste dein Spiel

Der Prototyp steht, und du hast ein paar Leute zum Spielen eingeladen. Sehr gut, denn jedes Spiel will getestet werden. In diesem Kapitel erfährst du, wie du dein agiles Spiel durch Testen und Feedback verbesserst und zur Spielreife bringst.

Der *Spieltest* umfasst die ersten Durchläufe deines Spiels mit Menschen, die bislang nicht unmittelbar an der Entwicklung beteiligt gewesen waren. Du veranstaltest ihn, um Feedback aus der Perspektive der Spielenden zu sammeln und Impulse für die Verbesserung deines Spiels zu erhalten.

Beim Spieltest gehst du stufenweise vor und überprüfst systematisch, ob dein Spiel funktioniert, Spaß macht und dazu beiträgt, den Spielgedanken umzusetzen.

45.1 Plane drei Testläufe ein

Jedes Spiel lebt von den Menschen, die es spielen. Nur wer seine Spiele regelmäßig testet, findet heraus, ob sie Spaß machen und – im beruflichen Kontext – auch die gewünschte Wirkung erzielen. Das Austüfteln einer Spielidee mag eine einsame Tätigkeit sein, das Spiel wirklich zu entwickeln ist es nie. Am besten, du planst dafür drei Testläufe ein (siehe Abbildung 45.1).

Roh-Entwurf

Schritt 1 ist immer, dass du ein paar Menschen zusammenrufst und ihnen kurz das Spielkonzept erläuterst. Es reicht, wenn du eine grobe Idee im Kopf hast und vielleicht erste Materialien mit Papier und Bleistift skizzierst. Setzt euch zusammen an einen großen Tisch und versucht das Spiel zu spielen und dabei auch herauszufinden, welche Anforderungen ihr an das Spielmaterial habt und wie ihr sie erfüllen könnt. Es ist dabei hilfreich, den Materialfundus in greifbarer Nähe zu haben, weil erfahrungsgemäß immer irgendjemand noch einen Würfel braucht oder nach einem besonderen Spielstein Ausschau hält.

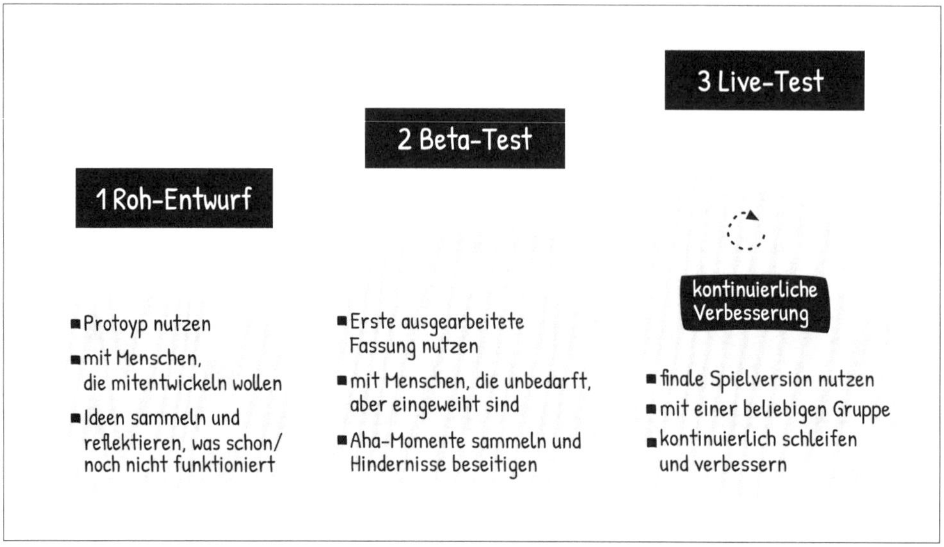

Abbildung 45.1 Vom Roh-Entwurf zum fertigen Spiel – mit jedem Testlauf lernst du mehr über dein Spiel und verbesserst es weiter.

Während dieser Schleife entsteht häufig eine ganze Fülle von Varianten, an die du noch gar nicht gedacht hattest, weil jede Person ihre eigenen Ideen und Erfahrungen beiträgt. Die Grenze zum Prototypbau (siehe Abschnitt 43.3) ist fließend.

Nach diesem ersten »rohen« Spiel setzt du dich unmittelbar hin und machst eine Art Prozessreflexion.

Dazu sortierst du deine Beobachtungen und die Anmerkungen deiner Mitspielenden auf einem großen Blatt Papier:

- Was hat sofort gut geklappt? Was haben alle verstanden?
- Wo hat es gehakt?
- Welche Haken könnten spannende Hindernisse sein?
  Welche sind einfach nur im Weg?
- Welche Ideen hatte das Team unterwegs?
- Wie haben sich die Materialien weiterentwickelt?

Diese Prozessreflexion ist ein eher nachdenklicher Schritt. Du kannst sie für dich allein machen oder mit deiner Co-Spielleitung.

Beta-Version

Dann ziehst du dich wieder in dein Spielentwicklungs-Kämmerlein zurück, formulierst eine erste geschriebene Spielanleitung und stellst ggf. auch erste Prototypen für Spielmaterialien her. Jetzt ist möglicherweise ein guter Zeitpunkt, vom Bleistift zum Computer zu wechseln, weil es leichter ist, verschiedene Varianten durchzuspielen.

Du kannst jetzt anfangen, das Spiel schon möglichst nah an deine optische und haptische Zielvorstellung zu bringen, solltest aber noch keine allzu große Mühe in Korrekturen oder Layoutdetails investieren. Die Liebe zum Detail kommt erst in der nächsten Schleife dazu.

Suche nach einer Gelegenheit, das Spiel mit einer geeigneten, aber nicht allzu eingeweihten Gruppe auszuprobieren. Das kann in geselliger Runde mit Freundinnen und Freunden sein, auf einem Meet-up, einem BarCamp, in einem Training oder bei einem Workshop mit einem agilen Team, das du gut kennst.

Je nach Kontext erwähnst du, dass es sich um einen Prototyp handelt oder dass du das Spiel zum ersten Mal spielst. Bitte um Geduld, wenn es irgendwo haken sollte, und lade aktiv zum Feedbackgeben ein.

Das kann eine kritische Situation für dich werden. Du hast zu dem Zeitpunkt meistens schon ein gutes Gefühl für das Spiel, viel nachgedacht, etliche Varianten durchgespielt. Aber im Live-Test mit echten Mitspielenden kommt es auf deine Geistesgegenwart an, um auf die richtige Art helfen zu können, wenn es stockt – und zwar für die Gruppe und für dich persönlich richtig. Schließlich willst du ja, dass alle eine gute, erkenntnisreiche Zeit miteinander haben und im besten Fall alle Seiten von dem Spieltest profitieren.

Dabei sind drei Dinge hilfreich:

1. Vermittle zu Beginn den Teil der agilen Haltung, bei dem es um Veränderung und Experimentierfreude geht.
2. Vertraue auf die Gruppe, d. h., lasse sie immer ihren eigenen Weg finden, wenn die ursprüngliche Spielanleitung das Team nicht weiterbringt oder es den Eindruck hat, dass es anders besser ginge. Das ist allerdings trickreich, weil Spielgruppen ab und an dazu tendieren, sich auf den Spaß zu fokussieren, und du als Spielleitung dann aushandeln musst, wie sich der spaßige Weg mit dem Ziel des Spiels, bei dem es ja häufig etwas zu lernen oder zu erfahren gibt, verbinden lässt. Da sind nicht selten Scrum-Master-Künste gefragt.
3. Leite nicht allein an, sondern arbeite mit einer Co-Spielleitung, die dir hilft, den Spielverlauf zu beobachten, dir unterwegs Sparring anbietet und im Nachgang den Spielverlauf mit dir gemeinsam auswertet.

Nach dieser zweiten Schleife machst du wieder eine kleine Rückschau in deinem stillen Kämmerlein und schleifst dann so lange an Spielanleitung und -materialien, bis du einen guten Standard erreicht hast.

Definition of Done auch für Spiele

Es ist sinnvoll, sich für Spiele eine Definition of Done (siehe Abschnitt 2.5) zu überlegen – vor allem dann, wenn du die Spiele mit der agilen Community teilen möchtest.

Hier folgen ein paar Aspekte, die du in einer Definition of Done für deine Spiele in Betracht ziehen kannst:

- Das Spiel ist anhand eines gemeinsamen Standards beschrieben.
- Das Spiel ist in einem bestimmten Blog oder in einer Spielesammlung wie Tasty Cupcakes (*https://www.tastycupcakes.org*) veröffentlicht.
- Es ist deutlich zu sehen, wer das Spiel entwickelt hat.
- Die Spielmaterialien liegen gut gesetzt digital vor und können jederzeit gedruckt werden.
- Die Spielmaterialien sind fertig und im Spielekoffer untergebracht.
- Das Spiel ist mit einer Lizenz versehen, z. B. mit einer Creative-Commons-Variante (*https://creativecommons.org*)

Live-Test

Ab der dritten Schleife setzt du das Spiel ohne besondere Vorankündigung in einem Training oder Workshop ein. Dabei überprüfst du laufend die folgenden Aspekte:

- Wie aufwendig ist die Vorbereitung der Spielmaterialien? Wie kannst du das Erstellen der Materialien optimieren? Ab wann lohnt es sich, auf Vorrat zu produzieren?
- Wie gut lässt sich das Spiel in einen Ablauf einplanen? Wo passt es besonders gut?
- Wie gut lässt es sich skalieren?
- Wie robust ist die Anleitung? Ist der Lern- oder Ergebniskorridor der Teammitglieder akzeptabel?

45.2 Feedback aufnehmen

Ein Test ist dann erfolgreich, wenn er dir aufschlussreiche Informationen darüber liefert, wie du dein Spiel noch weiter verbessern oder robust machen kannst. Beobachte den Test sorgfältig und nimm deine Erkenntnisse strukturiert auf.

Hierbei haben sich drei Feedback-Instrumente bewährt:

1. **Plussing – was geht noch besser?**

   Plussing (engl. von »plus« im Sinne von *addieren* abgeleitet) ist eine Technik, für die das Animationsfilmstudio Pixar bekannt ist. Dabei suchst du nach Schwachstellen und verbindest sie mit einem Verbesserungsvorschlag. Die *Methode +/Δ* (gesprochen: *plus-delta*), die viele Teams in Retrospektiven verwenden, funktioniert nach diesem Prinzip (Derby und Larsen, 2018):

   - Was war gut – was sollten wir unbedingt beibehalten?
   - Was war nicht so gut – wie genau könnten wir es verbessern?

2. **Seestern – was ist überflüssig?**

   Die *Seestern-Technik* lädt dich dazu ein, dein Spiel selbstkritisch zu betrachten, und zwar vor allem hinsichtlich der Frage nach den Elementen, die überflüssig sind:

   - Was kann oder muss unverändert erhalten bleiben?
   - Was sollte weniger passieren?
   - Was ist überflüssig und sollte aus dem Spiel gestrichen werden?
   - Wovon sollte es mehr geben?
   - Was fehlt noch?

   Die fünf Fragekategorien werden häufig als Seestern dargestellt (siehe Abbildung 45.2). Die Idee dazu wird dem Technologie-Experten Patrick Kua zugeschrieben.

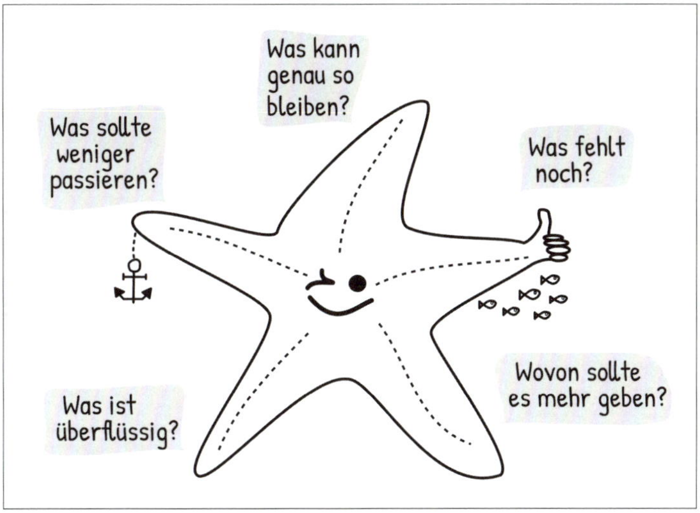

Abbildung 45.2 Eine spielerische Visualisierung – hier die eines Seesterns – kann es leichter machen, sich auf Feedback einzulassen und neue Ideen zu generieren.

45

Überflüssige Elemente sind ein weitverbreitetes Phänomen – selbst bei Menschen, die viele Spiele entwickeln: Wir neigen dazu, zu viel auf einmal zu wollen. Ein Spiel wird dann mit Ideen, Aspekten und Regeln überfrachtet. Und deswegen ist das Seestern-Feedback so wichtig. Es hilft dir dabei, zwischen deiner lieb gewonnenen, aber überflüssigen Sonderlocke und dem, was deine Zielgruppe wirklich braucht, zu unterscheiden, um spielerisch voranzukommen.

3. **Shadowing – was beobachte ich live?**

   Shadowing (im Sinne von »Schatten sein«) kennst du vielleicht aus der Produktentwicklung oder vom Design Thinking. Dabei geht es darum, Menschen zu beobachten, während sie dein Produkt verwenden oder ein Problem lösen, das dein Produkt auch eines Tages lösen können soll.

   Dabei schaust du einfach nur zu, schreibst oder filmst mit, was passiert, greifst dabei aber nicht ein.

   - Shadowing lohnt sich insbesondere bei größeren Spielen, wenn du herausfinden möchtest, ob eine Spiel- bzw. Lernstrategie in den gewünschten Zielkorridor führt oder wie du eine komplexe Anleitung vereinfachen kannst.
   - Insbesondere in der Beta-Version ist es angebracht, nicht selbst der Schatten zu sein. Einer Co-Spielleitung fallen häufig noch ganz andere Aspekte und Schwierigkeiten auf als dir selbst, weil du natürlich bereits durch deine eigenen Vorstellungen aus der gesamten Spielentwicklung beeinflusst wirst.

Kapitel 46

In sechs Schritten zur robusten Spielanleitung

Dein Spiel ist fertig. Und nun? Bevor du es anderen zur Verfügung stellen kannst, musst du noch eine verständliche Spielanleitung schreiben. Wir geben dir Tipps, wie du das am besten machst.

Die Spielanleitung hilft dabei, zügig zu verstehen, wie ein Spiel funktioniert. Sie wird herangezogen, wenn Spielende sich untereinander nicht einig sind, wie das Spiel weiterverlaufen soll oder wie ein Spielzug zu werten ist. Und sie hilft natürlich auch der Spielleitung dabei, das Spiel zu erklären und anzuleiten. Die *Spielanleitung* enthält die Spielregeln. Darin erklärst du den Ablauf deines Spiels für andere, etwa in Form eines Posters, eines Hefts, eines Films oder einer Animation. Du legst darin fest,

- was das Ziel des Spiels ist,
- wie das Spiel genau abläuft,
- wie viele Personen teilnehmen können,
- wie lange das Spiel ungefähr dauert, und
- ggf. wie schwierig das Spiel ist.

Du kannst in der Spielanleitung auch Varianten deines Spiels darstellen, wenn du es etwa an unterschiedliche Kontexte, Gruppengrößen oder Erfahrungsstände anpassen möchtest.

Eine gute Spielanleitung

- bettet den Spielgedanken in den Bezugsrahmen ein,
- ermuntert dazu, das Spiel spielen zu wollen,
- ist kurz und präzise formuliert,
- lässt, wenn möglich, nur einen kleinen Interpretationsspielraum zu,
- ist ansprechend aufbereitet und gut zu erfassen,
- hilft dabei, den Spielablauf kennenzulernen,
- bereitet auf die Fähigkeiten vor, die man während des Spiels benötigt.

46.1 Ein erster Entwurf zum Wegradieren

Du nimmst am besten Bleistift und Papier zur Hand. Es ist viel einfacher, etwas zu entwerfen, wenn dein Arbeitsmaterial selbst auch Entwurfscharakter hat. Mit Bleistift notierte Schriftzüge kannst du wegradieren, Papier einfach zerreißen. Das verringert die Schwelle, überhaupt etwas aufzuschreiben. Außerdem erinnert es dich daran, dass du dich noch in der Testphase befindest und das Testen auch nicht überspringen solltest.

46.2 Einfache Sätze führen zum Ziel

Jetzt beschreibst du in einfachen Sätzen die ersten Schritte im Spiel. Stell dir dabei vor, dass du die Regeln einer Gruppe von Menschen erklärst. Dabei helfen dir die Antworten auf diese Fragen:

- Was genau müssen die Spielenden tun, um das Spiel zu spielen?
- Welches Ziel verfolgen die Spielenden? Was wollen sie erreichen?
- Welches Spielmaterial haben sie zur Verfügung, und wie heißen die einzelnen Elemente?
- Was sind die einzelnen Spielzüge?
- In welcher Reihenfolge laufen sie ab?
- Welche Entscheidungen müssen die Spielenden treffen?
- Gibt es zeitliche Begrenzungen? Wenn ja, welche?
- Wann ist das Spiel zu Ende? Wer hat, wenn es in diesem Spiel ums Gewinnen geht, am Ende gewonnen?

46.3 Die Anleitung testen

Nun wird es Zeit, die Spielanleitung zu testen und das Spiel zu spielen. Suche dir dazu ein paar experimentierfreudige und ehrliche Menschen. Am besten, du spielst selbst mit und beobachtest gleichzeitig, was passiert. Du kannst deine Beobachtungen und das Feedback deiner Mitspielenden in einer verschiedenen Farben auf deinem Entwurf an den entsprechenden Stellen festhalten. Nimm auf jeden Fall alle Vorschläge oder Varianten auf – auch dann, wenn du noch nicht gleich überzeugt bist. Du testest dabei auch dein Spiel bzw. den Prototyp davon.

46.4 Die Regeln überarbeiten

Darauf folgt die Fleißarbeit. Du hast das Spiel vielleicht ein paar Mal gespielt und ein gutes Gefühl für den Ablauf bekommen. Du kennst die Schwachstellen und hast Anregungen für Varianten oder verschiedene Vorgehensweisen erhalten. Versuche jetzt, das Ganze in robusten Spielregeln zusammenzufügen. Schreibe die Spielregeln so in der Anleitung auf, dass andere sie auch ohne deine Anleitung nachvollziehen können.

Aufbau einer Spielanleitung

Unser Kollege Stefan Zörner nutzt Spiele gern als Analogie für die Dynamik und Abläufe in Softwaresystemen. In seinem Blog hat er die typische Struktur einer Spielanleitung dargestellt (*https://www.embarc.de/arc42-starschnitt-gradle-die-schnipsel-zusammensetzen*):

1. kurze atmosphärische Einführung (optional, entfällt bei abstrakten Spielen)
2. Ziel des Spieles
3. Spielmaterial
4. Spielvorbereitung (Aufbau)
5. Spielablauf (Phasen, Züge, Aktionen)
6. Ende des Spiels (End- und Siegbedingungen)
7. Varianten (optional, z. B. für abweichende Spielerzahl, Expertenversion, Solospiel)

46.5 Testen und nochmals testen

Wenn das Spiel komplexer ist, teste die Spielanleitung lieber noch ein weiteres Mal – und zwar ohne dein Zutun und mit Menschen, die das Spiel noch nicht kennen. Nur so kannst du herausfinden, ob die Regeln klar und verständlich sind und ob sie allen einen zügigen Einstieg in das Spiel ermöglichen.

46.6 Ein geeignetes Format wählen

Zum Abschluss legst du fest, in welcher Form du die Spielanleitung veröffentlichen möchtest, und setzt dies entsprechend um. Je nach Einsatzgebiet und Zielgruppe hast du hier eine Reihe von Möglichkeiten. Spielanleitungen können als Spickzettel auf einer Karte formuliert sein, in einem kleinen Heft dargestellt oder mündlich überliefert werden. Dies kann etwa durch die Spielleitung, ein Video, eine Animation oder eine Tonaufnahme geschehen. Illustrationen oder ein Plan vom Spielaufbau helfen, kompliziertere Abläufe zu verstehen. Dabei spielt auch eine Rolle, mit wie vielen Personen du das Spiel spielen willst und wie viel Zeit du für den Einstieg hast.

Lesbarkeit und Lesezeit

Eine Spielanleitung sollte kurz und verständlich sein. Du kannst das anhand der Lesezeit und der Lesbarkeit sicherstellen. Die Lesezeit sollte bei 1–1,5 Minuten liegen. Die Lesbarkeit sollte einen *Flesch-Wert* von 60–80 haben. Der Flesch-Wert ist das Ergebnis einer statistischen Textanalyse und gibt an, wie leicht ein Text zu lesen ist. Ein Flesch-Wert von 60–80 entspricht einem eingängigen Werbetext. Das ist auch für eine Spielanleitung eine gute Orientierung. Den Flesch-Wert kannst du z. B. unter *http://www.leicht-lesbar.ch* ermitteln. Dieser Tipp hat übrigens einen Flesch-Wert von 56.

Kapitel 47
Großartig!

Du hast es geschafft! Dein eigenes Spiel ist fertig und kann veröffentlicht werden. Ob für dein Team oder die ganze Community – Möglichkeiten, dein Spiel einzusetzen, gibt es viele.

Großartig, du hast ein eigenes Spiel entwickelt! Von der Spielidee bis zur fertigen Spielanleitung steckt vermutlich eine Menge Kreativität, Lernen und Fleißarbeit in dem Spiel. Du hast das wirklich gut gemacht, toll!

47.1 Dein Spiel mit anderen teilen

Jetzt gilt es, das Ganze mit anderen zu teilen. Hier sind ein paar Anregungen:

- Veröffentliche die Spielanleitung in eurem unternehmensinternen Intranet, Wiki oder sozialen Netzwerk.
- Veröffentliche die Spielanleitung in einer Online-Spielesammlung wie *https://www.tastycupcakes.org*.
- Lade Menschen aus deinem beruflichen Umfeld zum Spielen ein.
- Suche dir in deiner Stadt eine Meet-up-Gruppe (*https://www.meetup.com/de-DE*), mit der du das Spiel ausprobieren kannst.
- Reiche das Spiel bei einer Konferenz als interaktiven Vortrag ein. Agile Konferenzen haben dafür meistens einen Extra-Stream im Programm.
- Spiele das Spiel auf einem BarCamp (*https://www.barcamp-liste.de*) oder bei der nächsten Play 14 (*https://play14.org*).
- Drehe ein kleines Video von deinem Spiel und veröffentliche es auf einer Videoplattform wie YouTube (*https://www.youtube.com*) oder Vimeo (*https://www.vimeo.com*).
- Sag uns Bescheid – wir stellen dein Spiel gern in unserem Blog unter *www.smidig.de* vor.

47.2 Unser Moment

Zum Abschluss dieses Buches möchten wir noch einen kurzen Moment mit dir teilen. Er ist unserem »Why« gewidmet, also dem Grund, warum wir wirklich, wirklich gern Spiele entwickeln. Und er lautet folgendermaßen:

Der Raum ist vorbereitet. Viel frische Luft wurde reingelassen, das Spielmaterial ist verteilt, vielleicht stehen auch Knabbereien und Getränke bereit. Unsere Gäste haben an den Tischen Platz genommen oder stehen im Raum verteilt. Wir haben die Spielregeln erklärt und die magischen Worte gesprochen: »Los geht's!«

Dann ziehen wir uns als Moderatoren und Trainerinnen für einen kurzen Moment zurück und genießen die Geräusche: Stille. Leises Murmeln. Das Rascheln und Klackern der Spielmaterialien. Ein erstes Lachen.

Für uns ist das der schönste Moment.

47.3 Danke

Danke an alle Menschen, die in den letzten zehn Jahren mit uns gespielt haben und unseren Erfahrungsschatz so bereichert haben: unsere Kundschaft, unsere eigenen Teams und die Communitys, die uns immer wieder zum Spielen eingeladen und unsere Spiele mit uns getestet und ausprobiert haben – vor allen die Java User Groups in Sachsen, Ostfalen und Hamburg, die GOTO-Konferenz in Berlin und das »Agile meets HR«-Meet-up in Hamburg. Unser Dank gilt den Menschen, mit denen wir auf diversen BarCamps zum Thema Spielen diskutiert haben, insbesondere auf den XP Days 2018, dem PM Camp Kiel 2019 und dem Agile Coach Camp online 2020.

Danke an Almut Poll und Josha Nitzsche vom Rheinwerk Verlag, die dieses Buch mit uns entwickelt haben.

Wir danken Silke Barthel, Susanne Barthelmes, Dr. Melanie Bloos, Claudia Bensalek, Wolfgang Bremer, Lars Büsing, Dr. Sascha Demarmels, Lussy Mrusek, Stefanie Polte, Olga Schneidewind, Nora Simonow, Christopher J. Schmidhofer, Nestor Sierralta, Anja Syrek, Tobias M. Weitzel, Markus Wittwer und Stefan Zörner. Sie alle haben uns als gestandene Personalerinnen, Projektmanager, Sachbearbeiterinnen, Führungskräfte, Softwareentwicklerinnen, Texter, Trainerinnen und Moderatoren Feedback zu unseren Ideen, Formulierungen und Spielen gegeben.

Und ein großes Dankeschön an unsere Lieblingsmenschen, die an so manchen langen Wochenenden nur leises Videokonferenzgemurmel aus unseren Zimmern gehört und uns zuverlässig mit Kuchen oder anderen Leckereien versorgt haben.

Literatur

Diese Liste enthält alle Bücher und Webseiten, die wir in diesem Buch zitieren und einige mehr. Sie ist eine Auswahl von Texten, die wir bereichernd finden, wenn es um agiles und spielerisches Arbeiten geht. Alle Texte haben direkt oder indirekt zu diesem Buch beigetragen.

Teil I – Spielen, lernen, agil arbeiten

Brown, Stuart M. D. und Vaughan, Christopher (2010): *Play: How it shapes the brain, opens the imagination and invigorates the soul*, New York: Avery.

Czikszentmihalyi, M. (1991) *Flow – The Psychology of Optimal Experience*, New York: HarperPerennial.

Cohn, Mike (2005): *Agile Planning and Estimation*, Englewood Cliffs, NJ: Prentice Hall.

Creswell, J. David (2012) *Hold that thought: Putting your unconscious mind to work for you.* The NeuroLeadership Annual Summit, New York, NY, October 17, 2012.

Davachi, Lila, Kiefer, Tobias, Rock, David und Rock, Lisa (2010): *Learning that Lasts Through AGES*, in: *Neuroleadership Journal*, Issue 3, S. 53–63.

Gebhardt, Birgit (2016): *New Work Order: Kreative Lernwelten*, Wiesbaden, Industrieverband Büro und Arbeitswelt.

Kniberg, Hendrik und Skarin, Matthias (2009): *Kanban and Scrum – making the most of both*, [online] *https://www.lulu.com* [abgerufen 20.3.2021].

Kolb, D. (1984): *Experiential Learning as the Science of Learning and Development*, Englewood Cliffs, NJ: Prentice Hall.

Lopushinsky, Paul (2020): *Keeping It Playful*, [online] *https://www.playficient.com*, *https://www.breakthroughplay.com* und *https://xeniumhr.libsyn.com/fun-at-work-with-paul-lopushinsky* [abgerufen am 25.2.2021].

Schwaber, Ken und Sutherland, Jeff (2020): *The Scrum Guide*, [online] *https://scrumguides.org* [abgerufen am 20.3.2021].

Snowden, David J., Boone, Mary E. (2007): *A Leader's Framework for Decision Making*, in: *Harvard Business Review*, S. 68–76.

Teil II – Spielen ermöglichen

Bauer, Joachim (2006): *Prinzip Menschlichkeit. Warum wir von Natur aus kooperieren*, München: Heyne.

Brown, Juanita und Isaacs, David (2007): *Das World Café, Kreative Zukunftsgestaltung in Organisationen und Gesellschaft*, Heidelberg: Carl-Auer Verlag.

Foelsing, Jan (2021) Remote Working and Learning Tools, [online] *https://padlet.com/Jansnet/9qq3ca3f7lc1* [abgerufen am 13.3.2021].

Gebhardt, Birgit (2020): *Kreative Lernwelten*, [online] *https://www.smidig.de/studie-kreative-lernwelten* [abgerufen am 20.3.2021].

Gray, Dave, Brown, Sunny und Macanufo, James (2011): *Gamestorming. Ein Praxisbuch für Querdenker, Moderatoren und Innovatoren*, Sebastopol, Kalifornien: O'Reilly Verlag.

Grenning, James (2002): *Planning Poker or How to avoid analysis paralysis while release planning,* [online] *https://wingman-sw.com/papers/PlanningPoker-v1.1.pdf* [abgerufen 20.3.2021].

Hagen, Stefan (2006): Umfeldanalyse, [online] *https://pm-blog.com/2006/09/08/umfeldanalyse* [abgerufen am 07.02.2021].

Karp, Marcia (2010): What is Psychodrama? [online] *http://www.marciakarp.org/documents/What_is_Psychodrama_English.doc* [abgerufen am 6.4.2021].

Kristiansen, Per und Rasmussen, Robert (2014) *Building a Better Business Using the Lego Serious Play Method*, Per Kristiansen, Robert Rasmussen, New Jersey: Wiley.

Owen, Harrison (2011): *Open Space Technology. Ein Leitfaden für die Praxis*, 2. Auflage, Stuttgart: Klett-Cotta.

Reiners, Annette (2010): Praktische Erlebnispädagogik, Band 1 und Band 2, Hergensweiler: ZIEL-Verlag.

Sennett, Richard (2012): *Zusammenarbeit. Was unsere Gesellschaft zusammenhält*, Berlin: Hanser Berlin.

Siebel, Caspar: Workshop Spiele [online] *https://www.workshop-spiele.de* [abgerufen am 13.3.2021].

Statista (2021) *Homeoffice und mobiles Arbeiten – ein Überblick* [online] *https://de.statista.com/themen/6093/homeoffice* [abgerufen am 6.4.2021].

Smith, Jaqueline Lloyd und Meyerson, Denise (2015): *Strategic Play. The Creative Facilitator?s Guide*, o.O., Wordzworth Publishing.

Wallenwein, Gudrun F. (2003): *Spiele: Der Punkt auf dem i. Kreative Übungen zum Lernen mit Spaß*, 5. Auflage, Weinheim: Beltz.

Teil III – Spielesammlung

Bockman, Steve (2008): Team Estimation Game [online] *http://agileworks.blogspot.com/2008/01/team-estimation-game-by-steve-bockman.html* [abgerufen am 6.4.2021].

Demarmels, Sascha (2020): *Agile Gaming*, [online] *https://kommunikation30.ch/downloads* [abgerufen am 20.3.2021].

Derby, Esther und Larsen, Diana (2006): *Agile Retrospektiven. Making Good Teams Great*, Sebastopol, Kalifornien: O'Reilly Verlag.

Hoffmann, Anne (2012): *Company Game, Game Language*. EuroPLoP 2012: 17th European Conference on Pattern Languages of Programs, München.

Krivitsky, Alexey: *Lego for Scrum*, [online] *https://www.lego4scrum.com* [abgerufen am 20.3.2021].

Manns, Mary Lynn und Rising, Linda: *Fearless Change*, [online] *https://fearlesschangepatterns.com* [abgerufen am 20.3.2021].

Mattschek, M. (2021): Glossar zum Onlinemarketing: *Personas* [online] *https://www.onlinemarketing-praxis.de/glossar/personas* [abgerufen am 22.3.21].

McCandless, Keith und Lipmanowicz, Henri (2014): *Liberating Structures*, [online] *https://liberatingstructures.com* [abgerufen am 20.3.2021].

Rusling, Andrew (2008): *Scrum Roles and Responsibilities Game* [online] *https://www.tastycupcakes.org/2014/01/scrum-roles-and-responsibilities-game* [abgerufen am 20.03.2021].

Stickdorn, Marc (2011): *This is Service Design Thinking – Basics Tools Cases*, o.O., BIS Publishers.

Stiegler, Gabriele (2013): *Der Zauberladen. Psychodrama trifft auf Magic*, in: *Zeitschrift für Psychodrama und Soziometrie*, S. 71–80, Heidelberg: Springer.

Teil IV – Spiele entwickeln

Bewersdorff, Jörg (2012): *Glück, Logik und Bluff: Mathematik im Spiel – Methoden, Ergebnisse und Grenzen*, 6. Auflage, Wiesbaden: Vieweg und Teubner.

Bowman, Sharon L. (2009): *Training from the Back of the Room! 65 ways to step aside and let them learn*, Hersbruck: Pfeiffer.

Burkus, David (2013): How Criticism Creates Innovative Teams, [online] *https://hbr.org/2013/07/how-criticism-creates-innovation* [abgerufen am 24.1.2021].

Curedale, Robert (2013): *Design Thinking: Procees and Methods Manual*, o.O., Design Community College Inc.

Dam, Rikke Friis und Siang, Teo Yu (2020): *Design Thinking: Get Started with Prototyping| Interaction Design Foundation*, [online] *https://www.interaction-design.org/literature/article/design-thinking-get-started-with-prototyping* [abgerufen am 19.7.2020].

Derby, Esther und Larsen, Diana (2006): *Agile Retrospektiven. Making Good Teams Great*, Sebastopol, Kalifornien: O'Reilly Verlag.

Dreyfus, Hubert L. und Dreyfus, Stuart E. (1987): *Künstliche Intelligenz: Von den Grenzen der Denkmaschinen und dem Wert der Intuition*, Hamburg: Rowohlt.

Gray, Dave (2017a): *Update to the Empathy Map* [online] *https://gamestorming.com/?s=empathy+map* [abgerufen am 13.3.2021].

Gray, Dave (2017b): *Updated Empathy Map Canvas* [online] *https://medium.com/the-xplane-collection/updated-empathy-map-canvas-46df22df3c8a* [abgerufen am 13.3.2021].

Hunicke, Robin, LeBlanc, Marc und Zubek, Robert (2004): *MDA: A formal approach to game design and game research. Proceedings of the Challenges*, in: *Games AI Workshop, 10. National Conference of Artificial Intelligence* [online] *https://users.cs.northwestern.edu/~hunicke/MDA.pdf*.

Hunt, Andrew (2008): *Pragmatisches Denken und Lernen. Refactor your Wetware!*, München: Carl Hanser Verlag.

Wikipedia: *Spielgedanke*, [online] *https://de.wikipedia.org/wiki/Spielgedanke* [abgerufen am 13.7.2020].

Interaction Design Foundation (2020): *Prototype* [online] *https://www.interaction-design.org/literature/topics/prototyping* [abgerufen am 19.7.2020].

Kramer, Wolfgang (o.A.): *Wie können Spiele klassifiziert werden* [online] *http://www.kramer-spiele.de/vortraege/vortrag3.html* [abgerufen am 24.1.2021].

Kua, Patrick (2006): *The Retrospective Starfish* [online] *http://www.thekua.com/rant/2006/03/the-retrospective-starfish* [abgerufen am 24.1.2021].

McGonigal, Jane (2012): *Reality is Broken: Why Games Make Us Better and How They Can Change the World*, New York: Vintage.

Radoff, Jon (2011): *Game On: Energize Your Business with Social Media Games*, New Jersey: Wiley.

Suits, Bernard (1967): *What is a Game?* In: *Philosophy of Science*, S. 148–156. Chicago: University of Chicago Press.

Schulz von Thun, Friedemann (1981): *Miteinander reden 1. Störungen und Klärungen: Allgemeine Psychologie der Kommunikation*, 49. Auflage, Hamburg: Rowohlt.

Usability (2020): *Prototyping,* [online] *https://www.usability.gov/how-to-and-tools/methods/prototyping.html* [abgerufen am 19.7.2020].

Zichermann, Gabe und Cunningham, Christopher (2011): *Gamification by Design: Implementing Game Mechanics in Web and Mobile Apps*, Sebastopol, Kalifornien: O'Reilly Verlag.

Wer dieses Buch geschrieben hat

Julia Dellnitz ist Geschäftsführerin der Unternehmensberatung smidig in Hamburg. Sie liebt es, Menschen bei der Entwicklung digitaler Produkte und Prozesse zum Erfolg zu führen. In den letzten zwanzig Jahren hat sie große Change- und Digitalisierungsinitiativen begleitet und mit mehreren tausend Menschen zusammen an deren Projekten gearbeitet. Sie ist bekannt für ihre spielerischen Vorträge, setzt sich für mehr Vielfalt in Tech-Berufen ein und entwickelt vermutlich gerade das nächste Spiel.

Jan Gentsch hat schon als Student Mitte der 90er den Einstieg in die agile Welt gefunden. Seither hat er vor allem Großprojekte geleitet und beraten, stets auf der Suche nach der optimalen Mischung aus agilem und klassischem Projektmanagement. Er tüftelt gern an neuen Methoden, um sein Know-how, seine Neugier und seine Lust auf Vielfalt in der Projektmanagement-Community weiterzugeben. Er ist Mitgründer und Geschäftsführer von smidig.

Nina Vineta Niemeyer ist Expertin für agile HR und stellt gern unter Beweis, dass agile Ansätze auch im Einzelhandel oder der öffentlichen Verwaltung erfolgreich funktionieren. Leidenschaftlich gern coacht sie Teams, moderiert Workshops und berät Führungskräfte. Davor war sie viele Jahre als Director HR für ein Mode-Unternehmen tätig. Sie ist Trained Lego® Serious Play® Facilitator, und es finden sich immer ein paar Legosteine in ihrer Tasche.

Dina Sierralta Espinoza sorgt seit mehr als 20 Jahren für ein gutes Miteinander über Teamgrenzen hinaus. Seit 2005 hegt und pflegt sie Communities – digital und persönlich vor Ort. Als Agile Coach und Coworking-Expertin weiß sie, dass Raum und Haltung entscheidend für den Teamerfolg sind. Dina ist leidenschaftlich gerne Gastgeberin und spielt am liebsten digital – zum Beispiel den Klassiker Tetris.

Sana Christiana Tornow ist Expertin und Lerndesignerin für digitale Anwendungen im Bereich der Bildungs- und Unterhaltungspädagogik und arbeitet aktuell bei dem EdTech Unternehmen scoyo. Ihre Passion gilt der emotionalisierten und somit nachhaltigen Wissensvermittlung. Sana hat Kommunikationsdesign, Medieninformatik und digitalen Journalismus studiert. Sie ist eine gefragte Workshop-Moderatorin und Speakerin. Ihr Lieblingsthema ist – neben Gamification und Meaningful Games – die OKR-Methode und wie sie sich in Unternehmen einführen lässt.

Kerstin Wehner ist Leiterin Marktfolge bei der Credion AG. Die Wirtschaftsingenieurin setzt sich für die Digitalisierung von Geschäftsprozessen und moderne Arbeitsweisen im Finanzwesen ein, wo sie seit über 20 Jahren zuhause ist. Mit Mut und Freude baut sie Brücken zwischen bewährten Ansätzen und neuen Ideen. Neben ihrer Tätigkeit als Führungskraft begleitet sie Unternehmen als Graphic Recorderin: Mit Stift und Papier facht sie Neugier an und macht sichtbar, wo Neues entstehen kann.

Index

A

B

C

D

E

F

G

H

I

K

L

M

N

O

P

Q

R

S

T

U